Oldenbourgs Steuerfachbücher

Lohnsteuer

Lehr- und Lernbuch

Von

Horst Hessler

Diplom-Finanzwirt

Dozent an der Landesfinanzschule Rotenburg

R. Oldenbourg Verlag München Wien

CIP-Kurztitelaufnahme der Deutschen Bibliothek

Hessler, Horst:
Lohnsteuer : Lehr- u. Lernbuch / von Horst
Hessler. – München ; Wien : Oldenbourg, 1987.
(Oldenbourgs Steuerfachbücher)
ISBN 3-486-20454-8

Gesamtherstellung: R. Oldenbourg Graphische Betriebe GmbH, München

ISBN 3-486-20454-8

Vorwort

Das vorliegende Buch ist ein Lehr- und Lernbuch. Es war deshalb nicht beabsichtigt, alle nur denkbaren Probleme des Lohnsteuerrechts umfassend abzuhandeln – hierfür sind genügend Kommentierungen im Handel. Mit diesem Buch wird der Versuch gemacht, allen Lernenden im Fach „Lohnsteuer“ die Grundzusammenhänge und die Systematik dieses äußerst unübersichtlichen Rechtsgebietes deutlich zu machen.

Für Anregungen und Kritik bin ich stets dankbar.

Horst Hessler

Inhaltsverzeichnis

1. Kapitel: Einführung und Anwendungsbereich des Lohnsteuerabzugsverfahrens

1.1 Wesen

Beamte, Angestellte und Arbeiter erhalten ihren Arbeitslohn (der auch als Gehalt oder Vergütung oder ähnlich bezeichnet wird), normalerweise monatlich ausbezahlt. Bei der Auszahlung erhalten sie jedoch nicht den Betrag, den sie mit ihrem Arbeitgeber vereinbart hatten oder der ihnen nach Tarifverträgen oder Gehaltstabellen zusteht (Bruttolohn). Bei der monatlichen Lohnabrechnung muß der Betreffende feststellen, daß von seinem Bruttolohn wesentliche Beträge abgezogen worden sind. Wenn es sich nicht um einen Beamten handelt, könnte eine Lohnabrechnung wie folgt aussehen:

Lohnabrechnung für Egon Bohlen

Bruttolohn	**Lohnsteuer**	**Kirchensteuer**	**Sozialvers.**	**Nettolohn** = auszuzahlender Betrag
2.000,—	279,30	22,34	231,20	1.467,26

Aus dem Inhalt der Lohnabrechnung kann Egon Bohlen also entnehmen, daß er unter anderem – ohne daß er es wollte oder verhindern konnte – Lohnsteuer bezahlen mußte.

Diese Lohnsteuer ist von seinem Verdienst, mit dem er seinen Lebensunterhalt bestreiten muß (Essen, Kleidung, Miete, Auto, Urlaub usw.) durch seinen Arbeitgeber einbehalten, d. h. nicht ausgezahlt worden.

Nun sind selbstverständlich nicht alle Menschen Beamte, Angestellte oder Arbeiter. Der übrige Personenkreis ist aber – wie jeder andere auch – gezwungen, sich ebenfalls einen Verdienst zu erarbeiten, damit er die Kosten **seiner** Lebensführung bestreiten kann.

Als Möglichkeit bieten sich viele Geldquellen an: Man betreibt einen Kaufmannsladen, ist als Architekt tätig oder man erhält Mieten aus einem Geschäftshaus. Vielleicht ist man auch Rentner oder Landwirt; jedenfals gibt es viele Arten, um Geld für seinen Lebensunterhalt zu verdienen. Häufig ist es sogar so, daß eine einzige Person mehrere Geldquellen hat. Auch diese Verdienste werden – wie in unserem Beispiel – versteuert.

Wenn ein **angestellter** Architekt im Jahr bei einem Verdienst von 12 × 2.000 DM = 24.000 DM an Lohnsteuern 12 × 400 DM = 4.800 DM zahlt, ist es selbstverständlich, daß z. B. ein **selbständiger** Architekt, der im gleichen Jahr auch 24.000 DM verdient hat, ebenfalls 4.800 DM an Steuern zahlen muß (Gleichheitsgrundsatz des Grundgesetzes). Es ist also unmöglich, daß ein Arbeiter mehr (oder weniger) Steuern als ein gleichviel verdienender Architekt bezahlen muß. Die Steuern des freien Architekten können aber nicht von einem Arbeitgeber einbehalten werden; er hat nämlich keinen. Bei ihm muß der Staat auf andere Weise zu der Steuer kommen: er verlangt **Einkommensteuer**, die

1. alle Vierteljahr abschlagsweise vorauszuzahlen ist und
2. nach Ablauf eines Kalenderjahres endgültig abgerechnet wird (es wird „veranlagt").

Arbeiter und Architekt zahlen also die gleiche Steuer; sie wird in Prozent vom „Verdienst" berechnet. Die Steuern unterscheiden sich nur dadurch, daß sie in verschiedener Weise eingenommen oder „erhoben" werden.

Bei einem Arbeiter (und im weiteren Sinne bei allen „Arbeitnehmern") wird die Lohnsteuer vom Arbeitgeber einbehalten und an das Finanzamt überwiesen. Nicht-Arbeitnehmer müssen ihre Einkommensteuer selbst beim Finanzamt einzahlen.

Einkommensteuer und Lohnsteuer sind also wesensgleich. Aus diesem Grunde sind auch beide in einem einzigen Gesetz, nämlich dem Einkommensteuergesetz (EStG) geregelt.

1.1.1 Besondere Erhebungsform der Einkommensteuer

In der vorstehenden Betrachtung ist dargestellt worden, daß die vom Arbeitslohn zu zahlende Einkommensteuer Lohnsteuer heißt. Weiter wurde gezeigt, daß die Lohnsteuer eine besondere Erhebungsform der Einkommensteuer ist. Daß der Begriff „Lohnsteuer" nicht nur der Umgangssprache entspricht, ergibt sich aus § 38 Abs. 1 Satz 1 EStG, wo sich die Begriffsbestimmung für „Lohnsteuer" befindet:

„Lohnsteuer ist Einkommensteuer, die durch Abzug vom Arbeitslohn erhoben wird."

Aus dieser Fundstelle ergibt sich auch, daß es sich bei einem Arbeitslohn einkommensteuerlich um Einkünfte aus nichtselbständiger Arbeit handelt (§ 2 Abs. 1 Ziff. 4; § 19 EStG).

Merke: Einkünfte aus nichtselbständiger Arbeit werden als Arbeitslohn bezeichnet; sie unterliegen der Einkommensteuer.
Diese Einkommensteuer wird im Lohnsteuerverfahren erhoben.

1.1.1.1 Personensteuer

Die Lohnsteuer (= Einkommensteuer) wird nur von natürlichen Personen erhoben, sie ist deshalb eine „Personensteuer". Bei der Steuerberechnung wird auf persönliche Verhältnisse des Steuerpflichtigen, die seinen „Verdienst" schmälern, in gewissem Umfange Rücksicht genommen. Man spricht in diesen Fällen von der Besteuerung der **wirtschaftlichen Leistungsfähigkeit**.

1.1.1.2 Nichtabzugsfähige Steuern

Nach § 12 Nr. 3 EStG darf die Lohnsteuer – wie die Einkommensteuer – nicht zur Berechnung des zu versteuernden Einkommens abgezogen werden. Sie ist deshalb eine nichtabzugsfähige Steuer. Ein Steuerpflichtiger kann seine „wirtschaftliche Leistungsfähigkeit" also nicht wie folgt berechnen:

Arbeitslohn	24.000 DM
./. Lohnsteuer	4.800 DM
zu versteuern also	19.200 DM

Es bleibt jedoch festzuhalten, daß einem Steuerpflichtigen, der nach seiner Jahresabrechnung insgesamt 5.000 DM Einkommensteuer zu zahlen hat, dem aber von seinem Arbeitgeber bereits 4.800 DM einbehalten wurden, diese 4.800 DM Lohnsteuer **angerechnet** werden:

ESt-Schuld	5.000 DM
gezahlte Lohnsteuer	4.800 DM
noch zu zahlende ESt	200 DM

1.1.1.3 Andere Zuordnungen

Das Aufkommen an der Lohnsteuer steht dem Bund und den Ländern (und den Gemeinden) gemeinsam zu, sie ist deshalb eine **Gemeinschaftssteuer**.

Daneben gehört sie auch zur Gruppe der **Besitzsteuern**, weil sie die Besitzmehrung besteuert.

1.1.2 Direkte Steuer

Es bleibt zu prüfen, ob die Lohnsteuer eine direkte oder eine indirekte Steuer ist. Von einer direkten Steuer spricht man dann, wenn der Steuerschuldner (derjenige, der die Steuer dem Finanzamt überweisen muß) und der Steuerträger (derjenige, der die Steuer bezahlen muß) die gleiche Person ist.

Bei der Umsatzsteuer z. B. ist Steuerschuldner der Unternehmer, er muß sie an das Finanzamt überweisen. Steuerträger ist jedoch jeder Kunde dieses Unternehmers, denn mit dem Preis der Ware oder der Leistung hat der Kunde die Umsatzsteuer mitbezahlt. Die Umsatzsteuer ist also eine indirekte Steuer.

Bei der Lohnsteuer sieht es auf den ersten Blick auch so aus, als sei sie eine indirekte Steuer; schließlich trägt sie unzweifelhaft der Arbeitnehmer und der Arbeitgeber überweist das Geld an das Finanzamt.

Trotzdem ist die Lohnsteuer/Einkommensteuer eine direkte Steuer, denn es heißt eindeutig in § 38 (2) EStG, daß der Arbeitnehmer Schuldner der Lohnsteuer ist.

Weiterin besagt § 38 (3) S. 1 EStG, daß der Arbeitgeber beim Abzug der Lohnsteuer nur im Auftrag des Arbeitnehmers tätig wird. Seine Handlungen sind also dem Arbeitnehmer zuzurechnen, d. h. es wird so getan, als hätte der Arbeitnehmer selbst die Zahlungen an das Finanzamt bewirkt.

1.1.3 Abzugssteuer

Da die Lohnsteuer vom Arbeitslohn durch den Arbeitgeber abgezogen wird, nennt man sie auch eine **Abzugssteuer**.

Der Abzug der Lohnsteuer hat grundsätzlich bei jeder Lohnzahlung zu erfolgen. Der Arbeitgeber ermittelt die zutreffenden Beträge anhand von **Lohnsteuertabellen**.

Ein Auszug aus einer solchen Tabelle ergibt sich wie folgt:

In Schleswig-Holstein zusätzlich Mindest-Kirchensteuer beachten (siehe Erl. zur Kirchensteuer)
Min = Mindestbetrags-Kirchensteuer beachten (siehe Erläuterungen zur Kirchensteuer)

1 535,99 MONAT

Sozial-Vers. Gruppe K/L M N/O	Lohn/Gehalt Versorgungs-Bezug bis DM	Abzüge an Lohnsteuer und Kirchensteuer (8%, 9%) in den Steuerklassen I, III–VI	ohne Kinderfreibeträge			I, II, III, IV	mit Zahl der Kinderfreibeträge … 0,5			1			1,5			2			2,5			3[□]		
			LSt	8%	9%		LSt	8%	9%	LSt	8%	9%	LSt	8%	9%	LSt	8%	9%	LSt	8%	9%	LSt	8%	9%
139,90	1 459,49	I,IV	163,30	13,06	14,69	I	140,50	9,24	10,39	117,70	5,41	6,09	95,–	1,60	1,80	72,20	Min	Min	49,40	Min	Min	26,60	Min	Min
29,14		III	67,10	5,36	6,03	II	57,30	2,58	2,90	34,50	Min	Min	11,80	Min	Min	–	–	–	–	–	–	–	–	–
169,04		V	307,10	24,56	27,63	III	43,50	1,48	1,66	21,60	Min	Min	–	–	–	–	–	–	–	–	–	–	–	–
	1 859,49	VI	333,80	26,70	30,04	IV	151,40	11,11	12,50	140,50	9,24	10,39	128,60	7,28	8,19	117,70	5,41	6,09	105,90	3,47	3,90	95,–	1,60	1,80
140,33	1 463,99	I,IV	164,30	13,14	14,78	I	141,50	9,32	10,48	118,70	5,49	6,18	96,–	1,68	1,89	73,20	Min	Min	50,40	Min	Min	27,60	Min	Min
29,23		III	67,10	5,36	6,03	II	58,30	2,66	2,99	35,50	Min	Min	12,80	Min	Min	–	–	–	–	–	–	–	–	–
169,56		V	308,50	24,68	27,76	III	45,50	1,64	1,84	21,60	Min	Min	–	–	–	–	–	–	–	–	–	–	–	–
	1 863,99	VI	335,30	26,82	30,17	IV	152,40	11,19	12,59	141,50	9,32	10,48	129,60	7,36	8,28	118,70	5,49	6,18	106,80	3,54	3,98	96,–	1,68	1,89
140,76	1 468,49	I,IV	164,30	13,14	14,78	I	141,50	9,32	10,48	118,70	5,49	6,18	96,–	1,68	1,89	73,20	Min	Min	50,40	Min	Min	27,60	Min	Min
29,32		III	69,10	5,52	6,21	II	58,30	2,66	2,99	35,50	Min	Min	12,80	Min	Min	–	–	–	–	–	–	–	–	–
170,08		V	309,80	24,78	27,88	III	45,50	1,64	1,84	23,60	Min	Min	–	–	–	–	–	–	–	–	–	–	–	–
	1 868,49	VI	336,60	26,92	30,29	IV	152,40	11,19	12,59	141,50	9,32	10,48	129,60	7,36	8,28	118,70	5,49	6,18	106,80	3,54	3,98	96,–	1,68	1,89
141,19	1 472,99	I,IV	165,20	13,21	14,86	I	142,50	9,40	10,57	119,70	5,57	6,27	97,–	1,76	1,98	74,10	Min	Min	51,40	Min	Min	28,60	Min	Min
29,41		III	69,10	5,52	6,21	II	59,30	2,74	3,08	36,50	Min	Min	13,80	Min	Min	–	–	–	–	–	–	–	–	–
170,61		V	311,10	24,88	27,99	III	47,50	1,80	2,02	23,60	Min	Min	1,80	Min	Min	–	–	–	–	–	–	–	–	–
	1 872,99	VI	338,10	27,04	30,42	IV	153,40	11,27	12,68	142,50	9,40	10,57	130,60	7,44	8,37	119,70	5,57	6,27	107,80	3,62	4,07	97,–	1,76	1,98
141,62	1 477,49	I,IV	166,20	13,29	14,95	I	143,50	9,48	10,66	120,70	5,65	6,36	98,–	1,84	2,07	75,10	Min	Min	52,40	Min	Min	29,60	Min	Min
29,50		III	69,10	5,52	6,21	II	60,30	2,82	3,17	37,50	Min	Min	14,80	Min	Min	–	–	–	–	–	–	–	–	–
171,13		V	312,50	25,–	28,12	III	47,50	1,80	2,02	23,60	Min	Min	1,80	Min	Min	–	–	–	–	–	–	–	–	–
	1 877,49	VI	339,60	27,16	30,56	IV	154,40	11,35	12,77	143,50	9,48	10,66	131,50	7,52	8,46	120,70	5,65	6,36	108,80	3,70	4,16	98,–	1,84	2,07
142,06	1 481,99	I,IV	167,20	13,37	15,04	I	144,50	9,56	10,75	121,70	5,73	6,45	98,90	1,91	2,15	76,10	Min	Min	53,40	Min	Min	30,60	Min	Min
29,59		III	71,10	5,68	6,39	II	61,30	2,90	3,26	38,50	Min	Min	15,80	Min	Min	–	–	–	–	–	–	–	–	–
171,65		V	313,80	25,10	28,24	III	47,50	1,80	2,02	25,60	Min	Min	1,80	Min	Min	–	–	–	–	–	–	–	–	–
	1 881,99	VI	341,10	27,28	30,69	IV	155,40	11,43	12,86	144,50	9,56	10,75	132,50	7,60	8,55	121,70	5,73	6,45	109,80	3,78	4,25	98,90	1,91	2,15
142,49	1 486,49	I,IV	168,20	13,45	15,13	I	145,50	9,64	10,84	122,70	5,81	6,54	99,90	1,99	2,24	77,10	Min	Min	54,40	Min	Min	31,60	Min	Min
29,68		III	71,10	5,68	6,39	II	62,30	2,98	3,35	39,50	Min	Min	16,70	Min	Min	–	–	–	–	–	–	–	–	–
172,17		V	315,10	25,20	28,35	III	49,30	1,94	2,18	25,60	Min	Min	3,80	Min	Min	–	–	–	–	–	–	–	–	–
	1 886,49	VI	342,60	27,40	30,83	IV	156,30	11,50	12,94	145,50	9,64	10,84	133,50	7,68	8,64	122,70	5,81	6,54	110,80	3,86	4,34	99,90	1,99	2,24
142,92	1 490,99	I,IV	169,20	13,53	15,22	I	146,50	9,72	10,93	123,60	5,88	6,62	100,90	2,07	2,33	78,10	Min	Min	55,40	Min	Min	32,50	Min	Min
29,77		III	73,10	5,84	6,57	II	63,30	3,06	3,44	40,50	Min	Min	17,70	Min	Min	–	–	–	–	–	–	–	–	–
172,69		V	316,50	25,32	28,48	III	49,30	1,94	2,18	27,60	Min	Min	3,80	Min	Min	–	–	–	–	–	–	–	–	–
	1 890,99	VI	344,10	27,52	30,96	IV	157,30	11,58	13,03	146,50	9,72	10,93	134,50	7,76	8,73	123,60	5,88	6,62	111,80	3,94	4,43	100,90	2,07	2,33

143,35	1 495,49	I,IV	170,20	13,61	15,31	I	147,50	9,80	11,02	124,60	5,96	6,71	101,90	2,15	2,42	79,10	Min	Min	56,40	Min	Min	33,50	Min	Min
29,86		III	73,10	5,84	6,57	II	64,30	3,14	3,53	41,50	Min	Min	18,70	Min	Min	–	–	–	–	–	–	–	–	–
173,22	1 895,49	V	318,–	25,44	28,62	III	51,30	2,10	2,36	27,60	Min	Min	5,80	Min	Min	–	–	–	–	–	–	–	–	–
		VI	345,60	27,64	31,10	IV	158,30	11,66	13,12	147,50	9,80	11,02	135,50	7,84	8,82	124,60	5,96	6,71	112,80	4,02	4,52	101,90	2,15	2,42
143,78	1 499,99	I,IV	171,20	13,69	15,40	I	148,40	9,87	11,10	125,60	6,04	6,80	102,90	2,23	2,51	80,10	Min	Min	57,30	Min	Min	34,50	Min	Min
29,95		III	75,10	6,–	6,75	II	65,30	3,22	3,62	42,50	Min	Min	19,70	Min	Min	–	–	–	–	–	–	–	–	–
173,74	1 899,99	V	319,50	25,56	28,75	III	51,30	2,10	2,36	29,60	Min	Min	5,80	Min	Min	–	–	–	–	–	–	–	–	–
		VI	347,30	27,78	31,25	IV	159,30	11,74	13,21	148,40	9,87	11,10	136,50	7,92	8,91	125,60	6,04	6,80	113,80	4,10	4,61	102,90	2,23	2,51
144,22	1 504,49	I,IV	172,20	13,77	15,49	I	149,40	9,95	11,19	126,60	6,12	6,89	103,90	2,31	2,60	81,10	Min	Min	58,30	Min	Min	35,50	Min	Min
30,04		III	75,10	6,–	6,75	II	66,20	3,29	3,70	43,50	Min	Min	20,70	Min	Min	–	–	–	–	–	–	–	–	–
174,26	1 904,49	V	320,80	25,66	28,87	III	51,30	2,10	2,36	29,60	Min	Min	5,80	Min	Min	–	–	–	–	–	–	–	–	–
		VI	348,80	27,90	31,39	IV	160,30	11,82	13,30	149,40	9,95	11,19	137,50	8,–	9,–	126,60	6,12	6,89	114,80	4,18	4,70	103,90	2,31	2,60
144,65	1 508,99	I,IV	173,10	13,84	15,57	I	150,40	10,03	11,28	127,60	6,20	6,98	104,90	2,39	2,69	82,–	Min	Min	59,30	Min	Min	36,50	Min	Min
30,13		III	75,10	6,–	6,75	II	67,20	3,37	3,79	44,50	Min	Min	21,70	Min	Min	–	–	–	–	–	–	–	–	–
174,78	1 908,99	V	322,10	25,76	28,98	III	53,30	2,26	2,54	29,60	Min	Min	7,80	Min	Min	–	–	–	–	–	–	–	–	–
		VI	350,50	28,04	31,54	IV	161,30	11,90	13,39	150,40	10,03	11,28	138,50	8,08	9,09	127,60	6,20	6,98	115,70	4,25	4,78	104,90	2,39	2,69
145,08	1 513,49	I,IV	174,10	13,92	15,66	I	151,40	10,11	11,37	128,60	6,28	7,07	105,90	2,47	2,78	83,–	Min	Min	60,30	Min	Min	37,50	Min	Min
30,22		III	77,10	6,16	6,93	II	68,20	3,45	3,88	45,50	Min	Min	22,70	Min	Min	–	–	–	–	–	–	–	–	–
175,30	1 913,49	V	323,60	25,88	29,12	III	53,30	2,26	2,54	31,60	Min	Min	7,80	Min	Min	–	–	–	–	–	–	–	–	–
		VI	352,–	28,16	31,68	IV	162,30	11,98	13,48	151,40	10,11	11,37	139,50	8,16	9,18	128,60	6,28	7,07	116,70	4,33	4,87	105,90	2,47	2,78
145,51	1 517,99	I,IV	174,10	13,92	15,66	I	151,40	10,11	11,37	128,60	6,28	7,07	105,90	2,47	2,78	83,–	Min	Min	60,30	Min	Min	37,50	Min	Min
30,31		III	77,10	6,16	6,93	II	68,20	3,45	3,88	45,50	Min	Min	22,70	Min	Min	–	–	–	–	–	–	–	–	–
175,83	1 917,99	V	325,–	26,–	29,25	III	55,30	2,42	2,72	31,60	Min	Min	9,80	Min	Min	–	–	–	–	–	–	–	–	–
		VI	353,60	28,28	31,82	IV	162,30	11,98	13,48	151,40	10,11	11,37	139,50	8,16	9,18	128,60	6,28	7,07	116,70	4,33	4,87	105,90	2,47	2,78
145,94	1 522,49	I,IV	175,10	14,–	15,75	I	152,40	10,19	11,46	129,60	6,36	7,16	106,80	2,54	2,86	84,–	Min	Min	61,30	Min	Min	38,50	Min	Min
30,40		III	79,10	6,32	7,11	II	69,20	3,53	3,97	46,50	Min	Min	23,70	Min	Min	0,90	Min	Min	–	–	–	–	–	–
176,35	1 922,49	V	326,50	26,12	29,38	III	55,30	2,42	2,72	33,50	Min	Min	9,80	Min	Min	–	–	–	–	–	–	–	–	–
		VI	355,10	28,40	31,95	IV	163,30	12,06	13,57	152,40	10,19	11,46	140,50	8,24	9,27	129,60	6,36	7,16	117,70	4,41	4,96	106,80	2,54	2,86
146,38	1 526,99	I,IV	176,10	14,08	15,84	I	153,40	10,27	11,55	130,60	6,44	7,25	107,80	2,62	2,95	85,–	Min	Min	62,30	Min	Min	39,50	Min	Min
30,49		III	79,10	6,32	7,11	II	70,20	3,61	4,06	47,50	Min	Min	24,60	Min	Min	1,90	Min	Min	–	–	–	–	–	–
176,87	1 926,99	V	327,80	26,22	29,50	III	55,30	2,42	2,72	33,50	Min	Min	9,80	Min	Min	–	–	–	–	–	–	–	–	–
		VI	356,80	28,54	32,11	IV	164,30	12,14	13,66	153,40	10,27	11,55	141,50	8,32	9,36	130,60	6,44	7,25	118,70	4,49	5,05	107,80	2,62	2,95
146,81	1 531,49	I,IV	177,10	14,16	15,93	I	154,40	10,35	11,64	131,50	6,52	7,33	108,80	2,70	3,04	86,–	Min	Min	63,30	Min	Min	40,50	Min	Min
30,58		III	79,10	6,32	7,11	II	71,20	3,69	4,15	48,50	Min	Min	25,60	Min	Min	2,90	Min	Min	–	–	–	–	–	–
177,39	1 931,49	V	329,30	26,34	29,63	III	57,30	2,58	2,90	33,50	Min	Min	11,80	Min	Min	–	–	–	–	–	–	–	–	–
		VI	358,30	28,66	32,24	IV	165,20	12,21	13,74	154,40	10,35	11,64	142,50	8,40	9,45	131,50	6,52	7,33	119,70	4,57	5,14	108,80	2,70	3,04
147,24	1 535,99	I,IV	178,10	14,24	16,02	I	155,40	10,43	11,73	132,50	6,60	7,42	109,80	2,78	3,13	87,–	Min	Min	64,30	Min	Min	41,50	Min	Min
30,67		III	81,10	6,48	7,29	II	72,20	3,77	4,24	49,40	Min	Min	26,60	Min	Min	3,90	Min	Min	–	–	–	–	–	–
177,91	1 935,99	V	330,60	26,44	29,75	III	57,30	2,58	2,90	35,50	Min	Min	11,80	Min	Min	–	–	–	–	–	–	–	–	–
		VI	360,–	28,80	32,40	IV	166,20	12,29	13,83	155,40	10,43	11,73	143,50	8,48	9,54	132,50	6,60	7,42	120,70	4,65	5,23	109,80	2,78	3,13

□ Lohn- und Kirchensteuer für mehr als 3 Kinderfreibeträge siehe 3. Umschlagseite

Beim Studium der Tabelle fällt auf, daß bei einem feststehenden Arbeitslohn die Lohnsteuer verschieden hoch ausfallen kann. Dies ist davon abhängig, in welche Steuerklasse ein Arbeitnehmer eingereiht worden ist.

Die Zugehörigkeit zu einer Steuerklasse muß der Arbeitgeber der Lohnsteuerkarte des Arbeitnehmers entnehmen.

1.1.4 Lohnsteuerkarte

Eine Lohnsteuerkarte erhält jeder Arbeitnehmer gegen Ende des Jahres von seiner Wohngemeinde zugesandt. Auf dieser Lohnsteuerkarte ist neben dem Namen und weiteren persönlichen Angaben auch die zutreffende Steuerklasse vermerkt.

Der Arbeitnehmer ist verpflichtet, die Lohnsteuerkarte seinem Arbeitgeber auszuhändigen. Dieser kann daraufhin die richtige Lohnsteuer aus der Lohnsteuertabelle entnehmen.

1.1.5 Veranlagung zur Einkommensteuer nur bei Erreichung bestimmter Einkommensgrenzen

Wie bereits erwähnt, kann sich der „Verdienst" – die wirtschaftliche Leistungsfähigkeit – **einer** Person aus verschiedenen Geldquellen (sprich: Einkunftsarten) zusammensetzen. Für den Fall, daß z. B. Einkünfte aus Vermietung und Verpachtung mit Arbeitslohn (von dem Lohnsteuer einbehalten wurde) zusammentreffen, ist mit dem Abzug der Lohnsteuer die endgültige Einkommensteuer nicht bezahlt.

Beispiel:

Arbeitslohn	24.000,—	gezahlte LSt	4.800,— DM
Eink. aus V + V	100.000,—	gezahlte LSt	0,— DM

In diesem Fall muß die richtige Einkommensteuer nach Ablauf eines Jahres durch eine „Veranlagung" festgestellt werden; die gezahlte Lohnsteuer wird dabei angerechnet. Die näheren Einzelheiten ergeben sich aus § 25 und § 46 EStG.

1.2 Bedeutung der Lohnsteuer

Die Anfänge der Besteuerung des Arbeitslohnes sind in den alten Kopfsteuern zu suchen, mit denen in Deutschland vom ausgehenden Mittelalter an hauptsächlich die vermögenslosen Personen erfaßt werden sollten, die nur ihre Arbeitskraft besaßen. Ähnlich wurden die kirchlichen Personalzehnten nach dem bemessen, was durch menschlichen Fleiß erworben war. In Württemberg z. B. verlief die Entwicklung so, daß nach der Schatzungsordnung von 1470 zunächst fixe Kopfbeträge erhoben, 1694 die Lohnbezieher nach Rangklassen unterschiedlich eingestuft, dann 1708 in Ansätzen und 1764 von allen „Besoldungs-Participanten" die Steuer bereits im Abzugsverfahren erhoben wurde. Die in Ostpreußen von 1808 bis 1811 eingeführte erste deutsche Einkommensteuer sah für Besoldungen ebenfalls den Steuerabzug an der Quelle vor. Die weitere Besteuerung des Arbeitslohnes erfolgte in Preußen im Rahmen der Klassensteuer von 1820, in Bayern durch die Familiensteuer von 1814 und die Arbeitsertragsteuer von 1856, in Württemberg durch die

Dienst- und Berufseinkommensteuer von 1852 und ging um die Jahrhundertwende in die modernen Einkommensteuern (zunächst ohne das Abzugsverfahren) ein.

Nach dem 1. Weltkrieg wurde der Steuerabzug vom Arbeitslohn allgemein bei allen Arbeitnehmern eingeführt. Der Steuersatz betrug 10 v. H. Auf der gleichzeitig eingeführten Steuerkarte wurden Steuermarken aufgeklebt. Falls sich damals am Ende eines Jahres herausstellen sollte, daß insgesamt auf das Jahr berechnet zu viele Steuern bezahlt worden waren, konnte ein Steuerausgleich nicht erfolgen. Dieser Steuerausgleich, genannt „Lohnsteuerjahresausgleich" wurde erst ab dem Jahre 1948 ermöglicht.

1.2.1 Gesellschafts- und wirtschaftspolitische Auswirkungen

Die Tatsache, daß die Einkommens-Besteuerung von Arbeitnehmern im Steuerabzugsverfahren und nicht auf dem Wege einer nach Ablauf eines Jahres durchzuführenden Veranlagung durchgeführt wird, hat vielerlei Gründe. Einige davon sollen hier aufgezeigt werden.

Der Staat geht davon aus, daß ein Arbeitnehmer, dem sein Arbeitslohn monatlich voll (d.h. ohne Abzug der Lohnsteuer) ausgezahlt wird, nicht von sich aus daran denkt, von dem erhaltenen Geld einen Teil für die am Jahresende fällige Einkommensteuer zurückzulegen. Vielleicht sind auch viele kurzfristig nicht in der Lage, die entsprechenden Beträge anzusparen, weil sie größere Anschaffungen hatten. Folgerichtig würde sich nach Ablauf eines Jahres eine Unzahl von Fällen ergeben, bei denen die Gelder unter Umständen zwangsweise eingetrieben werden müßten.

Diesen Schwierigkeiten geht man natürlich durch das Steuerabzugsverfahren aus dem Wege.

Weiterhin besteht über die Lohnsteuer eine nicht zu unterschätzende Möglichkeit, schnell auf den Konjunkturverlauf Einfluß zu nehmen. Falls es z. B. wünschenswert erscheint, die allgemeine Ausgabefreudigkeit zu erhöhen, kann man – fast von heute auf morgen – die Kaufkraft der Arbeitnehmer dadurch erhöhen, daß man die Lohnsteuerbelastung senkt.

Diese **Senkung** wird bereits bei der nächsten Lohnauszahlung wirksam; dem Arbeitnehmer steht mehr Geld zur Verfügung. Man hofft dann, daß er dieses Geld ausgeben wird und damit der Wirtschaft neue Impulse gibt.

Die Kehrseite einer solchen Maßnahme sieht natürlich so aus, daß dem Staat selbst weniger Geld für die Erfüllung seiner Aufgaben zur Verfügung steht.

Eine **Erhöhung** der Lohnsteuer bewirkt selbstverständlich das Gegenteil. Hierbei kommt dann allerdings hinzu, daß dann, wenn die Steuerbelastung zu hoch wird, der Arbeitnehmer nicht mehr einsieht, warum er mehr arbeiten und mehr Geld verdienen soll, wenn der Staat ihm einen Großteil seiner Einnahmen wieder wegnimmt.

So ist es schon vorgekommen, daß Arbeitnehmer eine Lohnerhöhung abgelehnt haben, weil ihnen durch den Abzug der Lohnsteuer (und auch der Sozialversicherungsbeiträge) netto weniger Geld verblieben wäre als vorher.

In den jährlichen Lohn- und Gehaltsrunden handeln – so scheint es – zwei Parteien die Löhne aus: Die Gewerkschaften auf der einen und die Arbeitgeberverbände auf der anderen Seite. Und hohe Lohnabschlüsse betrachten die Gewerkschaften

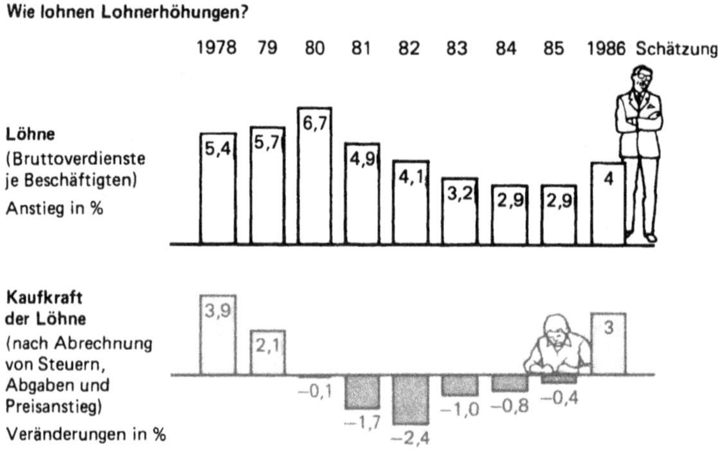

Was zählt, ist die Kaufkraft

allemal als einen Erfolg. Aber in Wahrheit sitzen in jeder Lohnrunde noch zwei unsichtbare Partner mit am Tisch. Der eine ist der Staat. Er sorgt durch steigende Steuersätze und steigende Sozialabgaben dafür, daß die Lohnerhöhung netto magerer ausfällt als brutto (ausgenommen natürlich in Jahren mit einer Steuerreform wie beispielsweise 1986). Der zweite unsichtbare Partner sind die Preise. Wieviel ein Lohnabschluß wirklich wert ist, zeigt sich erst hinterher. Erst wenn feststeht, wie die Preise gestiegen sind, steht auch fest, ob eine Lohnerhöhung einen Kaufkraftgewinn gebracht hat. Daran gemessen waren alle Lohnerhöhungen zwischen 1980 und 1985 ein Mißerfolg. Trotz zum Teil ansehnlicher Brutto-Verdienstaufbesserungen blieb am Ende Jahr für Jahr ein Verlust an Kaufkraft (siehe Schaubild). Übrigens hilft es meist nicht, bei den Löhnen kräftig zuzulangen, um so den Preisanstieg zu übertrumpfen. Das zeigt das Jahr 1980. Trotz weit überdurchschnittlichem Lohnplus sank die Kaufkraft der Verdienste.

„Auf die Lohnsteuer kann man sich verlassen!"

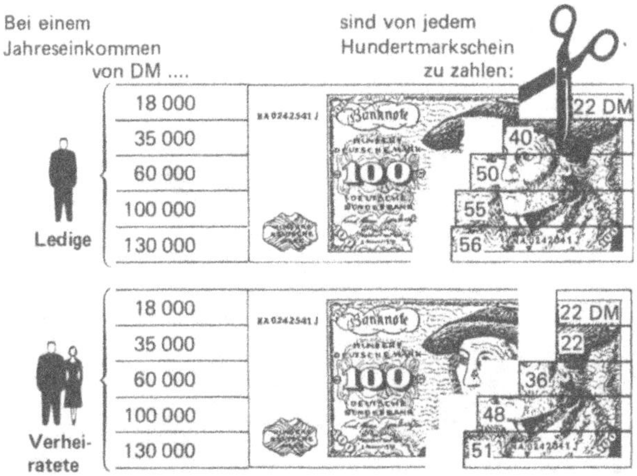

Ehe bringt Steuervorteile. Nur noch eine Minderheit der Steuerzahler befindet sich in der „Schonzone" unseres Steuertarifs – in jener Zone nämlich, wo jeder zusätzlich verdiente Hundertmarkschein gleichmäßig mit nur 22 DM Lohnsteuer belegt wird. Mehr als zwei Drittel der Steuerzahler stecken hingegen mehr oder weniger tief in der sogenannten Progressionszone. Dort packt das Finanzamt mit jedem zusätzlich verdienten Hundertmarkschein immer härter zu. Bei Spitzenverdienern ist der Hundertmarkschein obendrauf nur noch 44 DM wert; 56 DM kassiert die Steuer. Ledige sind dem Finanzamt übrigens besonders lieb. Bei gleichem Einkommen wie Verheiratete müssen sie durchweg erheblich höhere Steuern zahlen. Ehepaare verdanken ihre Sonderstellung dem sogenannten Ehegatten-Splitting (to split = teilen). Die Steuerreform von 1986/88 soll den Zugriff der Progression für mittlere Verdiener etwas mildern. (Statistische Angaben: Bundesfinanzministerium)

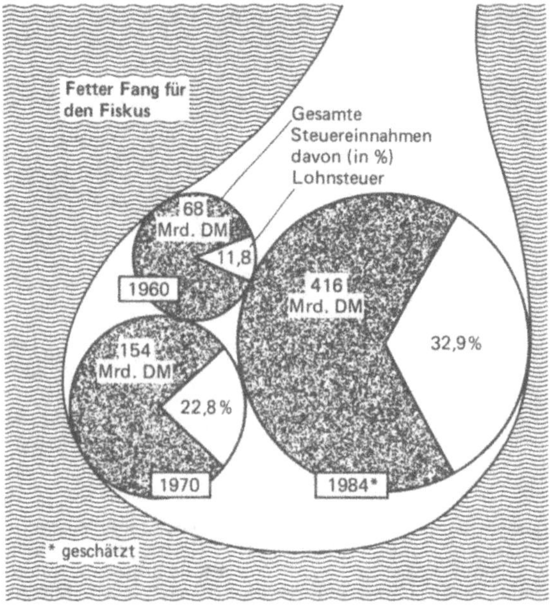

Fetter Fang für den Fiskus: Einnahmen aus Lohnsteuer. Jede dritte Mark, die dem Staat im vergangenen Jahr an Steuergeldern zufloß, stammte aus Lohnsteuereinnahmen. Damit hat sich deren Anteil am gesamten Steueraufkommen der Bundesrepublik seit 1960 fast verdreifacht. Bis zu einem gewissen Grad läßt sich diese Entwicklung aus dem Anstieg der Lohnquote erklären: Wenn ein immer größerer Teil des Volkseinkommens auf die Löhne entfällt, nimmt das Lohnsteueraufkommen dementsprechend zu. Viel entscheidender ist aber die Tatsache, daß die zum Teil inflationsbedingt erhöhten Arbeitseinkommen bei unverändertem Steuertarif zwangsläufig immer stärker in die Steuerprogression hineinwachsen, die Geldentwertung also noch durch Steuererhöhung verschärft wird.

Soll nicht das ganze Steuersystem aus der Balance geraten, muß der Steuertarif daher immer wieder korrigiert werden. Von Zeit zu Zeit ist also eine Ermäßigung der Steuersätze erforderlich, weil das Steueraufkommen durch die „kalte Progression" sonst schneller wächst als das Sozialprodukt. Solche Erleichterungen für Lohnsteuerzahler gibt es nach der Steuerentlastung von 1981 erstmals wieder durch die zweistufige Steuerreform von 1986/88.

„Familienpolitik mit Hilfe der Einkommensteuer"

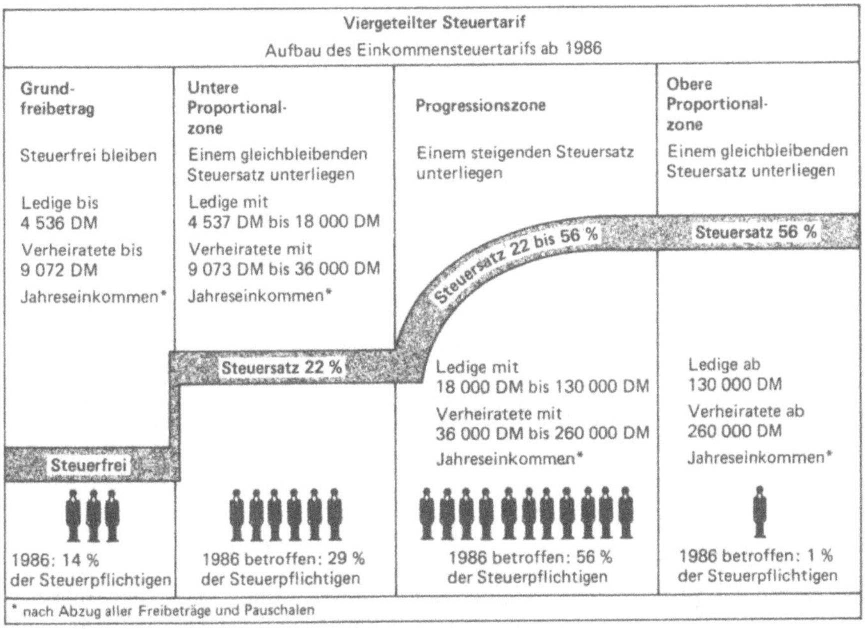

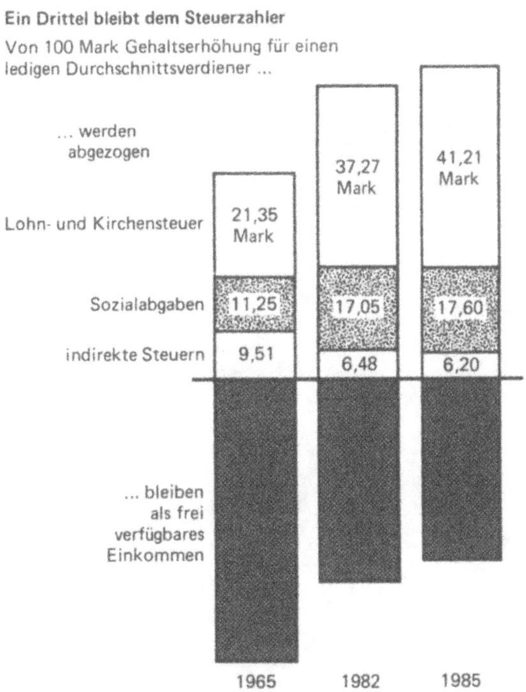

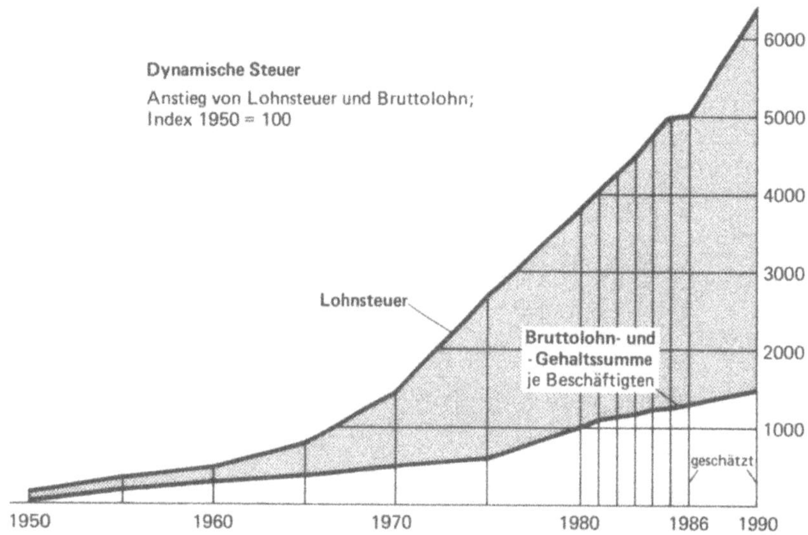

1.2.2 Aufkommen

Die zahlenmäßige Bedeutung der Einnahmen aus der Lohnsteuer ist beträchtlich; sie ist für den Staat die wichtigste Einnahmequelle, wie folgende Übersicht zeigt:

Einnahmen aus (in Mrd. DM)	Lohnsteuer	Umsatzsteuer	Einkommensteuer
1979	ca. 97	ca. 84	ca. 38
1980	ca. 112	ca. 93	ca. 37
1981	ca. 117	ca. 98	ca. 33
1982	ca. 123	ca. 98	ca. 30
1983	ca. 129	ca. 106	ca. 28
1984	ca. 136	ca. 110	ca. 26
1985	ca. 148	ca. 110	ca. 29

Ein Vergleich aller Steuerarten für das Jahr 1985 sieht so aus:

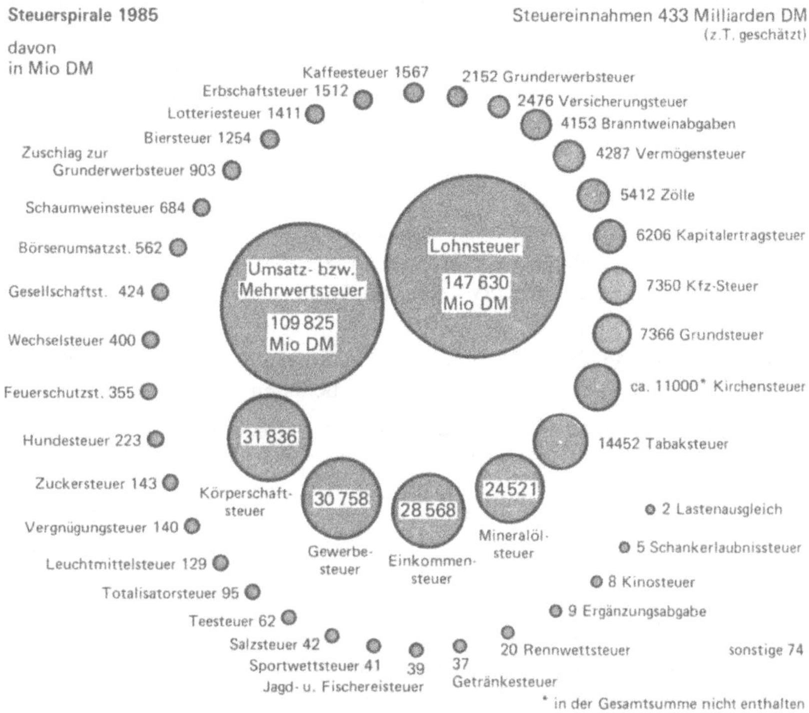

1.3 Ertragshoheit

Das Aufkommen aus der Einkommensteuer und mit ihr der Lohnsteuer steht nach Artikel 106 des Grundgesetzes dem Bund und den Ländern gemeinsam zu (Gemeinschaftssteuer).

Danach ergibt sich also zunächst eine Verteilung von 50 v.H. der Einnahmen für den Bund und 50 v.H. der Einnahmen für die Länder.

Beide Partner haben sich aber bereit erklärt, jeweils 7,5 v.H. der Einnahmen an die Gemeinden abzugeben. Damit wird die Einkommen- und die Lohnsteuer letztendlich wie folgt verteilt:

42,5 v.H. für den Bund
42,5 v.H. für die Länder
15 v.H. für die Gemeinden

1.4 Rechtsgrundlage

Die grundsätzliche Möglichkeit der Erhebung von Einkommensteuer ergibt sich aus Artikel 105 Abs. 1 und 2 des Grundgesetzes, wonach die Regelung dieser Steuer der konkurrierenden Gesetzgebung unterliegt.

1.4.1 EStG, insbesondere §§ 38–42 ff

Das aufgrund dieser Möglichkeit zustandegekommene Gesetz ist das Einkommensteuergesetz.

Dort findet man die eigens für die Lohnsteuer geschaffenen Vorschriften in den §§ 38 und folgende. Diese gesetzlichen Vorschriften binden die Verwaltung, die Gerichte und die Steuerpflichtigen.

1.4.2 EStDV, LStDV

Neben den Vorschriften des Einkommensteuergesetzes sind die Verwaltung, die Gerichte und die Steuerpflichtigen auch an die Vorschriften der Einkommensteuerdurchführungsverordnung (EStDV) und der Lohnsteuerdurchführungsverordnung (LStDV) gebunden.

Mit der EStDV und der LStDV werden steuerliche Einzelfragen geklärt, mit denen der Gesetzgeber sich nicht im Einzelnen befassen wollte.

Er hat vielmehr die Verwaltung beauftragt, diese Vorschriften – in Abstimmung mit dem Bundesrat – herauszugeben.

Die Zulässigkeit dieses Verfahrens ergibt sich aus Artikel 80 des Grundgesetzes in Verbindung mit § 51 EStG.

1.4.3 EStR, LStR

Neben den Vorschriften des EStG und der EStDV bzw. LStDV hat die Verwaltung noch eine Zusammenstellung von Zweifelsfragen, einheitlichen Regelungen und Erläuterungen herausgegeben. Man findet sie in den Einkommensteuer- bzw. Lohnsteuerrichtlinien (EStR und LStR).

Diese Richtlinien sollen dem Bearbeiter im Finanzamt helfen, sich in der schwierigen Materie zurechtzufinden. Ein Finanzbeamter ist an sie gebunden; nicht aber die Gerichte und die Steuerpflichtigen.

2. Kapitel: Arbeitnehmer; Abgrenzung zum Unternehmer

In der vorhergehenden Betrachtung ist öfter der Begriff „Arbeitnehmer“ aufgetaucht. Als Beispiel dafür sind Beamte, Angestellte oder Arbeiter genannt worden. Allerdings ist der Begriff noch nicht eindeutig geklärt; er wird auch vielfältig und zum Teil unterschiedlich angewendet. So wird der Begriff: „Arbeitnehmer“ neben dem Steuerrecht im Arbeitsrecht oder im Sozialversicherungsrecht benutzt. Wenn auch die sozialversicherungsrechtliche oder arbeitsrechtliche Anschauung für die steuerliche Beurteilung als Hilfestellung herangezogen wird, ist lohnsteuerlich selbständig zu entscheiden, ob eine Person bezüglich einer ausgeübten Tätigkeit ein „Arbeitnehmer“ ist.

Wenn diese Entscheidung aber gefallen ist, gilt sie einheitlich für alle Steuerarten. Für **ein und dieselbe Tätigkeit** kann also nicht einkommensteuerlich entschieden werden, daß jemand Arbeitnehmer ist und gleichzeitig, daß er aber für die Umsatzsteuer als Unternehmer anzusehen ist.

Dies wird sichergestellt durch die beiden Gesetzestexte von

§ 2 Abs. 2 Nr. 1 UStG:

> Die gewerbliche oder berufliche Tätigkeit wird **nicht selbständig** ausgeübt, soweit natürliche Personen einem Unternehmen so eingegliedert sind, daß sie den Weisungen des Unternehmers zu folgen verpflichtet sind,

und

§ 1 Abs. 3 LStDV:

> Arbeitnehmer ist nicht, wer Lieferungen und sonstige Leistungen innerhalb der von ihm **selbständig** ausgeübten gewerblichen oder beruflichen Tätigkeit im Inland gegen Entgelt ausführt, soweit es sich um die Entgelte für diese Lieferungen und sonstigen Leistungen handelt.

Übt eine Person jedoch **mehrere Tätigkeiten** aus, muß jede Tätigkeit auf ihre Arbeitnehmereigenschaft untersucht werden.

> **Beispiel:**
>
> Hilde Blochum ist als Putzfrau in einem Krankenhaus angestellt. Nach Arbeitsschluß betreibt sie einen kleinen Kiosk und verkauft Getränke.
>
> Bei beiden Tätigkeiten erzielt sie Einkünfte.
>
> - Als Putzfrau ist Frau Blochum Arbeitnehmerin.
> - Als Inhaberin eines Kiosks ist Frau Blochum Unternehmerin.

2.1 Begriff

Der Begriff des Arbeitnehmers wird in § 19 EStG zwar erwähnt, ergibt sich jedoch aus § 1 Abs. 1 LStDV:

> Arbeitnehmer sind **Personen**, die in öffentlichen oder privaten Dienst **angestellt oder beschäftigt** sind oder waren und die **aus diesem Dienstverhältnis** oder einem früheren Dienstverhältnis **Arbeitslohn beziehen**.
>
> Arbeitnehmer sind auch die Rechtsnachfolger dieser Personen, soweit sie Arbeitslohn aus dem früheren Dienstverhältnis ihres Rechtsvorgängers beziehen.

Zu den Tatbestandsmerkmalen:

2.1.1 Natürliche Person

Es kann sich bei einem Arbeitnehmer nur um eine natürliche Person handeln, weil unbeschränkt einkommensteuerpflichtig (und damit lohnsteuerpflichtig) nur natürliche Personen sind (§ 1 Abs. 1 EStG).

2.1.2 Dienstverhältnis

In einem Dienstverhältnis kann/konnte man angestellt oder beschäftigt sein:

a) gegenwärtig oder
b) früher oder als
c) Rechtsnachfolger einer Person aus ihrem früheren Dienstverhältnis

2.1.2.1 Inhalt des Dienstverhältnisses

In einem Dienstverhältnis wird der Arbeitnehmer in der Regel zu einer bestimmten Tätigkeit verpflichtet. Hierbei schuldet eine Person die Arbeitsleistung in einem persönlichen Abhängigkeitsverhältnis: Wenn eine in einem Dienstverhältnis stehende Person eine Arbeit nicht erledigen will, muß sie entweder den Arbeitgeber um Erlaubnis fragen oder sie muß bei diesem Arbeitgeber kündigen und sich „die Papiere geben lassen".

Im Gegensatz hierzu kann ein Unternehmer aus eigener Machtvollkommenheit entscheiden, ob er eine Tätigkeit (einen Auftrag) ausführen will oder nicht.

Das gilt auch dann, wenn er (z. B. als Zulieferant) wirtschaftlich von einem Anderen abhängig ist. Hier kommt es allein auf die **rechtliche** Möglichkeit an, die Annahme eines Auftrages zu verweigern.

Der Begriff des Dienstverhältnisses, den § 1 Abs. 1 LStDV verwendet, ergibt sich aus § 1 Abs. 2 LStDV:

Ein Dienstverhältnis liegt vor, wenn der Angestellte (Beschäftigte) dem Arbeitgeber (öffentliche Körperschaft, Unternehmer, Haushaltsvorstand) **seine Arbeitskraft schuldet**. Dies ist der Fall, wenn die tätige Person in der Betätigung ihres geschäftlichen Willens unter der Leitung des Arbeitgebers steht oder im geschäftlichen Organismus des Arbeitgebers dessen Weisungen zu folgen verpflichtet ist.

2.1.2.2 Schulden der Arbeitskraft

Für das Zustandekommen eines Dienstverhältnisses ist also wesentlich, daß eine Person die Arbeitskraft **schuldet**.

Ob der Betreffende dabei etwas zuwege bringt oder ob die Arbeitskraft tatsächlich eingesetzt wird, ist unerheblich. Wichtig ist nur, daß die in Frage stehende Person eine bestimmte Tätigkeit ordnungsgemäß ausführen **müßte**.

In der Praxis ist es meist nicht fraglich, ob eine Person die Arbeitskraft schuldet oder nicht. In besonders gelagerten Einzelfällen kann eine Zuordnung jedoch nicht zweifelsfrei erfolgen. Ausgangspunkt für die Unterscheidung sind hierbei die §§ 611 und 631 des Bürgerlichen Gesetzbuches:

§ 611 Wesen des Dienstvertrags

(1) Durch den Dienstvertrag wird derjenige, welcher Dienste zusagt, zur Leistung der versprochenen Dienste, der andere Teil zur Gewährung der vereinbarten Vergütung verpflichtet.

(2) Gegenstand des Dienstvertrags können Dienste jeder Art sein.

§ 631 Wesen des Werkvertrags

(1) Durch den Werkvertrag wird der Unternehmer zur Herstellung des versprochenen Werkes, der Besteller zur Entrichtung der vereinbarten Vergütung verpflichtet.

(2) Gegenstand des Werkvertrags kann sowohl die Herstellung oder Veränderung einer Sache als ein anderer durch Arbeit oder Dienstleistung herbeizuführender Erfolg sein.

Diese Bestimmungen über den Dienst- und Werkvertrag sind zwar nützlich. Im entscheidenden Falle helfen aber auch sie nicht weiter, da es z. B. auch bei einer nichtselbständigen Arbeit dem Arbeitgeber letzten Endes auf den Arbeitserfolg ankommt.

Für lohnsteuerliche Zwecke gibt § 1 Abs. 2 Satz 2 LStDV die entscheidenden Hinweise:

„(Die Arbeitskraft wird geschuldet), wenn die tätige Person in der Betätigung ihres geschäftlichen Willens unter der Leitung des Arbeitgebers steht **oder** im geschäftlichen Organismus des Arbeitgebers dessen Weisungen zu folgen verpflichtet ist."

Danach scheint es zwei Möglichkeiten für das Schulden der Arbeitskraft zu geben:

1. „Weisungsgebundenheit“ oder
2. „Eingliederung“ in einen geschäftlichen Organismus.

In der Praxis sind diese beiden Merkmale jedoch meistens nicht eindeutig trennbar. So ist z. B. ein Finanzbeamter gleichzeitig weisungsgebunden und auch in den Betrieb (den Organismus) eines Finanzamtes mit einer ganz bestimmten Aufgabe fest eingegliedert.

Doch zu den beiden Merkmalen im einzelnen:

1. „Weisungsgebundenheit“

Die tätige Person arbeitet im Extremfall unter Bedingungen, die ihr überhaupt keinen Spielraum mehr bieten, um nach eigenen Entschlüssen das wirtschaftliche Ergebnis ihrer Tätigkeit zu beeinflussen. Durch die Formulierung des § 1 Abs. 2 S. 2 LStDV: „unter der Leitung des Arbeitgebers“ wird deutlich, daß eine der tätigen Person übergeordnete Person („Chef“) weisungs**befugt** ist, d. h. die tätige Person muß diejenigen Arbeiten verrichten, die ihr aufgetragen werden. Je nach Art der Tätigkeit oder der Fähigkeiten des Tätigen (leitende, geistige, künstlerische, handwerkliche, mechanische Tätigkeit) wird der Arbeitgeber zwar mehr – oder auch weniger – von seiner Weisungsbefugnis Gebrauch machen; entscheidend bleibt aber, daß er im Zweifelsfalle Weisungen erteilen **könnte**, die der Tätige befolgen müßte, will er seinen Arbeitsplatz nicht verlieren.

2. „Eingliederung“

Dieses Merkmal des § 1 Abs. 2 S. 2 LStDV erfaßt diejenigen Fälle, wo eine Weisungsbefugnis **nicht** oder **nicht klar erkennbar** hervortritt, weil die in Frage kommende Person selbst an der Spitze oder in der Leitung der in Betracht kommenden geschäftlichen Organisation steht. Beispielhaft kommen in Frage:

- leitende Angestellte als Leiter einer Bankniederlassung
- Geschäftsführer einer GmbH
- Vorstandsmitglied einer Aktiengesellschaft
- Behördenleiter, z. B. Finanzamtsvorsteher

All diese Personen sind in den geschäftlichen Organismus zwar als Spitze, aber als ein unselbständiges Glied eingeordnet. Es sind Personen, die in der Organisation eine bestimmte Aufgabe zu erfüllen haben und die nicht im eigenen, sondern im Interesse des Gesamtorganismus tätig werden.

In den weitaus meisten Fällen ist es kaum zweifelhaft, ob eine natürliche Person als Arbeitnehmer und damit als Bezieher von Einkünften aus nichtselbständiger Arbeit nach § 19 EStG anzusehen ist. Dennoch verbleiben Grenzfälle, bei denen eine Zuordnung zur Einkunftsart „nichtselbständige Arbeit“ nicht ohne weiteres möglich ist. In diesen Fällen soll der nachfolgende Fragenkatalog zur richtigen Entscheidung beitragen.

Dabei muß immer das **Gesamtbild der Verhältnisse** gewürdigt werden; Einzelkriterien können in den Hintergrund treten.

Prüfen Sie in den folgenden Beispielen die Arbeitnehmereigenschaft der zu beurteilenden Personen anhand des vorstehenden Abgrenzungskatalogs:

Abgrenzungskriterien für die Tatbestandsmerkmale Selbständigkeit/Nichtselbständigkeit

Kriterien	Antwort	Hinweis für	
		Selbständigkeit	Nichtselbständigkeit
1. Werden Sozialversicherungsbeiträge einbehalten und abgeführt?	ja		×
2. Liegen Vertragsunterlagen vor, in denen die Worte „Arbeitsvertrag", „Arbeitsverhältnis", „Angestellter", „Arbeitslohn" u.ä. verwendet werden?	nein	×	
3. Ist eine feste Bezahlung nach Arbeitszeit vorgesehen?	nein	×	
4. Wird auf einen Tarifvertrag Bezug genommen?	ja		×
5. Wird ein geschäftliches Risiko übernommen?	nein		×
6. Darf nur für einen Auftraggeber gearbeitet werden?	ja		×
7. Ist das Beschäftigungsverhältnis auf unbestimmte Zeit abgeschlossen?	nein	×	
8. Werden notwendige Aufwendungen (z.B. Reisekosten, Arbeitsmittel) vom Auftraggeber übernommen?	ja		×
9. Besteht eine Pflicht zur Krankmeldung?	ja		×
10. Hat der Betreffende Anspruch auf Lohnfortzahlung im Krankheitsfall?	ja		×
11. Besteht ein Urlaubsanspruch?	ja		×
12. Besteht ein Wahlrecht zum Betriebsrat?	nein	×	
13. Hat der Auftraggeber das Recht, bezüglich der Durchführung der Arbeit (Ort, Zeit, Art) Anordnungen zu treffen?	ja		×
14. Hat der Betreffende die Möglichkeit, eine Arbeit oder einen Auftrag abzulehnen?	nein		×
15. Kann die übernommene Tätigkeit einer anderen Person übertragen werden?	ja	×	

1. Anton Erlich ist Geselle des Dachdeckermeisters Dahlheim. Nach den Anweisungen des Dahlheim ist Erlich verpflichtet, die ihm aufgetragenen Arbeiten auszuführen.
   - Erlich ist weisungsgebunden; er muß nämlich die Arbeiten verrichten, die ihm sein Chef aufträgt. In den Dachdeckerbetrieb ist er zusätzlich als Dachdecker eingegliedert. Erlich schuldet also seine Arbeitskraft und steht deshalb in einem Dienstverhältnis.

2. Bei einem Vertreter (V) lassen sich folgende Einzelmerkmale feststellen:
   V ist nur für einen Auftraggeber tätig; nach den Vereinbarungen wäre eine Tätigkeit auch für andere Auftraggeber möglich, aber nur dann, wenn diese branchenfremd sind; bei jedem Abschluß erhält er eine Provision. Er erhält aber auch dann einen Provisionsanteil, wenn einer seiner Kunden ohne seine Vermittlung mit dem Auftraggeber abschließt.

Sozialversicherungsbeiträge werden einbehalten, Lohnsteuer wird nicht abgeführt.
Reisekosten werden nicht erstattet; Kunden müssen mindestens alle sechs Monate besucht werden.

- Das Gesamtbild der Verhältnisse spricht hier für eine selbständige Tätigkeit des V. Die Tätigkeit für nur einen Auftraggeber ist für sich allein nicht als Merkmal für Unselbständigkeit anzusehen.
  Hier wäre zudem die Tätigkeit für andere, wenn auch branchenfremde Auftraggeber zulässig. Die Vergütung ist eine reine Erfolgsvergütung.
  V hat einen geschützten Kundenkreis, er hat auch dann einen Provisionsanspruch, wenn einer seiner Kunden ohne seine Vermittlung abschließt. Auch dies spricht für Selbständigkeit. Die Nichterstattung von Reisekosten ist ebenso Merkmal der Selbständigkeit. Andererseits ist die sozialversicherungsrechtliche Behandlung ein Indiz für Nichtselbständigkeit. Die Verpflichtung, die Kunden alle sechs Monate zu besuchen, ist nicht eindeutig auslegbar. Dies muß nicht gegen die Selbständigkeit des V sprechen.

3. Der Schreinermeister Gerhard Osenbrink hat sich gegenüber einem Kaninchenzüchter verpflichtet, bis zum 1. 3. eines Jahres einen Kaninchenstall für 20 Kaninchen zu bauen. Für Material und Arbeitsleistung erhält er 1.000,— DM.
   - Osenbrink ist gegenüber dem Kaninchenzüchter nicht verpflichtet, dessen Weisungen zu befolgen. Er muß zwar – nachdem er den Auftrag angenommen hat – einen Kaninchenstall in vorbestimmten Abmessungen bis zu einem bestimmten Tag bauen. Es bleibt aber ihm überlassen, wie und wann er die Arbeit erledigt. Am wichtigsten ist jedoch, daß er rechtlich gesehen die Möglichkeit hatte, den Auftrag nicht anzunehmen. Auch eine Eingliederung in den Betrieb des Kaninchenzüchters liegt nicht vor. Osenbrink schuldet also nicht seine Arbeitskraft, sondern den Arbeitserfolg: Kaninchenstall. Er steht nicht in einem Dienstverhältnis.

4. Schürzenjäger (Sch) in ein überragender Fußballspieler. Er hat mit dem FC Kleinbach 09 (FC 09) einen Vertrag geschlossen, der u.a. folgenden Inhalt hat:

§ 1: Sch verpflichtet sich, 2 Jahre für den FC 09 Fußball zu spielen.

§ 2: Sch ist gehalten, an den angesetzten Trainingsstunden des FC 09 intensiv mitzuwirken; darüber hinaus ist Sch verpflichtet, jedes Spiel des Vereins zu bestreiten, zu dem er von dem Trainer aufgestellt wird.

§ 3: Nebentätigkeiten (wie Autogrammstunden, Werbeauftritte) des Sch sind erlaubt, bedürfen aber der Zustimmung des FC 09.

§ 4: Sch erhält ein monatliches Festgehalt von 8.000 DM.

§ 5: Sch bekommt für jedes Spiel, an dem er mitgewirkt hat, 2.000 DM. Für jedes gewonnene Meisterschaftsspiel werden zusätzlich 2.000 DM gezahlt.

§ 6: Für besonders wichtige Spiele sind Leistungszulagen nach besonderer Vereinbarung möglich.

§ 7: Der FC 09 ist berechtigt, bei Verstößen des Sch gegen die vertraglichen Pflichten Disziplinarstrafen zu verhängen.

Aufgrund des o.g. Vertrages erhielt Sch in 01:

96.000 DM	Festgehalt (§ 4)
100.000 DM	Prämien (§ 5)
40.000 DM	Leistungszulagen (§ 6)

- Sch übt mehrere, verschiedene Tätigkeiten aus, die gesondert voneinander zu würdigen sind, da eine natürliche Person sowohl selbständig (als Unternehmer) als auch unselbständig (kein Unternehmer) tätig sein kann. Für die Frage der Selbständigkeit ist auf das Innenverhältnis zwischen den Vertragsparteien abzustellen. Danach ist Sch verpflichtet, jedes Spiel zu bestreiten. Dazu muß er an den angesetzten Trainingsstunden intensiv mitwirken (§ 2 des Vertrages). Verstöße können sogar disziplinarisch geahndet werden (§ 7). Darüber hinaus wird Sch nur für den FC 09 tätig (ein Auftraggeber) und bezieht ein festes Gehalt (§ 4). Damit ist Sch hinsichtlich der Art und Weise seiner Tätigkeit, dem Ort (auch außerhalb) und der Arbeitszeit (angesetzte Trainingsstunden) weisungsgebunden. Er ist damit in ein Unternehmen (FC 09) eingegliedert, da er dessen Weisungen zu folgen verpflichtet ist.

Daran ändert auch die Tatsache nichts, daß Sch teilweise eine Erfolgszahlung (die sogar höher als das Festgehalt ist), erhält (§ 5) und eine Nebentätigkeit ausüben darf. Trotz Erfolgszulage (§ 5 Satz 2) trägt er nämlich kein unternehmerisches Risiko, weil das Festgehalt unabhängig vom Erfolg gezahlt wird und jede Nebentätigkeit der Zustimmung des Arbeitgebers (§ 3) bedarf. Dementsprechend übt Sch diese Tätigkeit unselbständig aus, er ist deshalb Arbeitnehmer.

2.1.2.3 Entstehung und Dauer der Dienstverhältnisse

Dienstverhältnisse können in verschiedener Weise zustande kommen:

1. Durch **Vertrag**, welcher schriftlich oder mündlich abgeschlossen werden kann. Die schriftliche Form wird meistens, insbesondere in der Verwaltung, bei der Beschäftigung von Angestellten gewählt.
   Ein mündlicher Vertrag kommt meistens – außer in der Verwaltung – bei der Einstellung von Arbeitern zustande.
2. Durch **staatlichen Hoheitsakt** bei der Ernennung von Beamten.
3. Durch **bloße Eingliederung**, eine seltenere Form. Dabei handelt es sich um die Tätigkeit von Aushilfskräften, die sozusagen ohne zu fragen, eine Arbeit verrichten und auch dafür bezahlt werden.

Ein Dienstverhältnis endet:

1. Durch Vertragsablauf, wobei die Dauer des Vertragsverhältnisses von vornherein begrenzt war
   In dem Arbeitsvertrag steht dann z. B.:
   „XYZ wird für die Zeit vom 1. 1. 01 bis 30. 11. 01 als Arbeiter beschäftigt"
2. Durch Kündigung von seiten des Arbeitgebers oder des Arbeitnehmers
3. Durch Erreichen der Altersgrenze
4. Durch den staatlichen Hoheitsakt der Entlassung
5. Durch Tod des Arbeitnehmers

2.1.3 Arbeitslohn

Als Tatbestandsmerkmal für den „Arbeitnehmer" ist – wie dargestellt – auch erforderlich, daß Arbeitslohn gezahlt wird.

Neben dem Steuerrecht kennt man diesen Begriff aus dem bürgerlichen Recht, aus dem Arbeitsrecht und dem Sozialversicherungsrecht. Das Lohnsteuerrecht hat sich eine eigene Begriffsbestimmung geschaffen, die wiederum für das gesamte Steuerrecht Gültigkeit besitzt. Arbeitslohn kann demzufolge kein umsatzsteuerliches Entgelt sein.

Arbeitslohn ist die Gegenleistung des Arbeitgebers dafür, daß der Arbeitnehmer ihm die Arbeitskraft schuldet.

Dabei ist der Begriff des Arbeitslohnes weit und umfassend zu verstehen:

Er ist alles, was

1. als Ertrag der nichtselbständigen Arbeit oder
2. als Ausfluß aus dem Dienstverhältnis anzusehen ist.

Auch Zahlungen oder andere Leistungen dritter Personen können deswegen Einnahmen sein, wenn es sich (wie zum Beispiel bei Trinkgeldern) um Zahlungen oder Leistungen im Zusammenhang mit dem Dienstverhältnis handelt.

2.1.3.1 Begriff

Aus einkommensteuerlicher Sicht ist in all den Fällen, in denen ein Arbeitnehmer von einem anderen Geld, Sachwerte oder andere irgendwie geartete Vorteile erhält, zu prüfen, ob eine Einnahme nach § 8 Abs. 1 EStG vorliegt (die ausführliche Sondervorschrift des § 2 (1) (LStDV für den Bezug von Arbeitslohn ist zwar nicht wortgleich, aber sinngleich angelegt):

> § 8 Einnahmen
> (1) Einnahmen sind alle Güter, die in Geld oder Geldeswert bestehen und dem Steuerpflichtigen im Rahmen einer der Einkunftsarten des § 2 Abs. 1 Nr. 4 bis 7 EStG zufließen.

Als Tatbestand werden also verlangt:

1. Güter (welche in Geld oder Geldeswert bestehen können)
2. Zufluß
3. im Rahmen einer Einkunftsart

Zu den Tatbestandsmerkmalen im Einzelnen:

2.1.3.1 Güter

Hierbei ist die Rede von Wirtschaftsgütern.

Ein Wirtschaftsgut muß

a) einen Geldwert haben (jemand muß bereit sein, etwas dafür auszugeben) und muß
b) im wirtschaftlichen Verkehr umgesetzt werden (verkauft werden können) und darf
c) dem wirtschaftlichen Verkehr nicht entzogen sein (z. B. fertiger Grabstein, Körperersatzstücke)

In den allermeisten Fällen handelt es sich bei diesen Gütern um **Geld**.

2.1.3.1.1 Barlohn

Geld ist nur das Geld, das kraft staatlicher Anordnung als solches angenommen werden **muß**, also die gesetzlichen Zahlungsmittel. Dies sind die von der deutschen Bundesbank ausgegebenen Banknoten und die vom Bund ausgegebenen Scheidemünzen (sogen. Bargeld). Die Auszahlung von Bargeld als Arbeitslohn ist nicht mehr häufig anzutreffen.

2.1.3.1.2 Güter in Geldeswert (Sachbezüge)

Zum **Geldeswert** zählen die heutzutage weitverbreiteten Überweisungen des Arbeitslohnes auf ein Konto des Arbeitnehmers (sog. Buchgeld). Hier hat der Arbeitnehmer nach der durchgeführten Überweisung eine Forderung gegen das Geldinstitut, über die in vereinfachter Form (durch Scheck, Überweisung oder Abhebung) verfügt werden kann.

Geldeswert ist aber auch

- die Zahlung von Arbeitslohn in ausländischer Währung
- die Überlassung von Gegenständen (Sachen und/oder Rechte)
  wie z. B. freie Kleidung, freie oder verbilligte Wohnung, freie oder verbilligte Heizung, Freiflüge/Freifahrten, Firmen-Pkw u. a.

Bei der Gewährung dieser Sachbezüge und anderer geldwerter Vorteile ergibt sich bei der Berechnung der Lohnsteuer die Schwierigkeit, diese in Geldwert umzurechnen, sie also zu bewerten. Wie Sachbezüge zu bewerten sind, ergibt sich aus § 8 Abs. 2 des EStG. In § 8 Abs. 2 Satz 1 wird zunächst beispielhaft aufgeführt, welche Sachbezüge im einzelnen zu bewerten sind; die Bewertung hat mit den üblichen Mittelpreisen des Verbrauchsorts, welche den sogenannten Kleinhandelspreisen entsprechen, zu erfolgen.

§ 8 Abs. 2 Satz 2 EStG nimmt aus diesen Bezügen jedoch diejenigen Sachbezüge heraus, die unter die Rechtsverordnung nach § 17 Nr. 3 des 4. Buches des Sozialgesetzbuches, das ist die in Anhang 22 der LStR abgedruckte Sachbezugsverordnung, fallen. Für die Bewertung der Sachbezüge ergibt sich daraus folgende Übersicht:

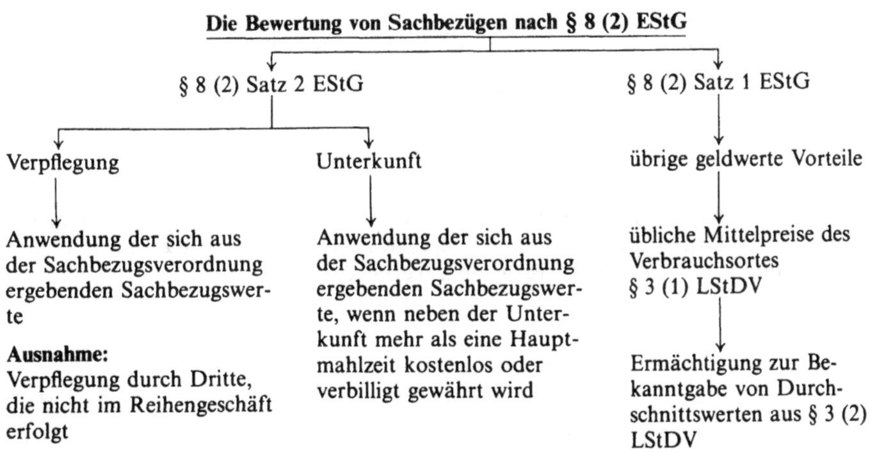

Die Bewertung der Verpflegung nach der Sachbezugs-Verordnung (SachBezV)

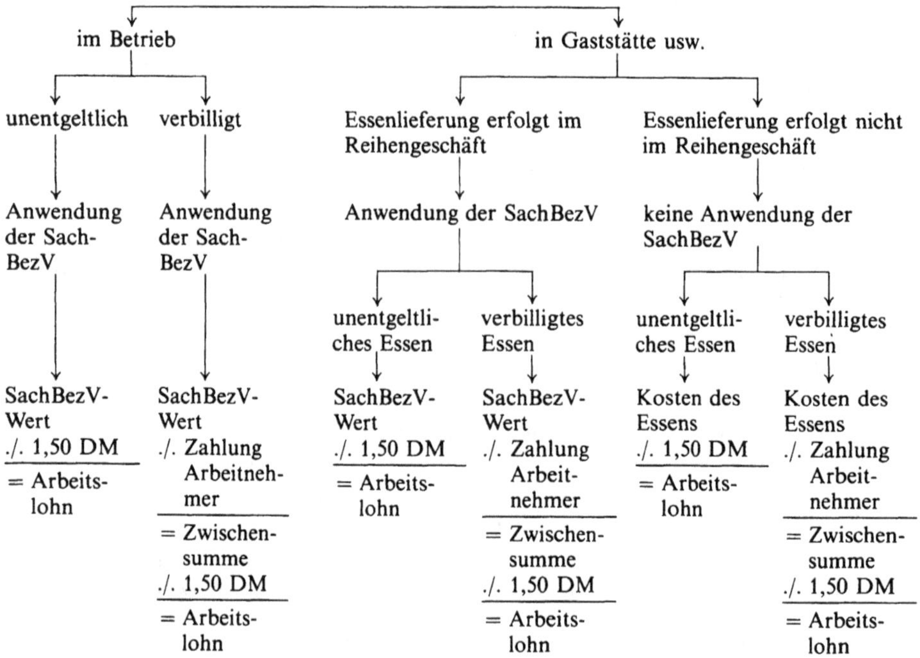

Vergleichbare Übersichten über die Bewertung der übrigen geldwerten Vorteile gibt es nicht. Die Bewertung dieser Vorteile hat mit den üblichen Mittelpreisen des Verbrauchsortes (Kleinhandelspreisen) zu erfolgen.

Bei einigen öfter vorkommenden Sachbezügen, z. B. in der Landwirtschaft, wird zur Einheitlichkeit und Gleichmäßigkeit der Besteuerung von der Ermächtigung des § 3 Abs. 2 der LStDV zur Bekanntgabe von Durchschnittswerten Gebrauch gemacht. Diese Durchschnittswerte werden von den Finanzministern oder von den Oberfinanzdirektionen jeweils bekanntgegeben.

In den LStR sind zu Bewertung von Sachbezügen Regelungen ergangen in folgenden Abschnitten:

Abschnitt 21 der LStR
Abschnitt 50 der LStR
Abschnitt 53 der LStR

Aus systematischen Gründen sei darauf hingewiesen, daß dort die Begriffe „steuerfreier Arbeitslohn" oder „nicht zum Arbeitslohn gehörende Beträge" uneinheitlich und auch irreführend verwendet werden.

Die Bewertung des Wohnungsbezuges (Hessen)

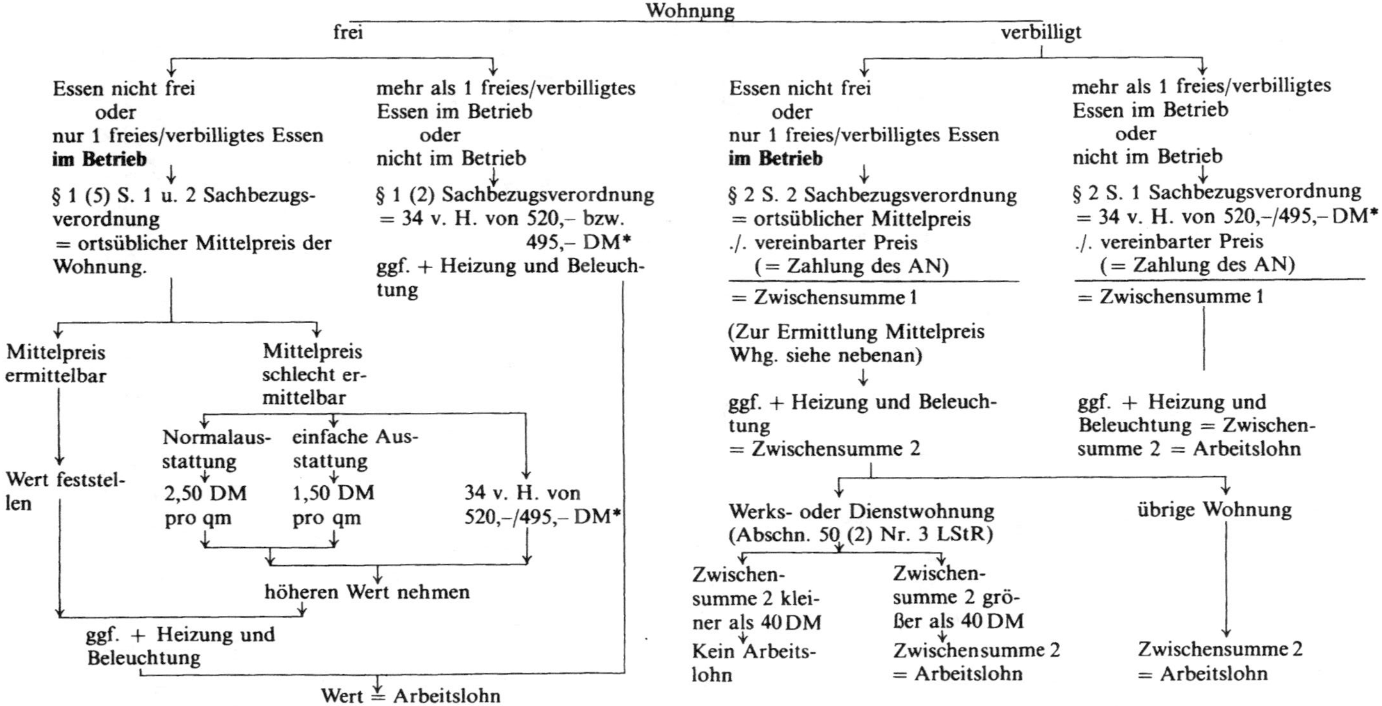

* 520,– DM in Bremen, Berlin, Hamburg, Nordrhein-Westfalen, Saarland

* 495,– DM in Baden-Württemberg, Bayern, Hessen, Rheinland-Pfalz, Schleswig-Holstein, Niedersachsen

* Stand: 1987

2.1.3.1.3 Überlassung von Wirtschaftsgütern

Nach den o. g. Sachbezügen kann ein geldwerter Vorteil auch darin bestehen, daß einem Arbeitnehmer vom Arbeitgeber ein Wirtschaftsgut zum Gebrauch überlassen wird.

Beispiel:

Einem Arbeitnehmer, dem eine Mischmaschine zum Gebrauch überlassen wurde, könnte der Arbeitgeber folgende Rechnungen ausstellen:

a) Rechnung zum Selbstkostenpreis von 50,— DM
b) Rechnung zum Freundschaftspreis von 80,— DM
c) Rechnung, die einem fremden Dritten ausgestellt würde, über 100,— DM

- Anzusetzen ist der Preis, der einem fremden Dritten in Rechnung gestellt würde, dieser entspricht dem üblichen Mittelpreis des Verbrauchsortes.

2.1.3.2 Zufluß

2.1.3.2.1 Begriff

Unter Zufluß versteht man eine objektiv meßbare Vermögensmehrung durch Zugang aus Fremdvermögen. Dabei muß es sich um die objektive Bereicherung einer Person handeln. Die Antwort auf die Frage, ob eine solche Bereicherung eingetreten ist, ergibt sich ausschließlich nach der Verkehrsauffassung (objektiv), nicht jedoch aus der Sicht des Arbeitnehmers (subjektiv).

Keine objektive Bereicherung liegt vor bei Aufwendungen des Arbeitgebers für sogenannte Annehmlichkeiten. Das sind Aufwendungen des Arbeitgebers für

- das Ermöglichen der Dienstleistung oder Verbesserung der Arbeitsbedingungen (Arbeitsräume, Arbeitsmittel),
- soziale Einrichtungen in Erfüllung der Fürsorgepflicht (Waschräume, Duschräume, Schutzkleidung),
- die Erfüllung von eigenbetrieblichem Interesse

Eine objektive Bereichung liegt aber vor bei

- Ersatz von Aufwendungen (Auslösungen)
- Ersparnis von Aufwendungen

2.1.3.2.2 Zeitliche Zurechnung des Arbeitslohnes

Die zeitliche Zurechnung des Arbeitslohnes (= Einnahmen aus nichtselbständiger Arbeit) richtet sich grundsätzlich nach § 11 EStG. Dieser bestimmt jedoch in Abs. 3, daß für die Zahlung von Arbeitslohn ausschließlich § 38 a Abs. 1 Sätze 2 und 3 EStG angewendet werden muß. Unter Berücksichtigung beider Vorschriften ergeben sich folgende Zurechnungsregeln:

Zeitliche Zurechnung von Arbeitslohn

laufender Arbeitslohn, gekennzeichnet durch regelmäßigen Zufluß, d. h.
- Monatsgehalt
- Wochenlohn
- Mehrarbeitszuschläge

↓

§ 38a Abs. 1 Satz 2 EStG

↓

gilt als in dem Kalenderjahr bezogen, in dem der Lohn**zahlungs**zeitraum* endet

oder

in dem der Lohn**abrechnungszeit**raum** endet

sonstige Bezüge, meistens einmalige Zahlungen, z. B.
- 13. und 14. Gehalt
- einmalige Abindung
- Jubiläumszuwendungen

↓

§ 38a Abs. 1 Satz 3 EStG

↓

maßgebend ist das Kalenderjahr des Zuflusses

* Lohnzahlungszeitraum ist der Zeitraum, für den Arbeitslohn gezahlt wird, gleichgültig, wie der Arbeitslohn berechnet wird, ob es sich also um Zeitlohn oder Leistungslohn (Akkordlohn, Stücklohn) handelt. Im allgemeinen wird der Lohnzahlungszeitraum einen Monat, eine Woche oder einen Tag umfassen.

** Wird für den üblichen Lohnzahlungszeitraum nur eine Abschlagszahlung geleistet und die genaue Lohnabrechnung erst für einen längeren Zeitraum vorgenommen, so kann der Lohnabrechnungszeitraum als Lohnzahlungszeitraum angesehen und die Lohnsteuer erst bei der Lohnabrechnung einbehalten werden, wenn der Lohnabrechnungszeitraum nicht über fünf Wochen hinausgeht. Außerdem muß in diesen Fällen die Lohnabrechnung innerhalb von 3 Wochen nach Ablauf des Zeitraums vorgenommen werden, auf den sich die Abrechnung bezieht (§ 39b Abs. 5 EStG).

2.1.3.2.3 Im Rahmen der Einkunftsart nichtselbständige Arbeit

Es ist zu prüfen, ob die zugeflossenen Güter im Rahmen der Einkunftsart „nichtselbständige Arbeit" zugeflossen sind. Nach dem Inhalt von § 19 Abs. 1 EStG zählen dazu:

Bezüge und Vorteile

für eine Beschäftigung im öffentlichen und privaten Dienst
- Gehälter, Löhne, Gratifikationen, Tantiemen
- ander Bezüge und Vorteile

aus früheren Dienstleistungen
- Wartegelder, Ruhegelder, Witwengelder, Waisengelder
- andere Bezüge und Vorteile

Zur Auslegung der Begriffe „Beschäftigung im öffentlichen oder privaten Dienst" sowie „aus früheren Dienstleistungen" wird ergänzend die Vorschrift des § 2 Abs. 1 LStDV herangezogen. Danach kommt es darauf an, ob die Bezüge und Vorteile aus einem Dienstverhältnis oder aus einem früheren Dienstverhältnis stammen.

Hierzu gehören alle Aufwendungen des Arbeitgebers an den Arbeitnehmer, welche als Gegenleistung für das Schulden der Arbeitskraft gezahlt werden. Dabei spricht die Lebenserfahrung dafür, daß im Verhältnis Arbeitnehmer – Arbeitgeber im Zweifel **alle** Zuwendungen durch das Dienstverhältnis veranlaßt sind. In den Rahmen der Einkunftsart „nichtselbständige Arbeit“ gehören vor allem Zahlungen, auf die der Arbeitnehmer aufgrund arbeitsrechtlicher Vorschriften (Tarifvertrag, Arbeitsvertrag, Zahlungen aufgrund der Sozialgesetzgebung) einen Anspruch hat.

In Zweifelsfällen kommt es im Gegensatz zu den Ausführungen unter dem Tatbestandsmerkmal „Zufluß“ dabei auf die Sicht des Arbeitnehmers an, ob er eine Zuwendung als Gegenleistung für seine Arbeitskraft auffaßt.

Zuwendungen aus dem Dienstverhältnis liegen nicht vor bei Aufwendungen des Arbeitgebers:

- in Erfüllung der Fürsorgepflicht
- in überwiegend eigenem Interesse

Alle Einnahmen aus nichtselbständiger Arbeit werden in lohnsteuerlichem Sinne als „Arbeitslohn“ bezeichnet.

2.1.3.3 Laufende und einmalige Einnahmen

Erscheinungsformen der Einnahmen sind die

1. laufenden oder
2. die einmaligen Einnahmen.

zu den laufenden Einnahmen:

Bezeichnung	**Empfänger**
Gehalt	Beamte
Vergütung	Angestellte
Lohn	Arbeiter
Pension oder Ruhegeld	Pensionär
Anwärterbezüge	Beamte in Ausbildung
Wartegeld	Beamte im vorläufigen Ruhestand
Witwengeld	Pensionärswitwe
Waisengeld	Kinder eines verstorbenen Beamten

Diese Einnahmen zeichnen sich dadurch aus, daß sie in gleichbleibender Höhe monatlich gezahlt werden. Die Höhe ergibt sich aus Tabellen oder Tarifverträgen.

Zu den laufenden Einnahmen zählen auch, obwohl sie in der Höhe schwanken:

- Mehrarbeitsvergütungen
- Überstundenvergütungen
- Schmutzzulagen u.ä.
- mtl. Provisionen
- mtl. Tantiemen

Zu den einmaligen Einnahmen:

Hierzu zählen u.a.:

- einmal jährlich gezahlte Provision
- einmal jährlich gezahlte Tantieme
- 13. und 14. Monatsgehalt
- Abfindungen wegen Ausscheidens aus dem Betrieb
- Urlaubsgeld

3. Kapitel: Ermittlung der Einkünfte aus nichtselbständiger Arbeit

3.1 Brutto- und Nettolohn, Begriff

Unter Arbeitslohn in steuerlichem Sinne versteht man immer den Bruttoarbeitslohn und darüber hinausgehend, wegen der jährlichen Abschnittsbesteuerung bei der Einkommensteuer (Veranlagungszeitraum), den Brutto-Jahres-Arbeitslohn. Das bedeutet, daß zur Ermittlung der Einkünfte aus nichtselbständiger Arbeit und damit der Einkommensteuer alle vom Arbeitgeber einzubehaltenden Lohnabzüge (Lohnsteuer, Kirchensteuer, Sozialversicherungsbeiträge, Miete einer Werkswohnung, vermögenswirksame Leistungen u.ä.) nicht von den Einnahmen (= Arbeitslohn) abgezogen werden dürfen. Der Brutto-Jahres-Arbeitslohn entspricht den Einnahmen aus nichtselbständiger Arbeit.

Unter Nettolohn versteht man den Betrag, der nach Berücksichtigung der Lohnabzüge tatsächlich an den Arbeitnehmer ausgezahlt wird. Die Berechnungsformel ergibt sich wie folgt:

	Bruttoarbeitslohn
./.	Lohnsteuer
./.	Kirchensteuer
./.	Sozialversicherungsbeiträge
./.	weitere Abzüge
=	Nettolohn

3.1.1 Steuerfreier Arbeitslohn allgemein

Nicht auf jede Einnahme (Arbeitslohn) muß indessen Lohnsteuer berechnet werden. Eine Besteuerung tritt nur ein, wenn der Arbeitslohn nicht aufgrund einer besonderen gesetzlichen Vorschrift steuerbefreit ist. Der einer Besteuerung zugrunde zu legende Betrag ermittelt sich nach folgender Formel:

	Arbeitslohn
./.	steuerfreier Arbeitslohn
=	steuerpflichtiger Arbeitslohn (Bruttoarbeitslohn)

Beispiel:

Bruttolohn	2.000,— DM
darin enthalten: 400,— f. Nachtzuschläge*	./. 400,— DM*)
stpfl. Arbeitslohn	1.600,— DM

Die Berechnung der Lohnsteuer geht von dem Betrag von 1.600 DM aus.

*) = steuerfrei nach § 3b EStG

3.1.2 Zukunftssicherung

Zukunftssicherungsleistungen sind Ausgaben, die der Arbeitgeber leistet, um einen Arbeitnehmer oder diesem nahestehende Personen für den Fall der Krankheit, des Unfalls, der Invalidität, des Alters oder des Todes zu sichern. Voraussetzung für den Begriff der Zukunftssicherung ist:

- es muß sich um Beiträge oder Prämien handeln, die bei dem Arbeitnehmer Sonderausgaben sein könnten,
- der Arbeitnehmer muß von der Zukunftssicherung Kenntnis haben oder den Umständen nach davon Kenntnis haben müssen sowie
- der Arbeitgeber muß die Ausgaben unmittelbar an die entsprechende Versorgungseinrichtung leisten.

3.1.2.1 Leistungen des Arbeitgebers aufgrund gesetzlicher Verpflichtung

Die häufigsten Zukunftssicherungsleistungen des Arbeitgebers sind diejenigen Zahlungen, die er nach den Vorschriften der Sozialgesetzgebung zu erbringen hat. Dabei handelt es sich um die Arbeitgeberbeiträge zur Kranken-, Arbeitslosen- und Rentenversicherung.

Die Problematik soll am Beispiel der Beiträge zur gesetzlichen Sozialversicherung eines versicherungspflichtigen Arbeitnehmers gezeigt werden:

Ein Arbeitgeber hat mit seinem Arbeitnehmer einen Bruttolohn in Höhe von 2.000 DM vereinbart. Von diesem Bruttolohn werden die Beiträge zur Krankenversicherung, zur Arbeitslosenversicherung und zur Arbeiterrentenversicherung einbehalten, so daß dem Arbeitnehmer netto ca. 1.200 DM ausgezahlt werden. Nach dem Bruttoprinzip beträgt die Höhe der nach § 8 EStG anzusetzenden Einnahmen aus nichtselbständiger Arbeit 2.000 DM.

Aber nicht nur der Arbeitnehmer zahlt Beiträge zur Sozialversicherung, sondern auch der Arbeitgeber ist verpflichtet, sog. Arbeitgeberbeiträge zur Sozialversicherung zu zahlen. Diese Beiträge entsprechen grundsätzlich der Höhe nach den Beiträgen, die der Arbeitnehmer zu leisten hat. Die Beiträge des Arbeitgebers werden so behandelt, als ob sie Teile des Lohnes wären, die der Arbeitnehmer selbst als Prämie für seine Versicherungen verwenden würde.

Die Beiträge des Arbeitgebers werden als Einnahmen aus nichtselbständiger Arbeit, als Arbeitslohn beurteilt. Diese Einnahmen sind jedoch unter den Voraussetzungen des § 3 Nr. 62 EStG steuerbefreit. Die entsprechenden Erläuterungen ergeben sich aus Abschn. 11 des LStR.

Zum besseren Verständnis dient die nachfolgende Übersicht:

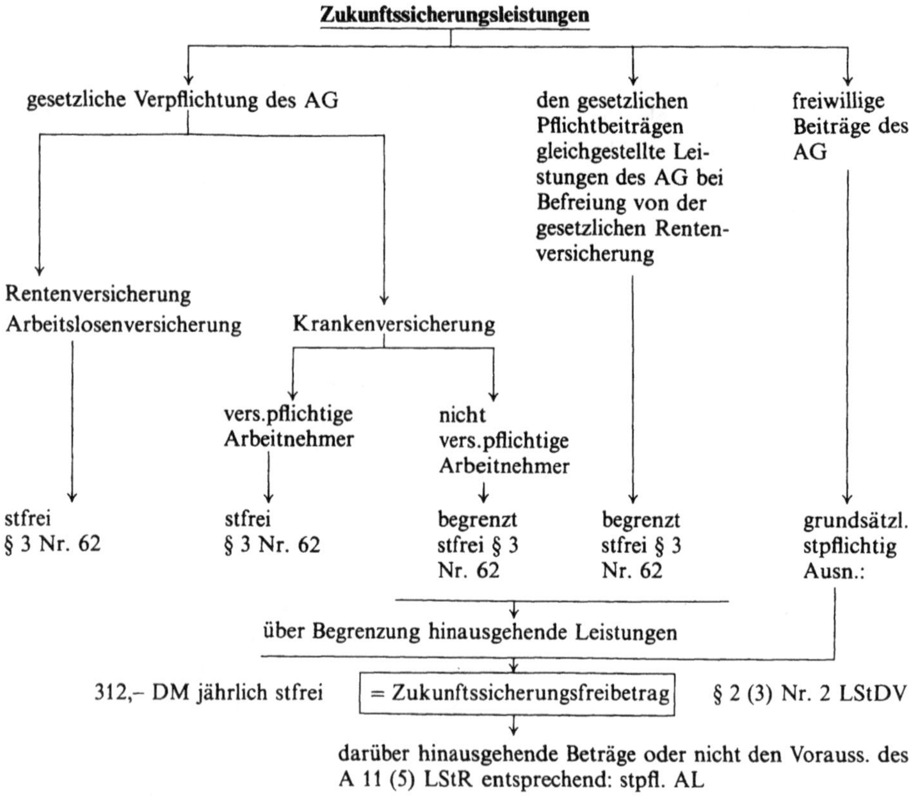

3.1.2.2 Zukunftssicherungsfreibetrag

Der in der Übersicht hervorgehobene Zukunftssicherungsfreibetrag in Höhe von 312 DM bleibt nach §2 Abs. 3 Nr. 2 Satz 3 LStDV steuerfrei, wenn

1. es sich um Leistungen handelt, die bei dem Arbeitnehmer Sonderausgaben im Sinne des §10 Abs. 1 Nr. 2 EStG darstellen können,
2. es sich nicht um Ausgaben handelt, die der Arbeitnehmer auf Grund eigener gesetzlicher Verpflichtung zu leisten hat,
3. die Ausgaben zusätzlich zu dem Barlohn erbracht werden, der zu zahlen wäre, wenn die Zukunftssicherungsleistungen nicht erbracht würden und
4. die Ausgaben unmittelbar an die der Zukunftssicherung dienende Einrichtung geleistet werden.

Weitere Einzelregelungen sind dem Abschnitt 11 Abs. 5–9 LStR zu entnehmen.

Beispiel:

Dampf (D) ist technischer Angestellter bei der Fa. Kurz in Rotenburg a. d. F. Als monatl. Vergütung für seine Tätigkeit sind ihm unter Berücksichtigung der Abzüge 1.728,44 DM jeweils am 15. eines Monats auf dem Bankkonto gutgeschrieben worden.
Die monatl. Abzüge setzen sich wie folgt zusammen:

Lohnsteuer, Steuerklasse I	595,50 DM
Rentenversicherung	247,67 DM
Arbeitslosenversicherung	42,78 DM
Krankenversicherung	137,60 DM

Der Arbeitgeber-Anteil zur Renten- und Arbeitslosenversicherung betrug monatlich 290,45 DM. Der vom Arbeitgeber an die Barmer-Ersatzkasse abgeführte Krankenversicherungsbeitrag für den versicherungspflichtigen D betrug insgesamt monatlich 275,20 DM.

- Die monatl. auf dem Bankkonto des D gutgeschriebenen 1.728,44 DM sind Arbeitslohn, weil D als Arbeitnehmer (Angestellter) Geld im Rahmen des Dienstverhältnisses bei der Firma Kurz zugeflossen ist (§ 8 EStG). Zu den Einnahmen gehören auch die aufgeführten Abzugsbeträge, weil die Einnahmen unter Beachtung des Bruttoprinzips anzusetzen sind.

  Der Arbeitgeber-Anteil zur Renten-, Arbeitslosen- und Krankenversicherung ist ein geldwerter Vorteil, der D zufließt, da der Arbeitgeber diese Ausgaben für die Zukunftssicherung des D leistet. Die Leistung fließt D im Rahmen seines Dienstverhältnisses zu (§ 8 Abs. 1 EStG).
  Der Beitrag des Arbeitgebers ist jedoch nach § 3 Nr. 62 steuerfrei, da der Arbeitgeber ihn aufgrund gesetzlicher Verpflichtung leistet und der Beitragsteil des Arbeitgebers zur Ersatzkasse des versicherungspflichtigen D die Hälfte des Gesamtbetrages zur Krankenversicherung nicht übersteigt (1/2 von 275,20 DM = 137,60 DM).

3.2 Versorgungsbezüge

Wie bei allen Einkunftsarten, sind auch aus den im Laufe eines Kalenderjahres bezogenen Arbeitslöhnen (sie gehören, wie bekannt, zu den Einkünften aus nichtselbständiger Arbeit gem. § 19 EStG) die Einkünfte zu ermitteln.

Die Einkünfte werden ermittelt aus dem Überschuß der Einnahmen über die Werbungskosten (§ 2 Abs. 2 Nr. 2 EStG). Ermittlungszeitraum ist das Kalenderjahr (§ 2 Abs. 7 EStG).

Ausgangspunkt für die Ermittlung der Einkünfte aus nichtselbständiger Arbeit (Lohneinkünfte) ist also der im Laufe eines Kalenderjahres bezogene Bruttoarbeitslohn; er wird „Bruttojahresarbeitslohn" genannt.

Nach dem Wortlaut des § 2 Abs. 2 Nr. 2 EStG müßten für die Ermittlung der Einkünfte nunmehr die „Werbungskosten" abgezogen werden.

Zuvor ist jedoch die Vorschrift des § 19 Abs. 2 EStG zu berücksichtigen. Danach wird unter Umständen ein Versorgungs-Freibetrag vom Bruttojahresarbeitslohn abgezogen.

3.2.1 Begriff

Für „Versorgungsbezüge“ ist in §19 Abs. 2 EStG eine steuerliche Vergünstigung vorgesehen. Bei diesen Bezügen handelt es sich um im Gesetz genau festgelegte Arten von Arbeitslohn:

> §19 (2) S. 2 EStG:
>
> Versorgungsbezüge sind Bezüge und Vorteile aus früheren Dienstleistungen, die
> 1. als Ruhegeld, Witwen- oder Waisengeld, Unterhaltsbeitrag oder als gleichartiger Bezug
>   a) auf Grund beamtenrechtlicher oder entsprechender gesetzlicher Vorschriften,
>   b) nach beamtenrechtlichen Grundsätzen von Körperschaften, Anstalten oder Stiftungen des öffentlichen Rechts oder öffentlich-rechtlichen Verbänden von Körperschaften
>
>   oder
> 2. in anderen Fällen wegen Erreichens einer Altersgrenze, Berufsunfähigkeit, Erwerbungsunfähigkeit oder als Hinterbliebenenbezüge gewährt werden; Bezüge, die wegen Erreichens einer Altersgrenze gewährt werden, gelten erst dann als Versorgungsbezüge, wenn der Steuerpflichtige das 62. Lebensjahr oder, wenn er Schwerbehinderter ist, das 60. Lebensjahr vollendet hat.

Versorgungsbezüge sind danach hauptsächlich:

Bezüge (Pensionen) eines im Ruhestand befindlichen Beamten
Bezüge (Witwengeld) einer Witwe eines verstorbenen Beamten
Bezüge (Waisengeld) eines Kindes eines verstorbenen Beamten

Die in Frage kommenden Beamten können Bedienstete des Bundes, der Länder, der Landkreise, der Gemeinden, der Kirchen, Rundfunk- und Fernsehanstalten usw. gewesen sein; ihr Dienstverhältnis muß aber aufgrund beamtenrechtlicher Vorschriften oder nach beamtenrechtlichen Grundsätzen ausgestaltet sein.

Weiterhin sind betroffen die Empfänger von sogenannten Betriebspensionen; das sind Zahlungen des ehemaligen Arbeitgebers, die dieser dem ehemaligen Arbeitnehmer zuwendet, nachdem dieser wegen

- Erreichens der Altersgrenze von 62 bzw. 60 Jahren
- Berufsunfähigkeit
- Erwerbsunfähigkeit

bei ihm ausgeschieden ist. Auch Zahlungen von solchen Betriebspensionen an die Hinterbliebenen eines ehemaligen Arbeitnehmers können Versorgungsbezüge sein.

3.2.2 Versorgungs-Freibetrag

Die erwähnte steuerliche Vergünstigung besteht darin, daß 40 v. H. der Versorgungsbezüge, höchstens jedoch insgesamt ein Betrag von 4.800,— DM im Veranlagungszeitraum steuerfrei bleiben. Der steuerfrei bleibende Betrag wird „Versorgungsfreibetrag“ genannt. Dieser Versorgungsfreibetrag ist ein Jahresfreibetrag; er wird auch dann in voller Höhe gewährt, wenn ein Arbeitnehmer nur während eines Teiles des Veranlagungszeitraums Versorgungsbezüge hatte.

Bei der Besteuerung der Versorgungsbezüge durch den Arbeitgeber hat dieser – ohne daß es einer besonderen Eintragung auf der Lohnsteuerkarte durch das Finanzamt bedarf – 40 v. H. der Bezüge, höchstens 4.800,— DM im Kalenderjahr, steuerfrei zu belassen. Werden die Versorgungsbezüge als laufender Arbeitslohn gezahlt, so hat der Arbeitgeber 40 v. H. der laufenden Bezüge, höchstens 400 DM im Monat (93,40 DM wöchentlich, 13,35 DM täglich) steuerfrei zu belassen; wird dadurch bei der Besteuerung der laufenden Pensionsbezüge der steuerfreie Jahreshöchstbetrag von 4.800 DM nicht voll ausgeschöpft, so wird beim Arbeitnehmer im Rahmen des Lohnsteuer-Jahresausgleichs oder einer etwaigen Veranlagung zur Einkommensteuer der noch nicht ausgeschöpfte Teil des steuerfreien Jahresbetrages als Freibetrag berücksichtigt.

Der Arbeitgeber hat den Versorgungs-Freibetrag auch dann abzuziehen, wenn der Arbeitnehmer eine Lohnsteuerkarte mit der Steuerklasse VI vorlegt.

Um hierbei mögliche Steuerausfälle durch mehrfache Gewährung des Versorgungsfreibetrages auszuschließen, erfolgt nach § 46 Abs. 2 Nr. 3 EStG eine Veranlagung zur Einkommensteuer.

Bei der Ermittlung der vom Arbeitgeber einzubehaltenden Lohnsteuer ergeben sich keine weiteren Probleme:

Die Verleger der Lohnsteuertabellen haben in den Tabellen eine Extra-Spalte eingerichtet, wie das Beispiel auf Seite 36 zeigt:

Beispiele zur Ermittlung des Versorgungs-Freibetrages:

1. Ein seit sieben Jahren pensionierter Stadtoberinspektor erhält in der Zeit vom 1. 1.–31. 12. Pensionsbezüge in Höhe von
   a) 32.600 DM
   b) 9.400 DM

   Weitere Einnahmen liegen nicht vor.
   - Der Versorgungs-Freibetrag beträgt bei
     a) 40 v. H. von 32.600 DM = 13.040 DM, höchstens jedoch 4.800 DM und bei
     b) 40 v. H. von 9.400 DM = 3.760 DM.
2. Der Arbeitnehmer Kastor ist seit 1. Sept. 01 pensioniert. Zuvor war er als Hauptwachtmeister bei der Polizeistation Bad Hersfeld beschäftigt. Sein monatliches Gehalt betrug von Januar–August 01 2.750 DM, seine monatlichen Pensionsbezüge von Sept.–Dez. 01 2.160 DM. Weitere Einnahmen liegen nicht vor.
   - Der Versorgungs-Freibetrag beträgt 40 v. H. der Versorgungsbezüge von (4 × 2.160 DM) 8.640 DM = 3.456 DM.
3. Die Witwe eines Beamten erhält seit dessen Tod vor 6 Jahren Witwenbezüge. Vom 1. Januar–31. Dezember 02 betrugen diese Bezüge 10.300 DM. Daneben bezieht die Witwe aus ihrer Tätigkeit als Raumpflegerin im Jahr 02 ein Gehalt von 13.400 DM.
   - Der Versorgungs-Freibetrag wird gewährt, obwohl die Arbeitnehmerin neben den Versorgungsbezügen noch andere laufende Einnahmen bezieht. Der Freibetrag wird für die Versorgungsbezüge gewährt und beträgt im VZ 02 40 v. H. von 10.300 DM = 4.120 DM.

In Schleswig-Holstein zusätzlich Mindest-Kirchensteuer beachten (siehe Erl. zur Kirchensteuer)
Min = Mindestbetrags-Kirchensteuer beachten (siehe Erläuterungen zur Kirchensteuer)

1 535,99 **MONAT**

Sozial-Vers. Gruppe K/L M N/O	Lohn/Gehalt (Versorgungs-Bezug) bis DM	I, III–VI	ohne Kinderfreibeträge LSt	8%	9%	I, II, III, IV	mit Zahl der Kinderfreibeträge … 0,5 LSt	0,5 8%	0,5 9%	1 LSt	1 8%	1 9%	1,5 LSt	1,5 8%	1,5 9%	2 LSt	2 8%	2 9%	2,5 LSt	2,5 8%	2,5 9%	3[□] LSt	3[□] 8%	3[□] 9%
145,08	1 513,49	I,IV	174,10	13,92	15,66	I	151,40	10,11	11,37	128,60	6,28	7,07	105,90	2,47	2,78	83,–	Min	Min	60,30	Min	Min	37,50	Min	Min
30,22		III	77,10	6,16	6,93	II	68,20	3,45	3,88	45,50	Min	Min	22,70	Min	Min	–	–	–	–	–	–	–	–	–
175,30	(1 913,49)	V	323,60	25,88	29,12	III	53,30	2,26	2,54	31,60	Min	Min	7,80	Min	Min	–	–	–	–	–	–	–	–	–
		VI	352,–	28,16	31,68	IV	162,30	11,98	13,48	151,40	10,11	11,37	139,50	8,16	9,18	128,60	6,28	7,07	116,70	4,33	4,87	105,90	2,47	2,78
145,51	1 517,99	I,IV	174,10	13,92	15,66	I	151,40	10,11	11,37	128,60	6,28	7,07	105,90	2,47	2,78	83,–	Min	Min	60,30	Min	Min	37,50	Min	Min
30,31		III	77,10	6,16	6,93	II	68,20	3,45	3,88	45,50	Min	Min	22,70	Min	Min	–	–	–	–	–	–	–	–	–
175,83	(1 917,99)	V	325,–	26,–	29,25	III	55,30	2,42	2,72	31,60	Min	Min	9,80	Min	Min	–	–	–	–	–	–	–	–	–
		VI	353,60	28,28	31,82	IV	162,30	11,98	13,48	151,40	10,11	11,37	139,50	8,16	9,18	128,60	6,28	7,07	116,70	4,33	4,87	105,90	2,47	2,78
145,94	1 522,49	I,IV	175,10	14,–	15,75	I	152,40	10,19	11,46	129,60	6,36	7,16	106,80	2,54	2,86	84,–	Min	Min	61,30	Min	Min	38,50	Min	Min
30,40		III	79,10	6,32	7,11	II	69,20	3,53	3,97	46,50	Min	Min	23,70	Min	Min	0,90	Min	Min	–	–	–	–	–	–
176,35	(1 922,49)	V	326,50	26,12	29,38	III	55,30	2,42	2,72	33,50	Min	Min	9,80	Min	Min	–	–	–	–	–	–	–	–	–
		VI	355,10	28,40	31,95	IV	163,30	12,06	13,57	152,40	10,19	11,46	140,50	8,24	9,27	129,60	6,36	7,16	117,70	4,41	4,96	106,80	2,54	2,86
146,38	1 526,99	I,IV	176,10	14,08	15,84	I	153,40	10,27	11,55	130,60	6,44	7,25	107,80	2,62	2,95	85,–	Min	Min	62,30	Min	Min	39,50	Min	Min
30,49		III	79,10	6,32	7,11	II	70,20	3,61	4,06	47,50	Min	Min	24,60	Min	Min	1,90	Min	Min	–	–	–	–	–	–
176,87	1 926,99	V	327,80	26,22	29,50	III	55,30	2,42	2,72	33,50	Min	Min	9,80	Min	Min	–	–	–	–	–	–	–	–	–
		VI	356,80	28,54	32,11	IV	164,30	12,14	13,66	153,40	10,27	11,55	141,50	8,32	9,36	130,60	6,44	7,25	118,70	4,49	5,05	107,80	2,62	2,95
146,81	1 531,49	I,IV	177,10	14,16	15,93	I	154,40	10,35	11,64	131,50	6,52	7,33	108,80	2,70	3,04	86,–	Min	Min	63,30	Min	Min	40,50	Min	Min
30,58		III	79,10	6,32	7,11	II	71,20	3,69	4,15	48,50	Min	Min	25,60	Min	Min	2,90	Min	Min	–	–	–	–	–	–
177,39	1 931,49	V	329,30	26,34	29,63	III	57,30	2,58	2,90	33,50	Min	Min	11,80	Min	Min	–	–	–	–	–	–	–	–	–
		VI	358,30	28,66	32,24	IV	165,20	12,21	13,74	154,40	10,35	11,64	142,50	8,40	9,45	131,50	6,52	7,33	119,70	4,57	5,14	108,80	2,70	3,04
147,24	1 535,99	I,IV	178,10	14,24	16,02	I	155,40	10,43	11,73	132,50	6,60	7,42	109,80	2,78	3,13	87,–	Min	Min	64,30	Min	Min	41,50	Min	Min
30,67		III	81,10	6,48	7,29	II	72,20	3,77	4,24	49,40	Min	Min	26,60	Min	Min	3,90	Min	Min	–	–	–	–	–	–
177,91	1 935,99	V	330,60	26,44	29,75	III	57,30	2,58	2,90	35,50	Min	Min	11,80	Min	Min	–	–	–	–	–	–	–	–	–
		VI	360,–	28,80	32,40	IV	166,20	12,29	13,83	155,40	10,43	11,73	143,50	8,48	9,54	132,50	6,60	7,42	120,70	4,65	5,23	109,80	2,78	3,13

□ Lohn- und Kirchensteuer für mehr als 3 Kinderfreibeträge siehe 3. Umschlagseite

3.3 Weihnachtsfreibetrag

Neben dem Abzug des Versorgungsfreibetrages ist weiterhin die Vorschrift des § 19 Abs. 3 EStG zu berücksichtigen. Danach wird vom Bruttojahresarbeitslohn im Lohnsteuerabzugsverfahren unter bestimmten Voraussetzungen ein „Weihnachtsfreibetrag" abgezogen. Diese Maßnahme hat den Sinn, den Lohnsteuerzahler für den Weihnachtsmonat ein wenig von der Lohnsteuer zu entlasten.

3.3.1 Höhe

Die Höhe des Weihnachtsfreibetrages beträgt zur Zeit 600,— DM.

3.3.2 Zeitpunkt der Berücksichtigung durch den Arbeitgeber

Der Arbeitgeber muß den Weihnachtsfreibetrag berücksichtigen, wenn er in der Zeit vom 8. November bis 31. Dezember eines Jahres Lohn auszahlt. Er verfährt dabei so, daß er den Bruttolohn, von dem er die monatliche Lohnsteuer berechnen will, um 600 DM kürzt und die Lohnsteuer bei dem sich nunmehr ergebenden Betrag in der Monatslohnsteuertabelle abliest. Zahlt er in dem genannten Zeitraum zweimal Lohn aus, darf er den Weihnachtsfreibetrag nur bei **einer** der Zahlungen berücksichtigen.

Eine weitere Bedingung ist, daß er den Weihnachtsfreibetrag nur dann abziehen darf, wenn der Arbeitnehmer bei ihm in einem ersten Dienstverhältnis steht. Ob dies der Fall ist, kann er an der auf der Lohnsteuerkarte des Arbeitnehmers eingetragenen Lohnsteuerklasse erkennen.

Sind dort die Lohnsteuerklassen I bis V vermerkt, so handelt es sich um ein erstes Dienstverhältnis. Ist jedoch die Steuerklasse VI eingetragen, steht der Arbeitnehmer bei ihm in einem zweiten oder weiteren Dienstverhältnis. In diesem Falle darf der Weihnachtsfreibetrag **nicht** berücksichtigt werden.

Wenn bei einem Ehepaar beide Ehegatten berufstätig sind, erhält jeder Ehegatte den Weihnachtsfreibetrag einmal, denn der § 26 b EStG besagt, daß bei einer Zusammenveranlagung die Einkünfte der Eheleute zunächst getrennt zu ermitteln sind.

Bei einer getrennten Veranlagung sind die Einkünfte in jedem Falle den Ehegatten gesondert zuzurechnen (§ 26 a Abs. 1 Satz 1 EStG).

Wechselt ein Arbeitnehmer den Arbeitgeber in der Zeit vom 8. November bis 31. Dezember eines Jahres und erhält er von beiden Arbeitgebern in dieser Zeit Arbeitslohn, so muß natürlich sichergestellt werden, daß auch in diesem Falle der Weihnachtsfreibetrag nur einmal berücksichtigt wird. Dies geschieht dadurch, daß der Arbeitnehmer seinem neuen Arbeitgeber eine Bescheinigung des alten Arbeitgebers vorlegt, aus der hervorgeht, ob der Weihnachtsfreibetrag bei der letzten Lohnzahlung abgezogen worden ist oder nicht.

3.3.3 Berücksichtigung bei der Einkommensteuerveranlagung und beim Lohnsteuerjahresausgleich

Es ist selbstverständlich, daß auch bei der Ermittlung der Einkünfte (die bei einer Einkommensteuerveranlagung oder bei einem Lohnsteuerjahresausgleich erfolgt), der Weihnachtsfreibetrag vom Bruttoarbeitslohn abgezogen werden muß, wenn dieser Betrag vom Arbeitgeber berücksichtigt wurde.

Hat jedoch der Arbeitnehmer in der Zeit vom 8. November bis 31. Dezember eines Jahres keinen Arbeitslohn bezogen, weil er in dieser Zeit arbeitslos war oder im Laufe des Jahres aus seinem Betrieb aus Altersgründen ausgeschieden ist, konnte der letzte Arbeitgeber den Weihnachtsfreibetrag nicht anrechnen.

Wenn der Arbeitnehmer nicht zur Einkommensteuer veranlagt wird oder keinen Antrag auf einen Lohnsteuerjahresausgleich stellt, hat es damit sein Bewenden.

Kommt es jedoch zu einer dieser Maßnahmen, wird zur Ermittlung der Einkünfte der Weihnachtsfreibetrag nachträglich berücksichtigt (§ 19 Abs. 3 Satz 2 EStG).

3.4 Arbeitnehmerfreibetrag

Für die Ermittlung der Einkünfte aus nichtselbständiger Arbeit wird vom Bruttojahresarbeitslohn nicht nur der Weihnachtsfreibetrag abgezogen. Zusätzlich werden die Einnahmen noch um den sog. Arbeitnehmerfreibetrag in Höhe von 480,— DM gemindert (§ 19 Abs. 4 EStG). Diesen Betrag muß der Arbeitgeber bei seiner Lohnsteuerberechnung nicht besonders beachten; er ist nämlich bereits steuermindernd in die Lohnsteuertabelle eingearbeitet (§ 38c Abs. 1 Nr. 1 EStG).

Für die Ermittlung der Einkünfte aus nichtselbständiger Arbeit gilt also folgende Formel:

	Bruttojahresarbeitslohn
./.	Versorgungsfreibetrag
	1. Zwischensumme
./.	Weihnachtsfreibetrag
./.	Arbeitnehmerfreibetrag
	2. Zwischensumme
./.	Werbungskosten
=	Einkünfte aus nichtselbständiger Arbeit

Der Abzug des Weihnachtsfreibetrages und des Arbeitnehmerfreibetrages darf **nicht zu einem Verlust** führen (§ 19 Abs. 5 EStG).

3.5 Werbungskosten

3.5.1 Begriff

Der Begriff der Werbungskosten ergibt sich aus § 9 EStG; hierauf wird in Kapitel 4 ausführlich eingegangen. An dieser Stelle soll nur auf eine Besonderheit bei der Berechnung der Einkünfte aus nichtselbständiger Arbeit eingegangen werden:

3.5.2 Werbungskostenpauschbetrag

Jeder Arbeitnehmer hat Werbungskosten; der eine mehr, der andere weniger. Damit sich nun die Verwaltung bei der Berechnung der Werbungskosten nicht um jeden Kleinbetrag kümmern muß, wird jedem Arbeitnehmer als Maßnahme zur Verwaltungsvereinfachung ohne Nachweis der Kosten ein Pauschbetrag zugestanden. Dieser Pauschbetrag ergibt sich aus dem § 9a Abs. 1 EStG.

Weist ein Arbeitnehmer höhere Werbungskosten als den Pauschbetrag nach, werden die höheren Aufwendungen berücksichtigt.

3.5.2.1 Höhe

Der Pauschbetrag wird in Höhe von 564,— DM angesetzt; er ist auch dann in voller Höhe abzuziehen, wenn ein Dienstverhältnis nicht das ganze Jahr bestanden hat.

3.5.2.2. Berücksichtigung, wenn keine höheren Werbungskosten abgezogen werden

Die Einkünfte aus nichtselbständiger Arbeit berechnen sich – wie dargestellt – nach der Formel:

	Bruttojahresarbeitslohn
./.	Versorgungsfreibetrag
=	1. Zwischensumme
./.	Weihnachtsfreibetrag
./.	Arbeitnehmerfreibetrag
=	2. Zwischensumme
./.	Werbungskosten
=	Einkünfte aus nichtselbständiger Arbeit

An die Stelle der Werbungskosten tritt dann, wenn die beruflich veranlaßten Aufwendungen eines Steuerpflichtigen unter 564,— DM liegen, der Werbungskostenpauschbetrag.

Beispiel

Martin Schmitz hat einen Bruttojahresarbeitslohn (keine Versorgungsbezüge) von 19.000 DM. Er weist keine Werbungskosten nach. Wie hoch sind seine Einkünfte aus nichtselbständiger Arbeit?

– Berechnung:		19.000
	./.	600
	./.	480
Zwischensumme		17.920
	./.	564
		17.356

Die Einkünfte des Martin Schmitz betragen 17.356 DM

Für den Fall, daß Martin Schmitz Werbungskosten in Höhe von 2.300 DM gehabt hätte, würden sich seine Einkünfte aus nichtselbständiger Arbeit wie folgt errechnen:

		19.000
	./.	600
	./.	480
Zwischensumme		17.920
	./.	2.300
Einkünfte		15.620

3.5.2.3 Berücksichtigung bei Arbeitnehmern mit mehreren Dienstverhältnissen

Wenn ein Arbeitnehmer mehrere Dienstverhältnisse hat (Putzfrau mit 3 Arbeitsstellen, pensionierter Beamter ist als Pförtner in einem Industrieunternehmen tätig), scheint es grundsätzlich denkbar, daß der Werbungskostenpauschbetrag bei jedem Dienstverhältnis zu berücksichtigen ist. Aus dem Wortlaut des §9a Nr. 1 EStG ergibt sich jedoch, daß der Pauschbetrag nicht bei den Einnahmen aus einem Dienstverhältnis, sondern von den Gesamteinnahmen aus nichtselbständiger Arbeit abzuziehen ist. Folglich müssen zuerst die Einnahmen aus allen Dienstverhältnissen zusammengerechnet werden. Hiervon ist der Werbungskostenpauschbetrag **einmal** abzusetzen (siehe auch Abschn. 85 Abs. 1 Satz 1 EStR). Umgekehrt müssen natürlich die Werbungskosten aus allen Dienstverhältnissen zusammengezählt werden; ist die sich ergebende Summe höher als 564,— DM, wird der sich ergebende Betrag bei der Ermittlung der Einkünfte berücksichtigt, ansonsten stehen dem Steuerpflichtigen 564,— DM zu.

Zur Klarstellung sei darauf hingewiesen, daß diese Berechnung nur für die Einkunftsart „nichtselbständige Arbeit" gilt; wenn also ein Steuerpflichtiger nebenher noch zusätzlich Einkünfte aus Kapitalvermögen hat, wird ihm gegebenenfalls der für diese Einkünfte vorgesehene Werbungskostenpauschbetrag angesetzt.

Stehen bei einem Ehepaar beide Ehegatten in einem Dienstverhältnis, müssen für beide Ehegatten die Einkünfte aus nichtselbständiger Arbeit getrennt ermittelt werden (§26a oder §26b EStG). Demzufolge erhält **jeder** Ehegatte den Werbungskostenpauschbetrag **einmal**.

3.5.2.4 Pauschbetrag darf nicht zu einem Verlust führen

Im Zusammenhang mit der Berücksichtigung des Weihnachtsfreibetrages und des Arbeitnehmerfreibetrages war erwähnt worden, daß der Abzug dieser Beträge nicht zu einem Verlust führen darf (§19 Abs. 5 EStG). §9a Satz 2 EStG sieht für den Werbungskostenpauschbetrag die gleiche Regelung vor.

Beispiele	1	2	3	4	5	6	7	8	9	10
Bruttojahresarbeitslohn	35262	28671	1300	900	1000	24983	2470	17423	1450	1600
davon Versorg.bezüge	–	–	–	–	–	24983	2470	8700	1450	1600
nachgew. Werbungskosten	360	1261	–	–	800	–	–	1942	–	883
Berechnung										
Bruttojahresarb.lohn	35262	28671	1300	900	1000	24983	2470	17423	1450	1600
./. Vers.freibetrag (40 %; 4800)	–	–	–	–	–	4800	988	3480	580	640
1. Zwischensumme	35262	28671	1300	900	1000	20183	1482	13943	870	960
./. Weihnachtsfr. (600)	600	600	600	600	600	600	600	600	600	600
./. Arbeitn.freib. (480)	480	480	480	480	480	480	480	480	480	480
2. Zwischensumme	34182	27591	220	0	0	19103	402	12863	0	0
./. Werbungsko. (-pauschb)	564	1261	564	564	800	564	564	1942	564	883
Einkünfte aus nichtselbständiger Arbeit	33618	26330	0	0	–800	18539	0	10921	0	–883

4. Kapitel: Werbungskosten

Wie bereits dargestellt, ist die Einkommensteuer und mit ihr die Lohnsteuer eine Personensteuer. Personensteuern sind so angelegt, daß mit ihrer Hilfe die wirtschaftliche Leistungsfähigkeit einer Person besteuert werden soll. Diese ergibt sich zunächst bei einem Lohnsteuerzahler aus der Höhe des Bruttoarbeitslohnes. Der Gesetzgeber geht aber davon aus, daß der Bruttoarbeitslohn nicht gleichzusetzen ist mit der wirtschaftlichen Leistungsfähigkeit. Er läßt im Gegenteil zu, daß zur Ermittlung der Einkommensteuer zunächst einige, ganz bestimmte Ausgaben vom Bruttoarbeitslohn abgezogen werden. Eine dieser Ausgabenarten bezeichnet man als „Werbungskosten", die nach der vorstehenden Berechnungsformel zu den „Einkünften aus nichtselbständiger Arbeit" führen.

4.1 Begriff der Werbungskosten

Der Begriff der Werbungskosten ergibt sich aus § 9 Abs. 1 Satz 1 EStG. Danach sind Werbungskosten Aufwendungen zur Erwerbung, Sicherung und Erhaltung der Einnahmen. Nach inzwischen gefestigter Rechtsprechung des BFH sind jedoch Werbungskosten über den Wortlaut des § 9 Abs. 1 Satz 1 EStG hinaus nicht nur Aufwendungen zur Erwerbung, Sicherung und Erhaltung der Einnahmen, sondern überhaupt alle Aufwendungen, die durch den Beruf veranlaßt sind.

Es bleibt also festzuhalten, daß der Begriff der Werbungskosten mit dem Begriff der Betriebsausgaben des § 4 Abs. 4 EStG insofern deckungsgleich ist. Eine berufliche Veranlassung ist bei Werbungskosten im Rahmen der Einkünfte aus nichtselbständiger Arbeit stets dann anzunehmen, wenn objektiv ein Zusammenhang mit dem Beruf besteht und subjektiv die Aufwendungen zur Förderung des Berufs gemacht werden.

Ein objektiver Zusammenhang liegt insbesondere dann vor, wenn die Aufwendungen auf Veranlassung des Arbeitgebers (z. B. durch die Anordnung, eine Dienstreise anzutreten) gemacht werden. Ein objektiver Zusammenhang ist aber auch dann gegeben, wenn der Arbeitgeber vom Arbeitnehmer bestimmte Tätigkeiten **erwartet**, die ihrerseits beim Arbeitnehmer zu Aufwendungen führen.

In diesem Zusammenhang muß besonders darauf hingewiesen werden, daß es nicht die Aufgabe des Finanzamts ist, zu prüfen, ob Aufwendungen, die Werbungskosten sind, in dieser Höhe auch **notwendig** waren. Wichtig ist nur, daß der Steuerpflichtige die Aufwendungen tatsächlich hatte und daß diese Aufwendungen nicht aus privaten Motiven erfolgten.

4.2 Abgrenzung zu den Lebenshaltungskosten

Vor der Besprechung von Einzelheiten zum Werbungskostenabzug muß jedoch auf die Abgrenzungsmerkmale zu den Kosten der privaten Lebensführung eingegangen werden:

Bei der Frage, ob Aufwendungen des Steuerpflichtigen beruflich veranlaßt und damit Werbungskosten sind, können sich mitunter Zweifel ergeben. In diesen Fällen ist wie folgt zu verfahren (Abschn. 117 Abs. 2 EStR bzw. Abschn. 22 Abs. 2 LStR):

1. Sind einem Arbeitnehmer Kosten unzweifelhaft **nur aus beruflichen Gründen** entstanden, so steht einem Abzug als Werbungskosten nichts im Wege.

2. Sind einem Arbeitnehmer Kosten unzweifelhaft **nur aus privaten Gründen** entstanden, kommt ein Abzug als Werbungskosten nicht in Betracht.

3. Sind dem Arbeitnehmer Kosten entstanden, die **sowohl beruflich als auch privat veranlaßt sind**, handelt es sich um Mischaufwendungen.
   a) Ist der private Anteil an diesen Mischaufwendungen von untergeordneter Bedeutung, sind die Aufwendungen in voller Höhe als Werbungskosten abzugsfähig.
   b) Ist der berufliche Anteil an diesen Mischaufwendungen von untergeordneter Bedeutung, gehören die Aufwendungen in voller Höhe zu den Lebenshaltungskosten; sie sind als Werbungskosten nicht abzugsfähig.
   c) Bei den restlichen Mischaufwendungen kann eine Aufteilung der Kosten in einen beruflichen und einen privaten Anteil dann vorgenommen werden, wenn die Trennung der Kosten leicht und einwandfrei nach objektiven Merkmalen und Unterlagen möglich ist. Eine solche Trennung ist z. B. möglich bei der privaten Nutzung eines Pkw oder bei der privaten Nutzung eines Telefons. Die objektiven Merkmale und Unterlagen bestehen in beiden Fällen darin, daß die Möglichkeit besteht, Fahrtenbücher bzw. Telefongesprächsbücher zu führen.
   Aufteilungsmaßstäbe sind hierbei einmal die Fahrleistung in Kilometern und zum anderen die Zahl und Dauer der geführten Gespräche. Bei diesen teilbaren Mischaufwendungen – **und nur hier** – ist ggf. eine **Schätzung** des beruflichen und des privaten Anteils möglich.

4. Falls ein Mischaufwand vorliegt, bei dem eine Trennung der Kosten nach objektiven Merkmalen und Unterlagen nicht möglich ist, so darf eine Aufteilung in private und beruflich veranlaßte Kosten nicht vorgenommen werden; die Gesamtaufwendungen sind keine Werbungskosten; sie zählen zu den Kosten der privaten Lebensführung.

   Bei nichtteilbaren Mischaufwendungen ist eine Schätzung **verboten**.

Übersichtlich läßt sich das Problem der Abgrenzung von Aufwendungen wie folgt darstellen:

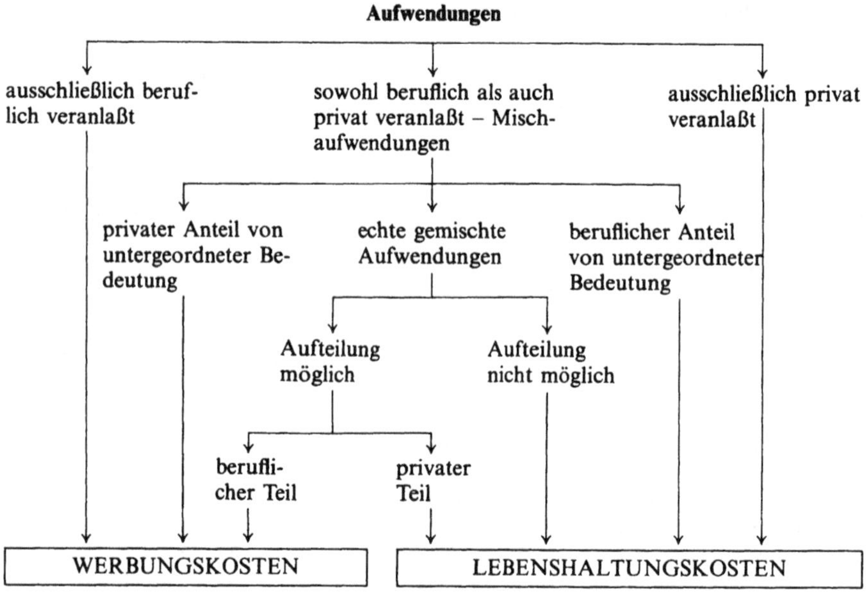

Beispiel

Zünglein (Z) ist als Kritiker Arbeitnehmer der Fernsehzeitung „Hör auf". Als Werbungskosten macht er Aufwendungen für ein Fernsehgerät in Höhe von 1.987,— DM geltend. Nach seinen Angaben nutzt er das Gerät vorwiegend für berufliche Zwecke.

- Z. kann die Aufwendungen für die Anschaffung eines Fernsehgerätes gem. § 12 Nr. 1 EStG nicht als Werbungskosten bei den Einkünften aus nichtselbständiger Arbeit abziehen. Die Nutzung des Fernsehgerätes ist sowohl für berufliche als auch für private Zwecke möglich. In diesen Fällen kann ein Abzug der Aufwendungen als Werbungskosten nicht vorgenommen werden, weil sich der berufliche Teil der Aufwendungen nach objektiven Merkmalen und Unterlagen nicht leicht und einwandfrei von dem Teil der Aufwendungen, die der privaten Lebensführung gedient haben, trennen läßt.

  Die Trennung ist nicht möglich, da weder objektive Merkmale vorliegen noch Unterlagen für eine Trennung der Aufwendungen erstellt werden können.

  Es ist z. B. nicht feststellbar, wie oft Familienmitglieder das Gerät mitbenutzen. Aus diesem Grunde verbietet sich auch eine schätzungsweise Aufteilung der Aufwendungen. Der gesamte Betrag der geltend gemachten Werbungskosten ist demzufolge den Kosten der Lebensführung zuzurechnen.

4.3 Werbungskostenabzug bei Ehegatten

Nach § 26 EStG können Ehegatten unter bestimmten Voraussetzungen zwischen der Zusammenveranlagung und der getrennten Veranlagung wählen.

Bei der Zusammenveranlagung werden nach der Vorschrift des § 26 b EStG „... die **Einkünfte**, die die Ehegatten erzielt haben, zusammengerechnet...“.

Da die Einkünfte im Bereich der nichtselbständigen Arbeit dadurch ermittelt werden, daß u. a. die Werbungskosten von den Einnahmen abgezogen werden, müssen die Werbungskosten für jeden Ehegatten gesondert ermittelt werden.

Das gleiche gilt für die getrennte Veranlagung, denn nach § 26 a EStG „... sind jedem Ehegatten die von ihm bezogenen **Einkünfte** zuzurechnen“.

4.4 Einzelfälle zu den Werbungskosten

4.4.1 Fortbildungskosten; Abgrenzung zu den Ausbildungskosten (Abschn. 22 Abs. 6 LStR)

Die Kosten für eine **Ausbildung** sind nach den Vorschriften des § 12 Abs. 1 EStG grundsätzlich nicht abzugsfähig. Es ist aber möglich, Ausbildungskosten im Rahmen der Vorschriften des § 10 Abs. 1 Ziff. 7 EStG als Sonderausgaben geltend zu machen.

Kosten für eine **Fortbildung** hingegen sind grundsätzlich Werbungskosten (§ 9 Abs. 1 Satz 1 EStG). In vielen Fällen haben die Arbeitnehmer ein Interesse daran, Kosten, die ihnen für Bildungszwecke entstehen, als Werbungskosten geltend zu machen, da hier keine Höchstbetragsregelung eingreift. Die Abgrenzung zwischen Ausbildungs- und Fortbildungskosten ist oft schwierig; die Liste der Einzelentscheidungen ist lang. Für die Unterscheidung, ob Ausbildungs- oder Fortbildungskosten vorliegen, ist § 9 Abs. 1 Satz 1 EStG zu Rate zu ziehen. Danach sind Werbungskosten alle Aufwendungen, die durch den Beruf veranlaßt sind, soweit nicht § 12 EStG eingreift.

Eine **Fortbildung** dient danach der Erhaltung, regelmäßig sogar der Erhöhung von Einnahmen. Unter Fortbildung versteht man alle Maßnahmen, die darauf gerichtet sind, Kenntnisse und Fähigkeiten **in dem bereits ausgeübten Beruf** zu erweitern oder zu vertiefen. Der betreffende Arbeitnehmer möchte hinsichtlich seines Berufes auf dem laufenden bleiben und will, gerade in der heutigen Zeit, den jeweiligen Anforderungen an seinen Beruf gerecht werden.

Wenn also festgestellt werden kann, daß die Aufwendungen des Arbeitnehmers berufsbezogen sind, und die von ihm ergriffenen Maßnahmen objektiv mit der von ihm ausgeübten Tätigkeit zusammenhängen, liegen Fortbildungskosten vor.

Beispiel

Der Buchhalter der Fa. Schnell besucht einen EDV-Kurs, weil die Durchschreibebuchführung auf eine EDV-Anlage umgestellt werden soll.
– Es handelt sich um eine Fortbildungsmaßnahme.

Ausbildung hingegen ist die Grundlage für die Ausübung der verschiedensten

Berufe oder – anders ausgedrückt – die Ausbildung schafft überhaupt erst die Voraussetzung für die Ausübung des Berufes.

Die hierbei entstehenden Kosten stehen **noch nicht** mit einer Einkunftsart in Verbindung.

> **Beispiel**
>
> Hans R. besucht eine Realschule, um seine Chancen bei der Suche nach einer Lehrstelle zu verbessern.
> – Es handelt sich um eine Ausbildung

Im Rahmen der Ausbildungskosten gilt eine Besonderheit:

Kosten, die einem Arbeitnehmer entstehen, der sich in einem Ausbildungsverhältnis befindet, gehören zu den Werbungskosten, wie folgende Übersicht verdeutlichen soll:

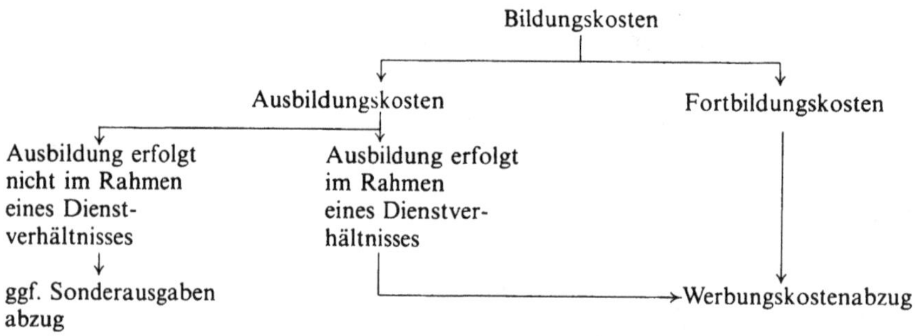

Nach diesen Abgrenzungsmerkmalen zwischen Fortbildungs- und Ausbildungskosten wird man in vielen Fällen eine richtige Zuordnung treffen können und die Kosten als Werbungskosten oder gegebenenfalls als Sonderausgaben anerkennen.

Dennoch werden in der Praxis viele Fälle verbleiben, in denen eine zutreffende Unterscheidung nicht möglich erscheint.

In diesen Fällen soll folgendes überprüft werden:

1. Führt die Bildungsmaßnahme zu einer herausgehobenen beruflichen, gesellschaftlichen oder wirtschaftlichen Stellung, so sind normalerweise Ausbildungkosten anzunehmen.

   Dieses Unterscheidungsmerkmal wird sich jedoch in den verbleibenden Zweifelsfällen als wenig hilfreich erweisen, weil auch mit Fortbildungsmaßnahmen ggf. herausgehobene berufliche Stellungen oder wirtschaftliche Verbesserungen erreicht werden können
   (z. B. eine Gehaltsaufbesserung).

2. Handelte es sich bei der Bildungsmaßnahme um den Besuch einer allgemeinbildenden Schule oder um ein Universitätsstudium, welches nicht nur zu einer weiteren Qualifizierung führte, so sind die damit verbundenen Kosten Ausbildungskosten. Dabei kann es sich auch um den nachgeholten Besuch einer allgemeinbildenden Schule oder um den nachgeholten Besuch einer Universität handeln.
3. Kosten anläßlich von Umschulungsmaßnahmen sind immer Ausbildungskosten.

Beispiele

Ein Zeitsoldat der Bundeswehr besucht gegen Ende seiner Dienstzeit die Bundeswehrfachschule. Auf dieser Bundeswehrfachschule werden Allgemeinbildung, Kenntnisse in Maschineschreiben, Verwaltungskunde und ähnliches vermittelt.

- Im Vordergrund steht hier die Allgemeinbildung des ausscheidenden Soldaten. Bei den Kosten, die anläßlich des Besuches der Bundeswehrfachschule entstehen, handelt es sich um Ausbildungskosten, die zu Werbungskosten führen (im Rahmen eines Ausbildungs- und Dienstverhältnisses)

Aus beruflicher Veranlassung besucht die Chefsekretärin eines bedeutenden Unternehmens ein Abendgymnasium, um insbesondere ihrer Fremdsprachenkorrespondenz besser gewachsen zu sein.

- Bei einem Abendgymnasium handelt es sich um eine allgemeinbildende Schule. Die Kosten für den Besuch sind Ausbildungskosten, die keine WK sind.

Ein Verwaltungsangestellter bei einer Stadtverwaltung besucht spezielle Lehrgänge für die Vorbereitung auf seine zweite Verwaltungsprüfung.

- Es handelt sich um berufsbezogene Kosten, die seine Kenntnisse und Fertigkeiten in dem bereits ausgeübten Beruf erweitern sollen. Die Kosten, die ihm entstehen, sind den Fortbildungskosten zuzurechnen.

Sofern Fortbildungskosten vorliegen, so kommt die Anerkennung folgender Aufwendungen als Werbungskosten in Betracht:

- Lehrgangs- und Studiengebühren
- Lernmaterial, Fachbücher
- Fahrten zwischen Wohnung und Ausbildungsstätte
- Kosten für auswärtige Unterbringung und Verpflegung
- Prüfungskosten

(Siehe auch Abschn. 22 Abs. 6 LStR)

Die durch die Fortbildungsmaßnahmen verursachten Werbungskosten können dabei entweder nach den Merkmalen einer Dienstreise oder nach den Merkmalen einer doppelten Haushaltsführung zu beurteilen sein. Ob dabei Dienstreisegrundsätze oder Grundsätze der doppelten Haushaltsführung in Betracht kommen, ergibt sich aus Kapitel 4.4.8 bzw. 4.4.10.

4.4.2 Pauschsätze für bestimmte Berufsgruppen

Einige Berufsgruppen haben es in der Praxis besonders schwer, einen Einzelnachweis ihrer Werbungskosten zu führen. Daher ist es nach Abschn. 23 der LStR zulässig, daß bestimmte Berufe ihre Werbungskosten im Rahmen von besonderen Pauschsätzen ermitteln dürfen.

Hiervon betroffen sind Artisten, darstellende Künstler, Journalisten und hauptberufliche Musiker. Die besonderen Pauschbeträge werden als Festbeträge oder in v. H. des Arbeitslohnes berechnet. Monatlich wird jedoch ein Höchstbetrag festgelegt. Als Besonderheit ist zu beachten, daß der Werbungskostenpauschbetrag von 564,— DM bei diesem besonderen Pauschbetrag nicht berücksichtigt ist, so daß beim Lohnsteuerjahresausgleich oder bei der Einkommensteuererklärung zu den ermittelten besonderen Pauschsätzen der Werbungskostenpauschbetrag von 564,— DM noch hinzugerechnet werden muß.

Sollte ein Angehöriger der genannten Berufsgruppen höhere Werbungskosten als die besonderen Pauschsätze des Abschn. 23 LStR geltend machen, so muß er darüber einen Einzelnachweis erbringen.

Die verschiedenen besonderen Pauschsätze ergeben sich aus der nachfolgenden Übersicht:

Werbungskosten bei bestimmten Berufsgruppen

Artisten (A 23 (1) Nr. 1 a–j LStR)	**Darstellende Künstler** (A 23 (1) Nr. 2 LStR)		**Journalisten** (A 23 (1) Nr. 4 LStR)	**Hauptberufl. Musiker** (A 23 (1) Nr. 3 LStR)
	solo	Gruppe		
20 v. H. des Arbeitslohnes höchstens 400 DM monatl.	25 v. H. des Arbeitslohnes höchstens 500 DM monatl.	20 v. H. des Arbeitslohnes höchstens 400 DM monatl.	15 v. H. des Arbeitslohnes höchstens 250 DM monatl. (wenn kein AG-Ersatz; siehe aber A 23 (1) Nr. 4c LStR)	a) für Instrumente und Noten 45 DM monatl. b) evtl. Kleidung 45 DM monatl. c) Kapellmeister 45 DM monatl.
dazu: + dienstl. veranlaßte Umzugskosten + WK der doppelten Haushaltsführung + Fahrten zwischen Wohnung und Arbeitsstätte, soweit über 15,– DM monatl.				dazu: alle übrigen Werbungskosten

Zwischensummen
./. steuerfreie Ersatzleistungen des Arbeitgebers
\+ 564 DM WK-Pauschbetrag

= **Werbungskosten der betr. Berufsgruppen**

Beispiel

Dieter Thomas Bug (B) ist in dem Tanzlokal „Rosengarten“ in Bebra als Disc-Jockey angestellt.

Sein Arbeitslohn betrug im Kj. 01 20.000 DM. Für Fahrten zwischen Wohnung und Arbeitsstätte hatte er Aufwendungen von insgesamt 600 DM. Die zu berücksichtigenden Werbungskosten sind zu ermitteln.

- B. gehört als Disc-Jockey einer Berufsgruppe an, für die in Abschn. 23 LStR (hier: Abschn. 23 Abs. 1 Nr. 1 c LStR) Werbungskosten-Pauschbeträge festgelegt sind.

Der Werbungskosten-Pauschbetrag beträgt im vorliegenden Fall 20% des Arbeitslohns in Höhe von 20.000 DM = 4.000 DM. Da die Höchstgrenze von monatlich 400 DM – jährlich also 4.800 DM – nicht überschritten wird, werden 4.000 DM berücksichtigt. Durch diesen Pauschbetrag ist jedoch nur ein Teil der Aufwendungen für die Fahrten zwischen Wohnung und Arbeitsstätte abgegolten, nämlich nur 15,— DM monatlich. Die Aufwendungen für Fahrten zwischen Wohnung und Arbeitsstätte betragen jedoch 600 DM im Kj. Der die 15 DM monatlich – jährlich also 180 DM – übersteigende Teil der Aufwendungen wird deshalb zusätzlich neben dem Pauschsatz berücksichtigt. Außerdem ist noch gem. Abschn. 23 Abs. 3 LStR der allgemeine Pauschbetrag von 564,— DM anzusetzen, denn weder der Pauschsatz noch die daneben zu berücksichtigenden Werbungskosten sind um den WK-Pauschbetrag zu kürzen.

Es werden also folgende Werbungskosten berücksichtigt:

WK-Pauschsatz für Berufsgruppen		4.000 DM
Aufwendungen für Fahrten zw. Wohnung u. Arbeitsstätte	600,—	
./. im Pauschsatz bereits enthalten	180,—	
neben dem Pauschsatz zu berücksichtigen	420,—	420 DM
allgemeiner WK-Pauschbetrag		564 DM
		4.984 DM

4.4.3 Beiträge zu Berufsverbänden

Als Beiträge zu Berufsverbänden kommen beispielsweise in Betracht:
Mitgliedsbeiträge zur

Gewerkschaft Öffentlicher Dienste, Transport und Verkehr
Deutsche Steuergewerkschaft
Deutsche Angestellten Gewerkschaft
Gewerkschaft der Eisenbahner Deutschlands
Industriegewerkschaft Metall
Industriegewerkschaft Druck und Papier u. a.

Keine Beiträge an Berufsverbände sind:
Mitgliedsbeiträge an
Politische Pateien

Studentische Vereinigungen
Briefmarkenvereine
Sportvereine u.a.

4.4.4 Fahrten zwischen Wohnung und Arbeitsstätte

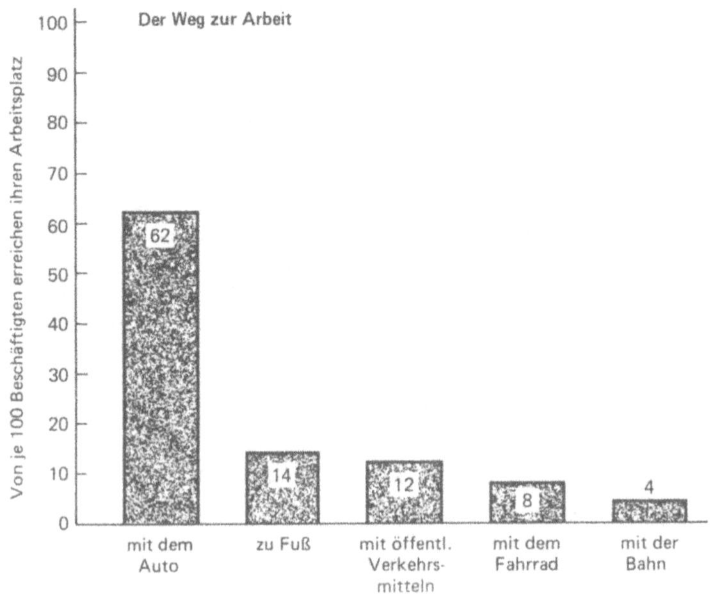

4.4.4.1 Begriff

Grundsätzlich sind nach dem Wortlaut des § 9 Abs. 1 Nr. 4 Satz 1 EStG alle Aufwendungen für **Fahrten** zwischen **Wohnung** und **Arbeitsstätte** Werbungskosten. Die Höhe der Aufwendungen wird lediglich bei der Benutzung eines eigenen Kraftfahrzeuges begrenzt; hierauf wird später eingegangen.
Zunächst zur Erläuterung der neu verwendeten Begriffe.

4.4.4.1.1 Fahrten

Eine **Fahrt** wird mit einem Fortbewegungsmittel bewerkstelligt.
Als solche kommen in Frage:

Fahrrad
Mofa
Motorrad
Motorroller
Pkw
Taxi
Bundesbahn
Bus
Schiff
Flugzeug usw.

4.4.4.1.2 Wohnung

Unter einer **Wohnung** versteht man zum Wohnen geeignete Räume, die für den Bewohner auf Dauer eine Heimstätte oder den Mittelpunkt des familiären Lebens bilden können. Man wird sie wohl in der Regel daran erkennen, daß sich der Arbeitnehmer von dort aus regelmäßig zur Arbeitsstätte begibt. Dabei kann die „Wohnung" eines Ledigen durchaus aus einem möblierten Zimmer bestehen, auch ein Zimmer in der Wohnung der Eltern reicht aus. Bei einem Verheirateten wird man höhere Anforderungen stellen müssen; zumindest muß ausreichend Platz für alle Familienangehörigen sein.

In der täglichen Praxis im Finanzamt ist die Frage, wo sich die Wohnung eines Arbeitnehmers befindet, meistens schnell beantwortet, denn:

Solange der betreffende Arbeitnehmer nur **eine** Unterkunft hat, gleichgültig, wie sie ausgestattet ist, ist diese seine „Wohnung" im Sinne des § 9 Abs. 1 Nr. 4 EStG.

Probleme ergeben sich nur, wenn ein Arbeitnehmer verschiedene Unterkünfte hat, z. B.

- weil er eine Stadtwohnung und ein Wochenendhaus besitzt. Im Sommer fährt er vom Wochenendhaus aus zu seiner regelmäßigen Arbeitsstätte, im Winter von der Stadtwohnung aus
- weil er im Auftrag seiner Firma so weit entfernt von seiner eigentlichen Wohnung an einer regelmäßigen Arbeitsstätte eingesetzt wird, daß er gezwungen ist, in einem Hotel, einer Pension oder gar in einer Baubaracke seine Unterkunft zu nehmen.

In diesen Fällen gilt:

Die von der regelmäßigen Arbeitsstätte weiter entfernte Unterkunft ist nur dann Wohnung im Sinne des § 9 Abs. 1 Nr. 4 EStG, wenn sie Mittelpunkt der Lebensinteressen ist. Bei Verheirateten ist Mittelpunkt der Lebensinteressen die Familienwohnung. Ein Lediger hat den Mittelpunkt der Lebensinteressen grundsätzlich dort, von wo aus er sich überwiegend zur Arbeitsstätte begibt. Die von der Arbeitsstätte weiter entfernte Wohnung ist ausnahmsweise Mittelpunkt der Lebensinteressen eines Ledigen, wenn er sich dort häufig aufhält (einmal monatlich genügt nicht), weil er seine dortigen persönlichen Bindungen (z. B. Eltern, Verlobte, Freundes- oder Bekanntenkreis, Vereinsangehörigkeiten u. andere Aktivitäten) nicht aufgeben möchte. Fährt der Arbeitnehmer von der weiter entfernten Unterkunft, die nicht Mittelpunkt seiner Lebensinteressen ist, so sind nur Fahrtkosten in der Höhe Werbungskosten, wie sie bei einer Fahrt von der näheren Wohnung aus entstanden wären.

4.4.4.1.3 Regelmäßige Arbeitsstätte

Die Arbeitsstätte (besser: die **regelmäßige Arbeitsstätte**) ist der Mittelpunkt der auf Dauer abgestellten Tätigkeit des Arbeitnehmers (Abschn. 25 Abs. 5 Satz 1 LStR).

An diesem Mittelpunkt verrichtet der Arbeitnehmer normalerweise den größten Teil seiner Arbeit; das schließt natürlich nicht aus, daß dieser „Mittelpunkt" vom Arbeitnehmer wegen einer Dienstreise, wegen eines Lehrganges o. ä. vorübergehend verlassen wird.

Mit dieser Begriffsbestimmung sind die regelmäßigen Arbeitsstätten der weitaus meisten Arbeitnehmer erfaßt, denn die meisten gehen monate- oder gar jahrelang jeweils in den gleichen Betrieb, in das gleiche Amt, in die gleiche Firma usw., ohne die Arbeitsstelle zu wechseln.

Dabei muß beachtet werden, daß diese feste Arbeitsstelle sich nicht unbedingt auf ein eng begrenztes Gebiet (ein Zimmer, eine Werkstatt, ein Gebäude) beschränkt; nach der Rechtsprechung des BFH fallen darunter auch Einsatzstellen, die sich innerhalb eines abgegrenzten oder von vornherein festliegenden, in sich geschlossenen, nicht weit auseinandergezogenen und überschaubaren Gebietes befinden (sog. Fälle des „weiträumigen Arbeitsgebietes oder -geländes"). Hierunter fallen zum Beispiel:

das Forstrevier eines Waldarbeiters, das Werksgebäude eines Werkschutzmannes, das Hafengebiet bei einem Schiffsausrüster, der Kehrbezirk eines Schornsteinfegers, der „normale Einzugsbereich" eines Bauarbeiters (Abschn. 25 Abs. 5 S. 2 LStR).

Außerhalb dieser eben beschriebenen Arbeitsstätten (fester Ort oder weiträumige Arbeitsstelle) werden die bezeichneten Arbeitnehmer beruflich nur im Ausnahmefall tätig, zum Beispiel bei einer Dienstreise.

Bei einem Wechsel der Arbeitsstätte ist meistens beabsichtigt, den neuen Betrieb usw. zum Mittelpunkt der auf Dauer abgestellten Tätigkeit zu machen und damit wird dieser Betrieb zur neuen regelmäßigen Arbeitsstätte.

Es gibt jedoch darüber hinaus noch eine Vielzahl von Arbeitnehmern, welche nach den vorstehenden Ausführungen keine feste Arbeitsstätte haben und die beruflich an verschiedenen Tätigkeitsorten tätig sein müssen und die deswegen gezwungen sind, Reisen zu unternehmen. (Die Lohnsteuerrichtlinien sprechen hier bereits von „ständig wechselnden Einsatzstellen"; im Interesse eines klareren gedanklichen Aufbaues möchte ich aber die Formulierung „verschiedene Tätigkeitsorte" beibehalten).

Viele dieser Arbeitnehmer kehren nach Erledigung ihres Einsatzes an dem auswärtigen Tätigkeitsort oder an der betreffenden Einsatzstelle jeweils zum „Mittelpunkt" zurück, um sich dort neue Anweisungen zu holen, dort Berichte zu erstatten oder um dort Berichte zu schreiben, um technische Vorarbeiten zu leisten, rechtliche oder tatsächliche Fragen zu klären oder um in neue Arbeitsmethoden eingewiesen zu werden.

Die von ihnen dafür aufgewendete Zeit ist ohne Bedeutung. Bei dem Ort, an den sie zurückkehren müssen, handelt es sich um den Mittelpunkt ihrer auf Dauer abgestellten Tätigkeit; dieser Ort ist damit ihre regelmäßige Arbeitsstätte (Abschn. 25 Abs. 5 Satz 4–7 LStR).

Sollte ein Arbeitnehmer jedoch nicht zu einem solchen Mittelpunkt zurückkehren, so ist er unter Umständen an ständig wechselnden Einsatzstellen beschäftigt.

Dieser Sonderfall liegt vor, wenn

1. die Fahrten des Arbeitnehmers zwischen Wohnung und ständig wechselnden, weit auseinanderliegenden Bau- und Montagestellen, deren Entfernung von der Wohnung häufig stark schwankt, eine gewisse Ähnlichkeit mit Dienstreisen aufweisen
2. der Einsatz des Arbeitnehmers auf wechselnden Einsatzstellen berufstypisch ist (Abschn. 24 Abs. 4 Nr. 3 S. 3 LStR). Diese Eigenart des Berufs bringt es mit sich, daß die Arbeitnehmer im ausschließlichen Interesse des Betriebes ihre Tätigkeits-

stätte wiederholt wechseln müssen. Dieser Tätigkeit haftet ein Moment des Unvorhersehbaren hinsichtlich der Zeit und des Ortes des Einsatzes an, so daß der Arbeitnehmer sich oftmals hierauf nicht langfristig einstellen kann

3. der Arbeitnehmer seinen Wohnsitz nicht so legen kann, daß er möglichst nahe an der Arbeitsstätte wohnt

4. die Überlegungen des Gesetzgebers zu § 9 Abs. 1 Nr. 4 EStG, eine Entlastung des Straßenverkehrs in Ballungsgebieten zu erreichen, nicht zum Tragen kommen können. Diese Überlegungen waren nach den Ausführungen des BFH:

   „Der Zweck der Pauschalregelung des § 9 Abs. 1 Nr. 4 Satz 2 EStG bestand ursprünglich in erster Linie in einer Vereinfachung für den Steuerpflichtigen und für die Finanzverwaltung. Die im Einzelfall tatsächlich entstandenen Kosten brauchten aufgrund dieser Regelung nicht ermittelt werden. Durch das Steueränderungsgesetz (StÄndG) 1966 ist der in der zuvor bezeichneten Vorschrift festgelegte Pauschbetrag von ursprünglich 0,50 auf 0,36 DM herabgesetzt worden. Der Kürzung des Pauschbetrages lagen verkehrspolitische Erwägungen zugrunde; dadurch sollte eine Verlagerung des städtischen Verkehrs von Individualverkehr auf öffentliche Verkehrsmittel erreicht werden".

Bei der Prüfung dieses Sonderfalles nach den Merkmalen 1–4 kommt es allerdings auf eine Gesamtschau oder auf ein Gesamtbild an; einzelne Merkmale (insbesondere 3. + 4.) können also in den Hintergrund treten.

Nach dem Willen des BFH muß die Anerkennung ständig wechselnder Einsatzstellen auf Sonderfälle beschränkt werden, in denen i. d. R. die dafür bezeichneten Voraussetzungen gegeben sind, damit Ungerechtigkeiten im Vergleich mit anderen Arbeitnehmern vermieden werden.

Als Personenkreis, der hierfür vorwiegend in Frage kommt, seien hier vor allem Bau- und Montagearbeiter genannt, die von ihren Firmen oft auf weit voneinander entfernten Einsatzstellen eingesetzt werden.

Bei diesen Arbeitnehmern ist die jeweilige Einsatzstelle gleichzeitig die regelmäßige Arbeitsstätte (Abschn. 25 Abs. 5 Satz 7 LStR).

Zur leichten Ermittlung der regelmäßigen Arbeitsstätte soll die folgende Übersicht dienen:

Prüfschritt		Ergebnis
Der Arbeitnehmer führt seine Tätigkeit normalerweise ausschließlich an einem eng umgrenzten Ort (Betrieb, Amt, Fabrik, Zweigstelle, Zweigwerk) aus	ja →	dieser Ort ist seine regelmäßige Arbeitsstätte Abschn. 25 (5) Satz 1 LStR
↓ nein		
Der Arbeitnehmer führt seine Tätigkeit normalerweise ausschließlich in einem weiträumigen Arbeitsgebiet oder -gelände aus	ja →	dieses Gebiet oder Gelände ist seine regelmäßige Arbeitsstätte Abschn. 25 (5) Satz 2 LStR
↓ nein		
Der Arbeitnehmer führt seine Tätigkeit an verschiedenen Tätigkeitsorten aus und muß deshalb Reisen bzw. Fahrten unternehmen. Nach Erledigung seiner Aufgabe(n) kehrt er an einen „Mittelpunkt“ zurück, um Rechenschaft abzulegen usw. (Zeitanteil gleichgültig).	ja →	dieser „Mittelpunkt“ ist seine regelmäßige Arbeitsstätte Abschn. 25 (5) Satz 4 und 5 LStR
↓ nein		
Der Arbeitnehmer ist also an ständig wechselnden Einsatzstellen beschäftigt (typische Tätigkeit usw. erforderlich)	→	jede Einsatzstelle ist gleichzeitig die regelmäßige Arbeitsstätte des Arbeitnehmers Abschn. 25 (5) Satz 6 und 7 LStR

4.4.4.2 Fahrten mit öffentlichen und anderen Verkehrsmitteln

Die Wahl des möglichen Fortbewegungsmittels für die Fahrten zwischen Wohnung und Arbeitsstätte steht dem Arbeitnehmer frei. Als Werbungskosten werden – außer bei der Benutzung eines eigenen Kraftfahrzeuges – die entstandenen Kosten angesetzt. Dabei kann der Steuerpflichtige nicht nur das Fortbewegungsmittel frei wählen, er kann auch z. B. bei einer Fahrt mit der Bundesbahn statt der 2. Wagenklasse die 1. Wagenklasse oder einen Intercity-Zug benutzen.

Es darf einem Arbeitnehmer also nicht entgegengehalten werden, daß er billiger zur Arbeitsstätte hätte kommen können. Aus diesem Grunde sind dem Arbeitnehmer tatsächlich entstandene Kosten auch dann als Werbungskosten anzusetzen, wenn der Arbeitgeber ihm eine unentgeltliche Beförderungsmöglichkeit (z. B. Firmenbus) anbietet, die der Arbeitnehmer aber nicht nutzt, weil er lieber mit einem anderen Verkehrsmittel fährt.

4.4.4.3 Fahrten mit dem eigenen Kraftfahrzeug

Wie bereits angedeutet, kann ein Arbeitnehmer bei Benutzung eines eigenen Kraftfahrzeuges für die Fahrten zwischen Wohnung und Arbeitsstätte nicht die tatsächlich entstandenen Kosten als Werbungskosten ansetzen. § 9 Abs. 1 Ziff. 4 Satz 2 EStG begrenzt in diesen Fällen die Kosten auf pauschale Sätze. Diese gelten alle Kosten, die mit dem Normalbetrieb eines Kraftfahrzeuges (bis auf evtl. Unfallkosten und Kosten für Motorschäden) zusammenhängen, ab. Dazu gehören die Kosten für Benzin, Öl, Garage, Abnutzung, Parkgebühren, Reparaturen usw. Für die Berechnung der pauschalierten Werbungskosten sind folgende Punkte zu beachten:

4.4.4.3.1 Eigenes Kraftfahrzeug

Die Beschreibung eines Kraftfahrzeuges ergibt sich aus der Straßenverkehrszulassungsordnung. Danach liegt ein Kraftfahrzeug vor, wenn es lt. Betriebserlaubnis einen Motor mit über 50 ccm Hubraum hat oder lt. Betriebserlaubnis schneller als 40 km/h fahren darf. Ein Mofa ist demnach kein Kraftfahrzeug, jedoch Motorroller, Motorräder und Personenkraftwagen. Ein Arbeitnehmer hat dann ein **eigenes** Kraftfahrzeug, wenn es ihm selbst oder seiner Ehefrau gehört.

Es kann sich aber auch um ein **eigenes** Kraftfahrzeug handeln, wenn es auf den Namen einer anderen Person zugelassen ist. Derjenige, welcher die pauschalen Sätze des § 9 Abs. 1 Nr. 4 Satz 2 EStG in Anspruch nehmen will, muß in diesen Fällen durch Belege nachweisen, daß **er** die Kosten des laufenden Unterhalts trägt (Nachweis durch Benzinquittungen, Einzahlungsbelege für Versicherung und Kfz-Steuer, Reparaturrechnungen).

4.4.4.3.2 Ermittlung der Arbeitstage, an denen das Kraftfahrzeug benutzt wurde

Gewissenhafte Arbeitnehmer sind oft in der Lage, die Zahl der in einem Kalenderjahr geleisteten Arbeitstage unter Berücksichtigung von Krankheit und Urlaub genau anzugeben. Diese Tage werden dann der Berechnung der Werbungskosten zugrundegelegt.

Wenn jedoch eine solche genaue Berechnung nicht möglich ist, wird die Zahl der Arbeitstage bei ganzjähriger Beschäftigung wie folgt ermittelt:

	bei 5-Tage-Woche	bei 6-Tage-Woche
	300 Tage	300 Tage
=	./. 52 Samstage	–
	./. Urlaubstage	./. Urlaubstage
	./. Krankheitstage	./. Krankheitstage
	./. Dienstreisetage	./. Dienstreisetage
	./. Tage, an denen ein and. Verkehrsmittel benutzt worden ist	./. Tage, an denen ein and. Verkehrsmittel benutzt worden ist
=	Zahl der anzusetzenden Arbeitstage	

Für die tägliche Praxis im Finanzamt sei aber an dieser Stelle auf die Verfügung der OFD Frankfurt/Main vom 10. 12. 1982 Az. S 2380 hingewiesen. Danach muß es nicht beanstandet werden, wenn ein Steuerpflichtiger in seiner Einkommensteuererklärung oder im Lohnsteuer-Jahresausgleichs-Antrag bei einer 6-Tage-Woche bis zu 285 Arbeitstage und bei einer 5-Tage-Woche bis zu 240 Arbeitstage angibt (Kann-Bestimmung).

4.4.4.3.3 Bestimmung der Entfernungskilometer

Bei den Entfernungskilometern handelt es sich **nicht** um die tatsächlich gefahrene Strecke (Hin- und Rückfahrt). Vereinfacht könnte man sagen, daß nur die Kosten für die Hälfte der tatsächlich gefahrenen Kilometer pauschal abgerechnet werden.

Für die Bestimmung der Entfernungskilometer ist grundsätzlich die kürzeste benutzbare Straßenverbindung maßgebend. Ist die an sich kürzeste Straßenverbindung z. B. wegen Umbauten oder Umleitungen nicht benutzbar, wird die sich dann ergebende kürzeste benutzbare Straßenverbindung zugrundegelegt. Es darf jedoch auch eine andere Straßenverbindung angesetzt werden, wenn sie

1. offensichtlich verkehrsgünstiger ist (keine öfteren Stauungen, keine Ampeln, schneller)

   und wenn

2. der Arbeitnehmer diese Verbindung auch tatsächlich benutzt (Abschn. 24 Abs. 1 Satz 3 LStR).

Sich ergebende Bruchteile von Kilometern werden aufgerundet.

4.4.4.3.4 Bestimmung des Pauschsatzes

Als Pauschsatz werden angesetzt
a) bei der Benutzung eines Motorrades oder eines Motorrollers 0,16 DM
b) bei der Benutzung eines Personenkraftwagens 0,36 DM.

Beispiel:

Bodo Schmitt fährt täglich mit seinem Audi 100 von seiner Wohnung in Obergeis zu seiner 11,3 km entfernten Arbeitsstätte in Unterelfen. Bei einer 5-Tage-Woche hatte er in den Monaten Juni/Juli 24 Tage Urlaub, und er war an 3 Tagen im Monat Februar krank. Er hat ganzjährig bei dem gleichen Arbeitgeber gearbeitet; im Januar (22 Arbeitstage) und Februar (20 Arbeitstage) ist er von einem Kollegen zu seiner Arbeitsstätte mitgenommen worden. Seine Werbungskosten für Fahrten zwischen Wohnung und Arbeitsstätte errechnen sich wie folgt:

Zahl der Arbeitstage		300 Tage
	./.	52 Tage Samstage
	./.	24 Tage Urlaub
	./.	42 Tage kostenlose Mitnahme
		182 Arbeitstage

Die 3 Krankheitstage werden nicht mitgerechnet, weil sie in den Februar fallen.

Entfernungskilometer: 11,3 aufgerundet 12 km
Pauschsatz: 0,36 DM

182	×	12	×	0,36	=	786,24
(Arb.tage)		(Entf.km)		(Pauschsatz)		

Die Werbungskosten betragen 786,23 DM, aufgerundet 787,— DM.

4.4.4.4 Mehrere Fahrten täglich, Mittagsheimfahrten, Unterbrechung der Arbeitszeit

Nach dem Wortlaut des §9 Abs. 1 Nr. 4 Satz 2 EStG können Arbeitnehmer pro Arbeitstag **einmal** den Pauschsatz von 0,36 DM/0,16 DM für die Entfernungskilometer ansetzen. Vielleicht fahren jedoch Arbeitnehmer **mehrfach** am Tage zwischen Wohnung und Arbeitsstätte hin und her:

- ein Lehrer fährt während einer Freistunde kurz nach Hause
- ein Angestellter fährt in der Mittagszeit zur Einnahme des Mittagessens nach Hause
- eine Putzfrau ist lt. Arbeitsvertrag verpflichtet, ihren Reinigungsdienst von 6.00–9.00 Uhr und von 15.00–19.00 Uhr zu versehen. In der Zwischenzeit fährt sie nach Hause.
- ein Hausmeister wird nach Dienstschluß (16.30 Uhr) gegen 22.00 Uhr wegen eines Wasserrohrbruches an seinen Arbeitsplatz gerufen. Er hatte sich zu Hause aufgehalten und fuhr sofort mit dem Pkw los

In all diesen Fällen stellt sich die Frage, ob die Fahrt nach Hause privat oder beruflich veranlaßt war und ob sie gegebenenfalls dazu führt, daß die Pauschsätze oder – bei Benutzung öffentlicher Verkehrsmittel – die Kosten für Fahrkarten usw. **zweimal** an einem Arbeitstag gewährt werden können.

Die genannten Fahrten sind nach folgenden Lösungsgrundsätzen zu behandeln:

1. Mittagsheimfahrten zur Essenseinnahme führen nicht zu Werbungskosten (Abschn. 24 Abs. 3 Satz 1 LStR).
2. Wenn die Arbeitszeit so geregelt ist, daß sie mindestens 4 Stunden unterbrochen ist, können Werbungskosten für 2 Fahrten täglich berechnet werden (Abschn. 24 Abs. 3 Nr. 2 LStR).
3. Muß ein Arbeitnehmer seine Arbeitsstätte außerhalb der normalen Arbeitszeit aus betrieblichen Gründen aufsuchen, so sind die ihm entstandenen Fahrkosten Werbungskosten. Dabei werden entweder die tatsächlichen Kosten (Fahrkosten, tats. Aufwand bei der Benutzung eines eigenen Kraftfahrzeuges für Hin- und Rückfahrt) oder – bei Kfz-Benutzung – die km-Sätze des Abschn. 25 Abs. 7 Nr. 3 S. 2 LStR für Hin- und Rückfahrt angesetzt (Abschn. 24 Abs. 4 Nr. 1 i. V. m. Abs. 3 Nr. 1 LStR).

Bei den vorerwähnten Beispielen ergibt sich also:

- der erwähnte Lehrer und der Angestellte haben keine zusätzlichen Werbungskosten
- die Putzfrau kann zweimal pro Arbeitstag die Entfernungskilometer × Pauschalsatz als Werbungskosten erhalten
- ohne Nachweis der tatsächlichen Kosten werden dem Hausmeister die Hinfahrt und die Rückfahrt mit den für ein Kraftfahrzeug geltenden Kilometersatz (0,42 DM) aus Abschn. 25 Abs. 7 Nr. 3 S. 2 LStR als Werbungskosten anerkannt.

4.4.4.5 Körperbehinderte

Zur Abgeltung besonderer Erschwernisse werden bestimmte Körperbehinderte von der Pauschalregelung des §9 Abs. 1 Nr. 4 Satz 2 EStG auf Antrag ausgenommen. Sie dürfen nach §9 Abs. 2 EStG die ihnen für die Fahrten zwischen Wohnung und

Arbeitsstätte **tatsächlich entstandenen Kosten** (Benzin, Reparaturen, Abnutzung usw.) als Werbungskosten ansetzen.

Für diese Regelung kommen in Betracht:

1. Körperbehinderte mit einer Minderung der Erwerbsfähigkeit von 70 v.H. und mehr
2. Körperbehinderte mit einer Minderung der Erwerbsfähigkeit von 50 v.H. bis 69 v.H., die zusätzlich erheblich gehbehindert sind

Die Eigenschaften zu 1. und 2. müssen amtlich nachgewiesen sein. Dies erfolgt durch Schwerbeschädigtenausweis, Bescheide vom Versorgungsamt u.ä.

Die für die Fahrten zwischen Wohnung und Arbeitsstätte dieser Personen zu ermittelnden Kosten für die Benutzung eines eigenen Kraftfahrzeuges ergeben sich aus der Jahreskilometerleistung des Kfz im Verhältnis zu den zwischen Wohnung und Arbeitsstätte **tatsächlich gefahrenen** Kilometern.

Ein o.g. Körperbehinderter kann also die Kosten für die **Hin-** und für die **Rückfahrt** ermitteln.

Beispiel:

Erika Schill (S) ist zu 80 v.H. körperbehindert. Im Kalenderjahr 01 ist sie an 225 Tagen zu ihrer 6 km entfernten Arbeitsstätte gefahren. Ihr Kfz VW Polo legte in 01 insgesamt 19.500 km zurück. Für das Kfz sind – alles inclusive – 11.895 DM Kosten angefallen. S beantragt, die tatsächlichen Aufwendungen für ihre Fahrten zwischen Wohnung und Arbeitsstätte als Werbungskosten zu berücksichtigen.

– Zahl der Arbeitstage	225 Tage
– gefahrene Kilometer: 6 km × 2 (hin und zurück)	12 km
– Kilometersatz: 11.895 DM : 19.500 km	0,61 DM

225	×	12	×	0,61	=	1.647 DM
(Arb.Tage)		(gef.km)		(km-Satz)		

Die tatsächlichen Aufwendungen für Fahrten zwischen Wohnung und Arbeitsstätte betragen 1.647 DM.

Aus diesem Beispiel ergibt sich, daß ein körperbehinderter Arbeitnehmer zur Ermittlung seiner Werbungskosten für Fahrten zwischen Wohnung und Arbeitsstätte genaue Aufzeichnungen über die im Laufe des Jahres angefallenen Kosten und über die Gesamtkilometerleistung führen muß. Viele dieser Arbeitnehmer sehen sich hierzu – aus welchen Gründen auch immer – nicht in der Lage.

Für diesen Personenkreis sieht der Abschnitt 24 Abs. 4 Nr. 2 LStR eine Ersatzlösung vor. Ihnen wird gestattet, statt der Ermittlung der tatsächlichen Kosten ersatzweise die Kilometersätze des Abschn. 25 Abs. 7 Nr. 3 LStR anzuwenden.

Hierbei gibt es 2 Möglichkeiten:

Entweder weist der Arbeitnehmer durch Aufzeichnung der Gesamtkosten (z.B. in einem Fahrtenbuch) über einen repräsentativen Zeitraum hinweg nach, welche

Kosten sein Fahrzeug pro gefahrenen Kilometer verursacht (Gesamtkosten: Gesamtkilometer = Kilometersatz). Diesen Kilometersatz kann er dann, solange sich die Verhältnisse nicht wesentlich ändern (z. B. neues Auto, dramatisch steigende oder fallende Treibstoffkosten), auch für die Zukunft ansetzen (Abschn. 25 Abs. 7 Nr. 3 Satz 3 LStR)

oder

der Arbeitnehmer verzichtet auf einen Kostennachweis und nimmt die pauschalen Kilometersätze des Abschn. 25 Abs. 7 Nr. 3 Satz 2 LStR (für Kraftwagen 0,42 DM, für Motorrad oder Motorroller 0,18 DM usw.),

– die sich bei der dienstlich veranlaßten Mitnahme von anderen Personen um die Kilometersätze des Abschn. 25 Abs. 7 Nr. 3 Satz 3 LStR (0,03 DM bei Kraftwagen, 0,02 DM bei Motorrad oder Motorroller erhöhen –

in Anspruch.

Beispiel:

Die bereits bekannte Körperbehinderte Erika Schill hat im Januar 02 einen Pkw Mercedes gekauft. Sie war nicht in der Lage, Aufzeichnungen über die Kosten dieses Kraftfahrzeuges zu führen.

Gegenüber dem Kalenderjahr 01 sind hinsichtlich der Arbeitstage und der gefahrenen km keine Änderungen eingetreten.

Zu berechnen ist auf ihren Antrag hin die Höhe der Werbungskosten für Fahrten zwischen Wohnung und Arbeitsstätte:

– Zahl der Arbeitsstage	225 Tage
– gefahrene Kilometer 6 km × 2 (hin und zurück)	12 km
– Kilometersatz aus Abschn. 25 Abs. 7 Nr. 3 S. 2	0,42 DM

225 Tage × 12 km × 0,42 DM = 1.134 DM

Sofern die in Frage kommenden Körperbehinderten **mehrmals** am Tage nach Hause fahren, können ihnen nach den unter 4.4.4.4 dargestellten Grundsätzen diese Fahrten auch mehrfach angerechnet werden:

- bei Unterbrechung der Arbeitszeit um mehr als 4 Stunden
- bei zusätzlichen Fahrten zur Arbeitsstätte aus betrieblichen Gründen

Eine weitere Sonderregelung gilt für Körperbehinderte, welche

a) keinen Führerschein haben (Schwerstbehinderte, Blinde)
 oder
b) zwar einen Führerschein besitzen, die aber wegen möglicher Gefährdung anderer Verkehrsteilnehmer selbst nicht fahren und die deshalb gefahren werden müssen.

Bei ihnen sind auch die sog. „Leerfahrten“ für die Ermittlung der Werbungskosten zu berücksichtigen.

Übersicht über die abzugsfähigen Werbungskosten wegen Fahrten zwischen Wohnung und Arbeitsstätte

Fahrkosten

- bei Benutzung öffentlicher Verkehrsmittel
  - Ansatz der nachgewiesenen Kosten § 9 (1) Nr. 4 Satz 1 EStG
  - = Werbungskosten
- bei Benutzung eines eigenen Kfz
  - körperbehindert i. S. des § 9 (2) EStG
    - mit Nachweis: Ansatz der für die Fahrten zwischen Wohnung und Arbeitsstätte angefallenen tatsächlichen Kosten:

      $$\frac{\text{Gesamtkosten} \times \text{gef. km}^*}{\text{Gesamt-km-Leistung}}$$

      * = gefahrene km zw. Whg. u. rASt (ArbTage × Entf. km × 2)

      = Werbungskosten
    - ohne Nachweis: Arbeitstage × **gefahrene** km × km-Satz aus Abschn. 25 Abs. 7 Nr. 3 LStR
      = Werbungskosten
  - nicht körperbehindert i. S. des § 9 (2) EStG
    - Arbeitstage × **Entfernungs**-km × Pauschsatz aus § 9 (1) Nr. 4 EStG
    - = Werbungskosten

4.4.4.6 Fahrten von Ehegatten mit einem eigenen Pkw

„Doppelverdienende" Ehepaare nutzen vielfältige Möglichkeiten, um zu ihrem Arbeitsplatz zu gelangen. Soweit dabei unterschiedliche Verkehrsmittel benutzt werden (Beispiel: Sie: Straßenbahn; Er: eigener Pkw) ergeben sich keine Schwierigkeiten; Probleme ergeben sich aber dann, wenn die Ehegatten für ihre Fahrten zwischen Wohnung und Arbeitsstätte gemeinsam ein Kraftfahrzeug benutzen. Eine Auswahl der hierbei auftretenden Fahrmöglichkeiten soll hinsichtlich der Berechnung der Höhe der entstehenden Werbungskosten hier dargestellt werden.

4.4.4.6.1 Beispiele

Beide Ehegatten sind ganztags beschäftigt, haben die gleiche regelmäßige Arbeitsstätte und fahren gemeinsam mit **einem** Kfz von ihrer Wohnung aus dorthin und wieder nach Hause.

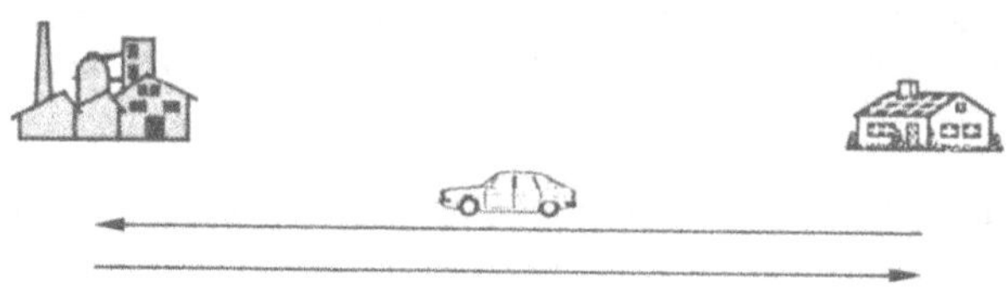

- Der Pauschsatz von 0,36 DM oder 0,16 DM pro Entfernungskilometer wird **einmal** angesetzt; er kann jedoch (ggf. nach Belieben) aufgeteilt werden.

4.4.4.6.2 Beide Ehegatten haben verschiedene regelmäßige Arbeitsstätten und fahren mit **einem** Kfz jeweils getrennt dorthin und wieder nach Hause.

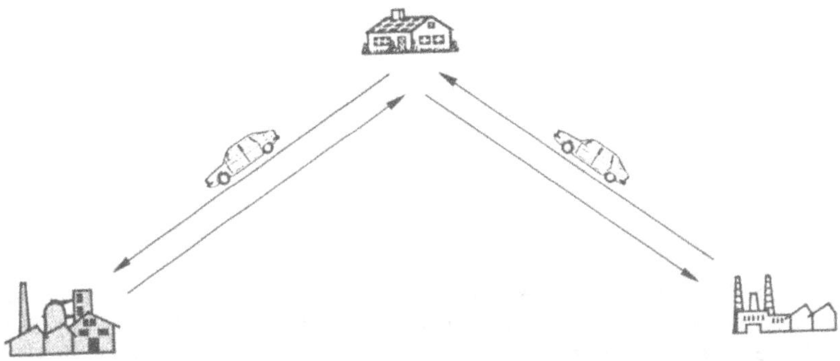

- Jeder Ehegatte erhält pro Entfernungskilometer den Pauschbetrag von 0,36 DM oder 0,16 DM.

4.4.4.6.3 Beide Ehegatten sind ganztags beschäftigt; sie haben 2 verschiedene regelmäßige Arbeitsstätten, die hintereinander liegen, so daß kein Umweg gefahren werden muß.

Von ihrer Wohnung aus fahren die Eheleute zunächst zur regelmäßigen Arbeitsstätte Nr. 1, der 1. Ehegatte steigt aus, der 2. Ehegatte fährt weiter zur regelmäßigen Arbeitsstätte Nr. 2. Die Heimfahrt erfolgt in umgekehrter Richtung.

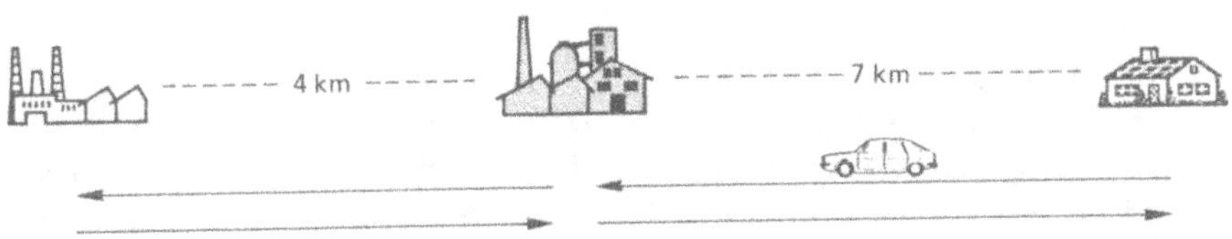

Hier ergeben sich 3 Möglichkeiten:

- Aus Zweckmäßigkeitsgründen sollte der am weitesten Fahrende die Gesamtstrecke (hier 11 km) für die Berechnung der Werbungskosten ansetzen.
- Dem zuerst aussteigenden Ehegatten werden 7 km, dem anderen 4 km für die Berechnung der Werbungskosten angerechnet.
- Für die Strecke zur ersten Arbeitsstätte wird eine Fahrgemeinschaft unterstellt. Dabei ergibt sich folgende Kostenverteilung: Jeder Ehepartner erhält für die ersten (7) km einen Pauschalsatz von 0,18 DM oder 0,08 DM; für die restlichen (4) km erhält der am weitesten fahrende Ehepartner den Pauschsatz von 0,36 bzw. 0,16 DM.

4.4.4.6.4 Beide Ehegatten sind ganztags beschäftigt; sie haben 2 verschiedene regelmäßige Arbeitsstätten, die nacheinander angefahren werden, wobei jedoch ein Umweg in Kauf genommen werden muß. Von der Wohnung aus fahren die Eheleute zunächst zur regelmäßigen Arbeitsstätte Nr. 1, der 1. Ehegatte steigt aus, der

2. Ehegatte fährt weiter zur regelmäßigen Arbeitsstätte Nr. 2. Die Heimfahrt erfolgt in umgekehrter Richtung.

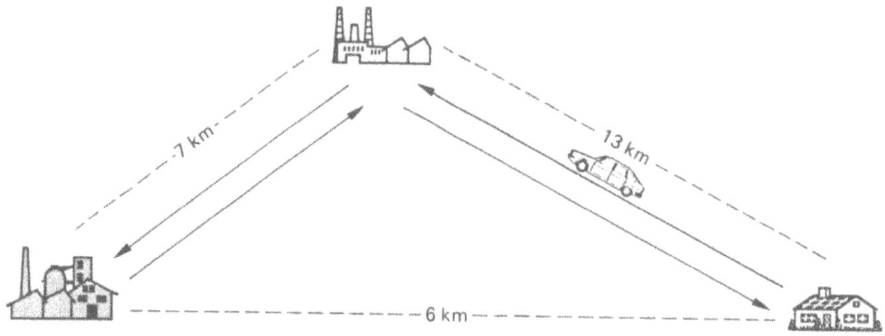

Nach dem Wortlaut des § 9 Abs. 1 Nr. 4 EStG ist für jeden Ehegatten die kürzeste benutzbare Straßenverbindung anzusetzen. Da aber die Möglichkeit besteht, daß in diesen Fällen die Hälfte der tatsächlich gefahrenen Kilometer geringer ist als die Summe der Entfernungen zwischen der Wohnung und den beiden Arbeitsstätten, ist eine Vergleichsrechnung anzustellen.

- Es ist auszurechnen:
  a) die Hälfte der tatsächlich gefahrenen km;
  (hier: (13 + 7 + 7 + 13) : 2 = 20 km)
  b) die Summe der Entfernungen zwischen der Wohnung und den Arbeitsstätten
  hier: 13 + 6 = 19 km
  c) die niedrigere Kilometerzahl (hier 19) ist nach dem Verhältnis der Entfernungen zwischen Wohnung und Arbeitsstätte aufzuteilen.

  Auf den ersten Arbeitnehmer entfallen dann 13, auf den zweiten Arbeitnehmer 6 km.

  Begründung:

  Die tatsächliche Fahrstrecke (a) ist größer als die Fahrstrecke im Falle des Getrenntfahrens (b); aus diesem Grund ist zur Berechnung der WK auf die Fahrstrecke abzustellen, die jeder im Falle des Getrenntfahrens bewältigen müßte:
  1. AN = 13 km
  2. AN = 6 km

Anders im folgenden Beispiel:

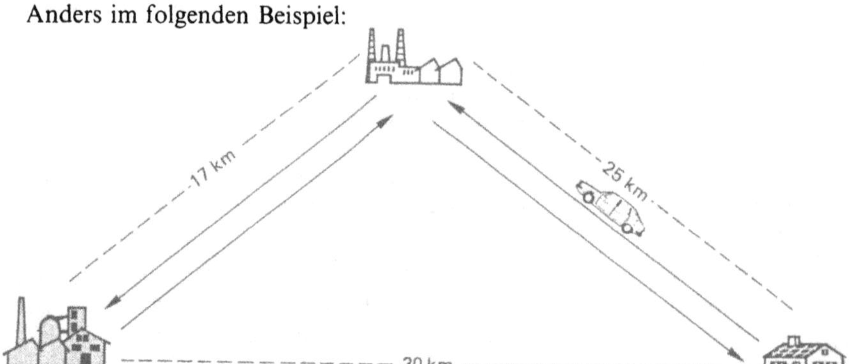

a) die Hälfte der tatsächlich gefahrenen km
   (25 + 17 + 25) : 2 = 42 km
b) die Summe der Entfernungen zwischen der Wohnung und den Arbeitsstätten
   25 + 30 = 55 km
c) die niedrigere Kilometerzahl (hier 42) ist nach dem Verhältnis der Entfernungen zwischen Wohnung und Arbeitsstätte aufzuteilen (25 : 30).
   42 km : 55 × 25 = 19,09 = 19 km
   42 km : 55 × 30 = 22,90 = 23 km

4.4.4.6.5 Beide Ehegatten sind ganztags beschäftigt; sie haben 2 verschiedene regelmäßige Arbeitsstätten, die nacheinander angefahren werden. Diese Arbeitsstätten liegen – von der Wohnung aus gesehen – räumlich entgegengesetzt.

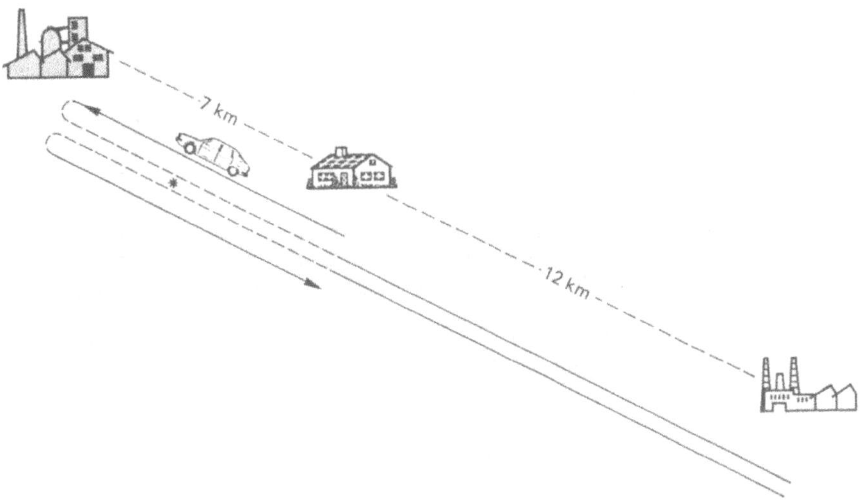

Nach § 9 Abs. 1 Nr. 4 EStG ist für jeden Ehegatten die kürzeste benutzbare Straßenverbindung anzusetzen.

- Der erste Ehegatte erhält die Entfernung zwischen der Wohnung und **seiner** regelmäßigen Arbeitsstätte Nr. 1 (hier 7 km).
- Der zweite Ehegatte erhält die Entfernung zwischen der Wohnung und **seiner** regelmäßigen Arbeitstätte Nr. 2 (hier 12 km).

(Anm.: Dieser Fall kann auch nach Tz. 4.4.4.6.4 – mit gleichen Ergebnis – gelöst werden).

4.4.4.7 Fahrten bei mehreren Dienstverhältnissen

Bei Fahrten zu den regelmäßigen Arbeitsstätten von mehreren Dienstverhältnissen ist bei Anwendung des § 9 Abs. 1 Nr. 4 EStG als Entfernung grundsätzlich die kürzeste benutzbare Straßenverbindung zwischen der Wohnung und den regelmäßigen

* Die besonders gekennzeichneten Strecken sind sog. Leerfahrten, weil der Arbeitnehmer, dem die Fahrt gilt, nicht an der Fahrt teilnimmt. Die auf Leerfahrten entfallenden Kosten sind keine Werbungskosten.

Arbeitsstätten anzusetzen. Probleme ergeben sich nur, wenn die zweite regelmäßige Arbeitsstätte von der ersten direkt angefahren wird.

Es ergeben sich also 2 Fälle:

4.4.4.7.1 Anfahrt zu jeder regelmäßigen Arbeitsstätte von der Wohnung aus:

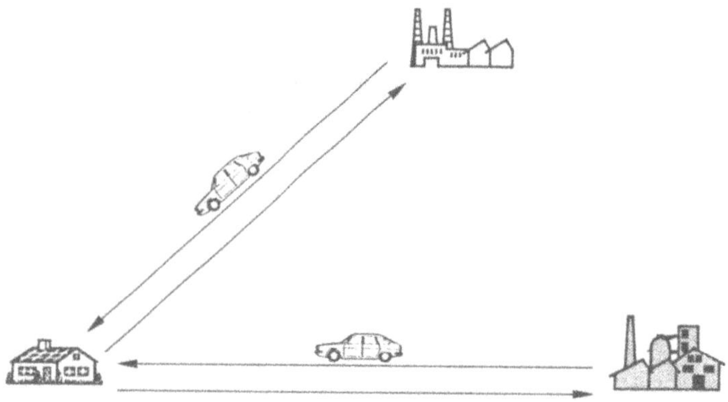

Hier werden zu jeder Arbeitsstätte die Entfernungskilometer angesetzt; nach Ermittlung der Anzahl der Arbeitstage und des zutreffenden Pauschbetrages ergeben sich die Werbungskosten für die Fahrten zwischen Wohnung und Arbeitsstätte.

4.4.4.7.2 Anfahrt von der Wohnung zur ersten regelmäßigen Arbeitsstätte und von dort zur zweiten regelmäßigen Arbeitsstätte

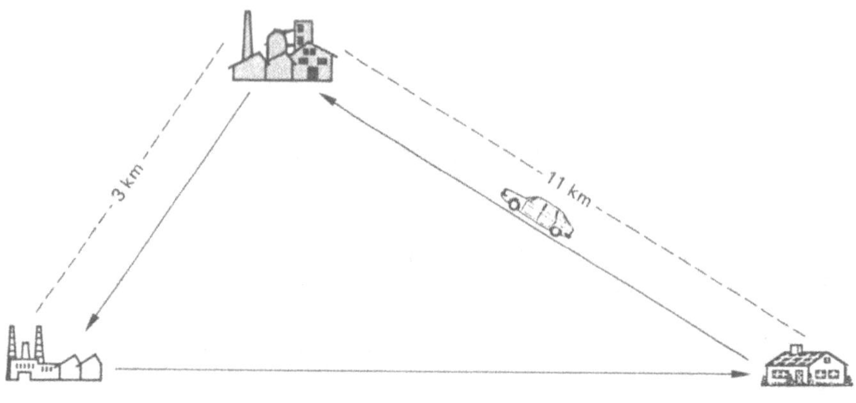

Ausgehend von der Überlegung, daß die „Entfernungskilometer" des §9 Abs. 1 Nr. 4 EStG gedanklich der Hälfte der tatsächlich gefahrenen Kilometer entspricht, wird in diesem Falle die Hälfte der tatsächlich gefahrenen Kilometer berechnet

(hier: $(11 + 3 + 12) : 2 = 13$ km)

und der weiteren Ausrechnung für die Werbungkosten zwischen Wohnung und regelmäßiger Arbeitsstätte zugrunde gelegt:

13 Entf.km × 0,36 DM × Anzahl der Fahrten

4.4.4.8 Behandlung von Fahrgemeinschaften

Fahrgemeinschaften bestehen aus miteinander bekannten Personen (meistens Arbeitnehmern), welche entweder die gleiche regelmäßige Arbeitsstätte haben oder deren regelmäßige Arbeitsstätten nicht weit voneinander entfernt sind und die gemeinsam in einem Kraftfahrzeug dorthin fahren.

Dabei treffen sich diese Personen entweder an einer verabredeten Stelle oder sie holen sich gegenseitig ab, wobei unter Umständen Umwege gefahren werden müssen.

3 Fälle sind denkbar:

4.4.4.8.1 Ein Pkw-Besitzer nimmt andere kostenlos mit

a) Pkw-Besitzer
Die Werbungskosten werden wie folgt ermittelt: Zahl der Arbeitstage × Entfernungskilometer × Pauschsatz = WK

b) Mitfahrer
Hier sind keine Werbungskosten entstanden, da es am Tatbestandsmerkmal „Aufwendungen“ fehlt.

4.4.4.8.2 Abwechselnde Mitnahme

Die Mitglieder der Fahrgemeinschaft nehmen sich in einem bestimmten Rhythmus (meistens wöchentlich) abwechselnd gegenseitig in ihrem Kraftfahrzeug mit.

Jedes Mitglied dieser Fahrgemeinschaft erhält die Pauschbeträge für **die** Fahrten, die es mit **seinem** Kraftfahrzeug durchgeführt hat. Für jeden einzelnen ist also die Zahl der Arbeitstage zu ermitteln, an denen **er** gefahren ist. Sollten beim „Einsammeln“ der Mitglieder der Fahrgemeinschaft Umwege gefahren werden, sind diese bei der Berechnung der Entfernungskilometer steuerlich zu beachten, wenn der weiter entfernt wohnende Mitfahrer keinen Geldausgleich leistet.

Sollten die Mitglieder einer Fahrgemeinschaft am Jahresende gegenseitige (Geld-)Verrechnungen vornehmen, so sind hieraus keine steuerlichen Folgen abzuleiten, es sei denn, einer ist mehr und der andere ist weniger gefahren. Zahlungen für Spitzenausgleich sind wie Zahlungen bei entgeltlicher Mitnahme zu behandeln.

4.4.4.8.3 Gemeinschaftliches Kfz

Die Mitglieder der Fahrgemeinschaft haben sich ein gemeinsames Kraftfahrzeug gekauft und fahren damit zu ihren regelmäßigen Arbeitsstätten.

Der Pauschbetrag für die Benutzung des Kraftfahrzeuges ist hier entsprechend dem Antrag der Beteiligten aufzuteilen. Fehlen diese Angaben, so teilt das Finanzamt den Pauschbetrag nach der Kopfzahl der Fahrgemeinschaftsmitglieder auf.

Benutzen mehrere Miteigentümer das Fahrzeug **getrennt** zu Fahrten zwischen Wohnung und Arbeitsstätte, steht jedem Miteigentümer der volle Pauschbetrag zu.

4.4.4.9 Entgeltliche Mitnahme von Dritten

Auch hier handelt es sich um eine Fahrgemeinschaft; von den unter 4.4.4.8.2 Besprochenen unterscheidet sie sich aber dadurch, daß dort (bis auf geringfügige Verrechnungen) kein Geld gezahlt wird, daß aber hier nur einer das Kraftfahrzeug zur Verfügung stellt (Kfz-Halter) und die anderen zahlen die sog. „Mitfahrerentschädigung“.

a) Behandlung des Kfz-Halters
   Für den Kfz-Halter werden die Werbungskosten nach § 9 Abs. 1 Nr. 4 EStG wie üblich ermittelt:

Arbeitstage × Entfernungskilometer × Pauschsatz = Werbungskosten.

Der Einnahmeüberschuß aus der Mitfahrerentschädigung und den anteilig auf die Mitfahrer entfallenden Kfz-Kosten gehört bei ihm zu den sonstigen Einkünften nach § 22 Nr. 3 EStG; sofern sie unter 500 DM im Jahr bleiben, werden sie nach dieser Vorschrift nicht besteuert.

b) Behandlung der Mitfahrer
   Die von jedem Mitfahrer an den Kfz-Halter gezahlten Mitfahrerentschädigungen sind Aufwendungen für Fahrten zwischen Wohnung und Arbeitsstätte. Sie werden in voller Höhe als Werbungskosten berücksichtigt.

4.4.4.10 Tägliche Fahrten von Arbeitnehmern mit ständig wechselnden Einsatzstellen (die zugleich regelmäßige Arbeitsstätten sind)

1. Fahrten mit eigenem Kraftfahrzeug

Da es sich um Fahrten zwischen Wohnung und Arbeitsstätte handelt, werden sie grundsätzlich nach den Vorschriften des § 9 Abs. 1 Nr. 4 EStG abgerechnet.

Eine Ausnahme gilt, wenn die betreffende Einsatzstelle mehr als 30 km von der Wohnung des Arbeitnehmers entfernt ist, Abschn. 24 Abs. 4 Nr. 3 Satz 6 LStR.

Für die ersten drei Monate eines Einsatzes an einer solchen Einsatzstelle darf der Arbeitnehmer die tatsächlich gefahrenen Kilometer mit den nachgewiesenen **tatsächlichen Kosten** abrechnen, weil diese Fahrten einen dienstreiseähnlichen Charakter haben (siehe Merkmal 1 für die Anerkennung einer ständig wechselnden Einsatzstelle).

Sollte ihm die Abrechnung der tatsächlichen Kosten nicht möglich sein, darf er die Kilometersätze des Abschn. 25 Abs. 7 Nr. 3 der LStR in Anspruch nehmen (Abschn. 24 Abs. 4 Nr. 3 LStR). Weitere Erläuterungen siehe HMdF-Erlaß vom 16. 2. 79 – S 2351 A – 10 – II B 21.

Nach Ablauf der 3-Monats-Frist werden die Werbungskosten für Fahrten zwischen Wohnung und Einsatzstelle nach § 9 (1) Nr. 4 EStG abgerechnet.

Der angesprochene Dreimonatszeitraum wird in sinngemäßer Anwendung von Abschn. 25 Abs. 3 Nrn. 1–4 und 7 LStR berechnet (Abschn. 24 Abs. 4 Nr. 3 letzter Satz LStR).

Auf die geltende Sonderregelung für Körperbehinderte, deren Werbungskosten nicht nach § 9 Abs. 1 Nr. 4 EStG, sondern nach § 9 Abs. 2 EStG berechnet werden, sei hier hingewiesen. Für diesen Personenkreis ist der Dreimonatszeitraum zur Abrechnung der tatsächlichen Kosten für die Benutzung des Pkw unbedeutend.

2. Fahrten mit öffentlichen Verkehrsmitteln

Ohne Rücksicht auf zeitliche Begrenzung können die tatsächlich entstandenen und nachgewiesenen (oder glaubhaft gemachten) Aufwendungen (Kosten für Fahrkarten usw.) als Werbungskosten angesetzt werden.

Bei nicht täglicher Heimfahrt zur Wohnung siehe Kap. 4.4.10

Hierzu die entsprechende Übersicht:

Berechnung der Fahrkosten beim Einsatz an ständig wechselnder Einsatzstelle, die zugleich regelmäßige Arbeitsstätte ist, wenn der Arbeitnehmer täglich nach Hause fährt

- bei Benutzung öffentlicher Verkehrsmittel
  - → tatsächliche Kosten öffentl. Verkehrsmittel
- bei Benutzung eines Kraftfahrzeuges
  - nicht körperbehindert i.S. des § 9 (2) EStG
    - Beschäftigung in einer Entfernung bis 30 km
      - → Entferungs-km × Pausch-Satz des § 9 (1) 4 EStG × Arbeitstage
    - Beschäftigung in einer Entfernung von mehr als 30 km
      - 1.–3. Monat
        - mit Nachweis → anteilige tatsächliche Kosten des Kfz
        - ohne Nachweis → tatsächl. gefahr. km × km-Satz aus Abschn. 25 Abs. 7 Nr. 3 LStR, A. 24 (4) Nr. 3 Berechn. des 3-Monats-ZR: sinngem. Anwend. v. A. 25 (3) Nr. 1–4 u. 7 LStR (A. 24 (4) Nr. 3 Satz 7 LStR)
      - ab 4. Monat → Entfernungs-km × Pausch-Satz aus § 9 (1) Nr. 4 EStG
  - körperbehindert i.S. des § 9 (2) EStG
    - → anteilige tatsächliche Kosten des Kfz; ersatzweise: gefahrene km × km-Satz aus Abschn. 25 Abs. 7 Nr. 3 LStR

4.4.4.11 Unfallkosten

Mit den Pauschsätzen des §9 Abs. 1 Nr. 4 Satz 2 EStG sind alle vorhersehbaren laufenden Kosten für die Benutzung des Kraftfahrzeuges für Fahrten zwischen Wohnung und regelmäßiger Arbeitsstätte abgegolten.

Dazu zählen die Aufwendungen für

- Treibstoffe (Benzin, Diesel, Gas)
- Schmierstoffe (Öl, Fett)
- Kfz-Reifen (Sommer-, Winter-)
- Reparaturen
- Pflegekosten
- Wartung/Inspektionen

- Versicherung incl. Kasko- u. Rechtsschutz
- Kfz-Steuer
- Garagenmiete
- Parkgebühren
- anteilige Zinsen für Darlehen beim Autokauf
- Absetzung für Abnutzung

Dies alles sind Aufwendungen, die jeden Kfz-Halter bei normalem Betrieb des Fahrzeuges treffen. **Nicht** erfaßt mit den Pauschsätzen des § 9 Abs. 1 Nr. 4 EStG werden daher die **außergewöhnlichen Kosten**.

Diese können, wenn sie beruflich veranlaßt waren, zusätzlich zu den Kilometerpauschalen als Werbungskosten abgesetzt werden.

Als solche kommen in Frage:

a) Unfallkosten
Erleidet ein Arbeitnehmer auf einer beruflich veranlaßten Fahrt einen Unfall, kann er die damit im Zusammenhang stehenden Kosten als Werbungskosten geltend machen. Beruflich veranlaßt sind Fahrten zwischen Wohnung und Arbeitsstätte sowie Fahrten bei Dienstreisen und Dienstgängen. Nicht beruflich veranlaßt sind die Mittagsheimfahrten, für die auch ein Ansatz der Kilometerpauschale nicht in Frage kommt (z. B. Mittagsheimfahrten ohne vierstündige Unterbrechung der Arbeitszeit, Umwegfahrten wegen entgeltlicher Mitnahme Dritter, sog. Leerfahrten im Beisp. 4.4.4.6.5 u. dgl.).

Bei Unfällen, die dadurch zustande gekommen sind, daß der Arbeitnehmer gegen Verkehrsvorschriften verstoßen hat, ist nicht ohne weiteres anzunehmen, daß keine berufliche Veranlassung vorliegt. Wenn z. B. ein Arbeitnehmer zu schnell gefahren ist, weil er sich zum Dienstantritt verspätet hatte, und dabei in einen Unfall verwickelt wurde, ist der Unfall beruflich bedingt.

Allerdings tritt auch bei Fahrten, die normalerweise beruflich bedingt sind (wie z. B. die abendliche Heimfahrt) unter Umständen die private Veranlassung so stark hervor, daß sie den beruflichen Anlaß vollständig verdrängt:

- bei Fahrten unter Alkoholeinfluß
- bei „Rachehandlungen“ an anderen Verkehrsteilnehmern
- bei Schnelligkeitsvorführungen an den (die) Beifahrer(in) um diese/diesen zu beeindrucken

b) Kosten für einen Austauschmotor/Austauschgetriebe. Wenn in ein Kraftfahrzeug ein Austauschmotor eingebaut werden muß, ist dies meistens ein ganz normaler Vorgang, der unter den Begriff der „Reparaturen“ fällt und mit den Pauschsätzen des § 9 Abs. 1 Nr. 4 EStG abgegolten ist.

Aufwendungen für einen Austauschmotor können also nur dann anteilig als Werbungskosten abgezogen werden, wenn es sich um etwas Außergewöhnliches handelt – und das ist dann der Fall, wenn ein Motorschaden kurze Zeit nach Ablauf der Garantiezeit auf einer beruflich bedingten Fahrt eintritt, also nach außergewöhnlich kurzer Laufzeit.

Wenn dem **Grunde** nach feststeht, daß die Aufwendungen für den Unfall oder den Austauschmotor als Werbungskosten anzusetzen sind, ist die **Höhe** der Werbungskosten wie folgt zu ermitteln:

a) Beseitigung des Schadens durch eine Kfz-Reparatur-Werkstatt.

Reparatur-Rechnungs-Betrag
\+ Rechnungs-Betrag für die Beseitigung des Schadens an sonstigen Wirtschaftsgütern (z. B. Kleidung)
\+ Schadenersatzleistungen, die der Arbeitnehmer (wegen seines Schadensfreiheitsrabattes) unter Verzicht auf die Inanspruchnahme seiner gesetzlichen Haftpflichtversicherung selbst getragen hat
\+ Folgekosten wie
  - Prozeßkosten
  - Krankheitskosten
  - Telefonkosten
  - Portokosten
  - Taxikosten

\+ Absetzung für außergewöhnliche technische Abnutzung

= Zwischensumme
./. Ersatzleistungen Dritter (Haftpflicht, Vollkasko, Kasko, Beihilfen)

= anzusetzende Werbungskosten

b) Nichtbeseitigung des Schadens wegen
- Neukauf eines Kfz
- Eigenreparatur

Zeitwert des Kfz **vor** dem Unfall → (durch Gutachten ermittelt)
./. Zeitwert des Kfz **nach** dem Unfall → (durch Gutachten ermittelt)

= Zwischensumme
./. Ersatzleistungen Dritter

= anzusetzende Werbungskosten

Auf keinen Fall dürfen die in einem **Kostenvoranschlag** aufgeführten voraussichtlichen Kosten als Werbungskosten angesetzt werden, weil dabei das Tatbestandsmerkmal „Aufwendungen“ nicht erfüllt ist.

4.4.4.12 Ersatz oder Übernahme der Aufwendungen durch den Arbeitgeber

Viele Arbeitgeber ersetzen ihren Arbeitnehmern die Fahrkosten zur regelmäßigen Arbeitsstätte ganz oder zum Teil. Diese Zahlungen stellen grundsätzlich Arbeitslohn dar. Da der Arbeitnehmer aber im Gegenzug die Aufwendungen für die Fahrten zwischen Wohnung und Arbeitsstätte als Werbungskosten geltend machen kann, werden die Zahlungen des Arbeitgebers steuerfrei belassen, wenn sie die Beträge nicht übersteigen, die der Arbeitnehmer als Werbungskosten geltend machen könnte.

Diese Folge für den Arbeitnehmer ergibt sich aus der Anwendung des § 3c EStG, der – übersetzt für den vorliegenden Fall – besagt:

Soweit die Ausgaben des Steuerpflichtigen für Fahrten zwischen Wohnung und regelmäßiger Arbeitsstätte in unmittelbarem wirtschaftlichen Zusammenhang mit dem steuerfreien Fahrkostenzuschuß stehen, dürfen sie nicht als Werbungskosten abgezogen werden.

Danach gibt es 3 Möglichkeiten:

a) Der Arbeitgeber ersetzt einen Teil des Betrages, den der Arbeitnehmer als Werbungskosten geltend machen könnte
   - der Zuschuß ist steuerfrei
   - die Werbungskosten errechnen sich wie folgt:
     Betrag, der geltend gemacht werden könnte
     ./. Zuschuß
     = Werbungskosten

b) Der Arbeitgeber ersetzt den Betrag, den der Arbeitnehmer als Werbungskosten geltend machen könnte, in voller Höhe
   - der Zuschuß ist steuerfrei
   - der Arbeitnehmer hat keine Werbungskosten

c) Der Zuschuß des Arbeitgebers ist höher als der Betrag, den der Arbeitnehmer als Werbungskosten geltend machen könnte
   - der Zuschuß ist bis zur Höhe der möglichen Werbungskosten steuerfrei, der darüber hinausgehende Betrag ist steuerpflichtig
   - der Arbeitnehmer hat keine Werbungskosten

4.4.5 Aufwendungen für Arbeitsmittel einschl. AfA

Nach dem Wortlaut des §9 Abs. 1 Nr. 6 EStG liegen Werbungskosten vor bei
1. Aufwendungen
   für
2. Arbeitsmittel.

zu 1.
Aufwendungen sind Güter in Geld oder Geldeswert, die beim Steuerpflichtigen abgeflossen (objektiv meßbare Vermögensminderung durch Abgang aus eigenem Vermögen) sind.

Der häufigste Fall des Zustandekommens von Aufwendungen ist sicherlich der Abfluß von Geld.

zu 2.
Bei Arbeitsmitteln handelt es sich in erweitertem Sinne um Gegenstände, deren Benutzung oder Verwendung zur Erzielung von Arbeitslohn dient.

Das sind Gegenstände
a) – die von ihrer Verwendbarkeit (Funktion) der Berufsausübung des Arbeitnehmers fast ausschließlich dienen können
   und
b) – die der Arbeitnehmer auch tatsächlich fast ausschließlich in seinem Beruf einsetzt.

Sind Arbeitsmittel nach ihrer tatsächlichen Nutzung sowohl für berufliche als auch für private Zwecke bestimmt, ist nach den unter Ziff. 4.2 (Seite 42f.) genannten Grundsätzen zu verfahren.

4.4.5.1 Arbeitsmittel

a) typische Berufskleidung
   Jeder Arbeitnehmer trägt bei der Ausübung seines Berufes irgendeine Kleidung und befriedigt damit ein allgemeines menschliches Bedürfnis. Die Kosten für die Kleidungsstücke (Anschaffung, Reparatur, Reinigung) können als Werbungs-

kosten angesetzt werden, wenn es sich um Kleidung handelt, die der Arbeitnehmer fast ausschließlich für berufliche Zwecke nutzt und die von ihrem Verwendungszweck her nur ausschließlich beruflichen Zwecken dienen kann.

Daraus ergibt sich, daß mit der in § 9 Abs. 1 Nr. 6 EStG erwähnten „Berufskleidung“ nur die **typische Berufskleidung** gemeint sein kann. Als solche kommt in Frage:

Schutzhandschuhe, Schutzbrille, Schutzhelme, Monteuranzüge, Uniformen, Koch-Jacken usw., soweit diese Gegenstände nicht vom Arbeitgeber zur Verfügung gestellt und bezahlt werden.

Die Anschaffung sogenannter „bürgerlicher Kleidung“ hingegen führt nicht zum Werbungskostenabzug, wie der Bundesfinanzhof in BStBl 1980 II S. 75ff. ausführt:

„Auch wenn die Kleidung **nur bei der Berufsausübung** getragen wird, ist Veranlassung hierfür nicht nur der Beruf. Bürgerliche Kleidung würde auch getragen werden, wenn der jeweilige Beruf nicht ausgeübt würde, während z. B. – und hier zeigt sich der Unterschied zur typischen Berufskleidung – der Arzt den weißen Mantel, der Soldat die Uniform, der Kellner den Frack ohne den entsprechenden Beruf nicht tragen und sich nicht anschaffen würde. Während bei den letztgenannten Personen also der Beruf die Veranlassung gibt für die entsprechenden Anschaffungskosten, ist dies bei denjenigen, die lediglich bürgerliche Kleidung tragen, nicht der Fall. Dabei kann es keine Rolle spielen, ob sie infolge ihres Berufs gerade diese, ohne den Beruf aber andere bürgerliche Kleidung tragen würden. Gerade hier wird die Funktion des § 12 Nr. 1 Satz 2 EStG im Dienst der steuerlichen Gerechtigkeit besonders deutlich. Denn es soll nach den vom Großen Senat gefundenen Auslegungsgrundsätzen ausgeschlossen sein, je nach Art des im Einzelfall ausgeübten Berufs mit Erfolg geltend machen zu können, ohne den Beruf würde man die tatsächlich verwendete (aufwendige) Kleidung nicht benötigen und nicht anschaffen, der überwiegende, etwa über die Anschaffungskosten von Jeans und Pullover hinausgehende Bekleidungsaufwand sei also beruflich veranlaßt.“

b) Fachliteratur
Fachliteratur ist das Werkzeug derjenigen Arbeitnehmer, die vorwiegend geistig arbeiten. Unter dem Begriff der Fachliteratur fällt alles Geschriebene in Büchern, Fachzeitschriften und Loseblattwerken. Auch hier muß der Arbeitnehmer die Fachliteratur fast ausschließlich für berufliche Zwecke nutzen und die Literatur muß so ausgelegt sein, daß sie nur seinen beruflichen Zwecken dienen kann. Beispielhaft kann hier die für einen Finanzbeamten in Frage kommende Fachliteratur aufgezählt werden:
NWB, Steuer-Lexikon, Blaue Reihe, Grüne Reihe, Lohnsteuertabellen, Kommentare u.a.m. Keine Fachliteratur sind: Tageszeitungen, Illustrierte, allgemeinbildende Lexika.

c) Werkzeuge
Neben den Kosten für Fachliteratur fallen unter den Werbungskostenbegriff selbstverständlich auch alle Werkzeuge im eigentlichen Sinne: Maurerkelle, Wasserwaage, Bohrmaschine, Hammer, Säge usw., aber auch: Schreibmaschine, Computer u.ä., soweit der Arbeitnehmer die Kosten hierfür selbst aufbringen muß. Weiterhin müssen diese Geräte vom Arbeitnehmer fast ausschließlich tatsächlich beruflich genutzt werden (nicht etwa beim Ausbau des eigenen Hauses)

und diese Geräte müssen von ihrer Verwendbarkeit her geeignet sein, dem Beruf des Arbeitnehmers zu dienen.
Bei den in jüngster Zeit oftmals als Werbungskosten geltend gemachten Aufwendungen für die Anschaffung eines Computers sollten für eine zutreffende Abgrenzung zu den Kosten der Lebensführung folgende Ermittlungen angestellt werden:

Das **Fabrikat** ist oftmals ein Hinweis auf einen „Spielcomputer", ebenso wie die Tatsache, daß nur ein Gerät mit Monitor ohne Drucker angeschafft wurde. Die entscheidenden Hinweise wird man aber erst erhalten, wenn ermittelt wurde, welche Software der Steuerpflichtige bei der Benutzung seines Computers einsetzt. Sollte die Software nämlich zu einem nicht unerheblichen Teil aus Spielen bestehen (Schach, Pac Man, Weltraumkampf u.ä.) wird eine Aufteilung der Kosten nach objektiven Merkmalen und Gesichtspunkten wohl nicht möglich sein, so daß die Aufwendungen für die Anschaffung des Computers nicht als Werbungskosten anerkannt werden können.

4.4.5.2 AfA

Bei Arbeitsmitteln erstreckt sich die Verwendung oder Nutzung zur Erzielung von Einnahmen auf eine längere Zeit, oft über mehrere Jahre.

Die Aufwendungen für die Arbeitsmittel sind deshalb im Wege der AfA auf die Kalenderjahre der Nutzung zu verteilen (§ 9 Abs. 1 Nr. 7 i. V. m § 7 Abs. 1 EStG) und in jedem dieser Kalenderjahre anteilmäßig als Werbungskosten anzusetzen. Die Verwaltung ist jedoch aus Vereinfachungsgründen damit einverstanden, daß die Kosten für die Anschaffung von Arbeitsmitteln im Jahr der Verausgabung in voller Höhe als Werbungskosten angesetzt werden können, wenn die Anschaffungskosten für das einzelne Arbeitsmittel (einschl. Umsatzsteuer) bis zu 800,— DM betragen (Abschn. 30 Abs. 3 Satz 1 LStR).

Sofern AfA berechnet wird (bei Anschaffungskosten über 800 DM), ist diese vom Tag der Anschaffung an* bis zum Ende des Kalenderjahres grundsätzlich zeitanteilig zu berechnen.

4.4.5.3 Vereinfachungsregelungen

Die unter Umständen zeitaufwendige Zeitanteilsberechnung für die AfA wird durch eine Vereinfachungsregelung in Abschn. 30 Abs. 3 Satz 3 LStR (die der Regelung des Abschn. 43 Abs. 7 EStR entspricht) vermieden. Danach kann im Jahr der Anschaffung für die im ersten Halbjahr angeschafften Arbeitsmittel der volle Jahres-AfA-Betrag und für die im zweiten Halbjahr angeschafften Arbeitsmittel der halbe Jahres-AfA-Betrag als Werbungskosten abgezogen werden.

Somit ergibt sich bei der Anschaffung von Arbeitsmitteln folgende Übersicht:

* (beachte: nicht vom Tag der Bezahlung an!)

Abzugsfähigkeit der Ausgaben für Arbeitsmittel

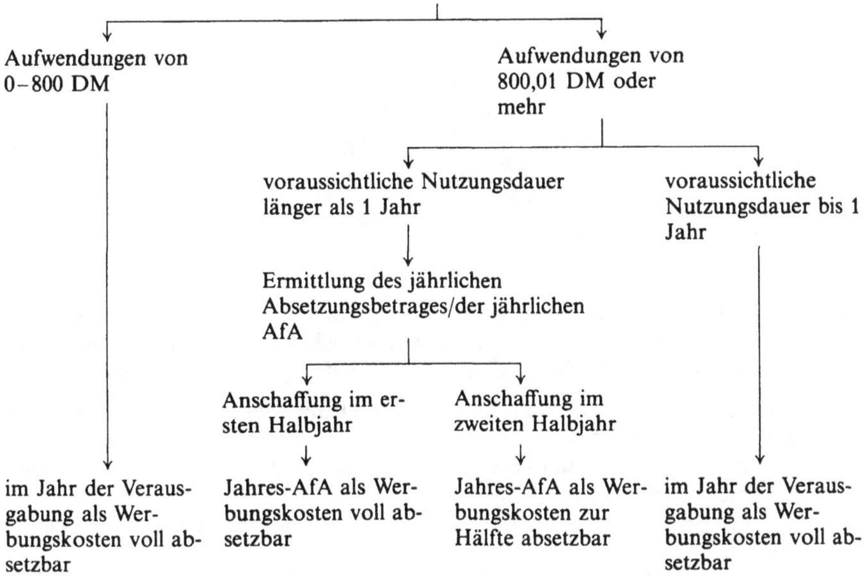

Als weitere Vereinfachung sei für den Bereich des Landes Hessen auf die Verfügungen der OFD Frankfurt/Main S 2260 A vom 19. Febr. 1969 und vom 26. Nov. 1979 hingewiesen:

Betr.: Vereinfachung des Nachweisverfahrens für die Zwecke der ESt-Veranlagung und des LSt-Verfahrens

Im Hinblick darauf, daß bei Durchführung der ESt-Veranlagungen und im Rahmen des LSt-Verfahrens hinsichtlich der Vorlage von Belegen seitens der Stpfl. keine einheitliche Handhabung besteht, ordne ich hierdurch mit sofortiger Wirkung die nachstehende Vereinfachung des Nachweisverfahrens für die Zwecke der ESt-Veranlagung und des LSt-Verfahrens an:

I. Einheitliche Verfahrensweise für Zwecke der Einkommensteuer und der Lohnsteuer

A) Werbungskosten

Für die von den Stpfl. geltend gemachten Werbungskosten besteht grundsätzlich kein Belegzwang. Auf eine Erläuterung der Aufwendungen kann jedoch nicht verzichtet werden.
Eine Vorlage von Belegen soll jedoch verlangt werden, wenn Aufwendungen geltend gemacht werden für

1. Arbeitsmittel (typische Berufskleidung, Fachliteratur usw.) von mehr als 150,— DM jährlich.
2. ...
3. ...

4.4.6 Aufwendungen für ein häusliches Arbeitszimmer

Viele Arbeitnehmer sehen sich veranlaßt, sich **in** ihrer Wohnung ein Zimmer zum ungestörten Arbeiten einzurichten oder sich ein solches Zimmer **in der Nähe** ihrer Wohnung anzumieten. Die Gründe dafür sind vielfältig, beispielsweise

- haben Lehrer in ihren Schulen meistens keine Dienstzimmer und wollen sich zu Hause auf den Unterricht vorbereiten
- kann ein Richter einen wesentlichen Teil seiner Arbeiten innerhalb der gewöhnlichen Arbeitszeit zu Hause erledigen
- benötigen leitende Angestellte u. U. für vertrauliche Besprechungen einen geeigneten Raum
- erledigen „Reisende“ ihre Büroarbeiten in einem solchen Zimmer

4.4.6.1 Aufwendungen für Räume

Lohnsteuerlich besteht das Problem darin, zu entscheiden, ob die dem Arbeitnehmer für diesen Raum entstandenen Aufwendungen beruflich veranlaßt und damit Werbungskosten sind. Dabei ist nach bekannten Grundsätzen **nicht** zu prüfen, ob der Arbeitnehmer ein solches Zimmer wirklich braucht (Frage der Notwendigkeit, wenn dem Arbeitnehmer beispielsweise an einer Dienststelle ein Dienstzimmer zur Verfügung steht).

Da sich aber sowohl ein Raum in der eigenen Wohnung als auch ein angemieteter Raum nicht nur für berufliche Zwecke, sondern auch für Wohnzwecke eignet, muß das Finanzamt nach den Grundsätzen der Abgrenzung zwischen Werbungskosten und Kosten der privaten Lebensführung (siehe Tz 4.2) einige Ermittlungen anstellen.

Von seiten des Finanzamts kann dabei keine Überwachung der tatsächlichen Benutzung des betreffenden Zimmers erfolgen. Deshalb wird versucht, anhand von Beweisanzeichen in einer Gesamtwürdigung der Verhältnisse festzustellen, ob das Zimmer so gut wie ausschließlich für berufliche Zwecke benutzt wird.

Die Frage kann nur anhand objektiver Merkmale beurteilt werden.

Beweisanzeichen sind:

- Benutzungsdauer und -häufigkeit. Ist die berufl. Inanspruchnahme zeitlich gering, erlangt die üblicherweise anfallende private Benutzung (z. B. privater Schriftverkehr) einen höheren Stellenwert. U. U. ist die private Benutzung bei geringer beruflicher Verweildauer nicht mehr von untergeordneter Bedeutung.
- Größe der übrigen Wohnung im Verhältnis zur Zahl der Familienmitglieder. Bleibt der Familie für das private Wohnbedürfnis kein genügender Raum zur Verfügung, spricht dies für eine nicht untergeordnete private Mitbenutzung.

- Lage des Arbeitszimmers. Die räumliche Trennung von der übrigen Wohnung läßt eine private Mitbenutzung unwahrscheinlich werden. Ist der Raum zwangsläufig zu durchqueren, um zu den anderen Privaträumen zu gelangen, ist die private Mitbenutzung nicht von untergeordneter Bedeutung.
- Einrichtung. Ist das Arbeitszimmer wie ein privater Wohnraum eingerichtet, so läßt dies Rückschlüsse auf die beabsichtigte Nutzung zu.

Zur Beurteilung, ob ein Raum als Arbeitszimmer anzusehen ist, ist auf den Raum als Ganzes abzustellen. Ist ein Raum nur optisch oder durch Raumteiler in Wohn- und Arbeitsbereich getrennt, ist der Raum als Ganzes kein Arbeitszimmer.

Die hessische Finanzverwaltung verwendet zur Ermittlung dieser Sachverhalte Vordrucke (s. Seite 76–78).

Ist festgestellt worden, daß ein Raum fast ausschließlich beruflich genutzt wird, sind die hierauf entfallenden Kosten Werbungskosten.

Die gesamten Wohnungskosten lassen sich in privat oder beruflich veranlaßte Kosten trennen. Aufteilungsmaßstab ist die Wohnfläche im Verhältnis zur beruflich genutzten Fläche.

Bei den Kosten sind zu berücksichtigen nach dem Verhältnis der Nutzflächen (ESt-Kartei § 9 Karte 2 N Tz. 2.2):

- anteilige Miete
- anteilige Strom- und Wasserkosten
- anteilige Reinigungskosten
- anteilige Müllabfuhrkosten
- anteilige Grundsteuer, Versicherungs-Schornsteinfeger-gebühren
- Schönheitsreparaturen für das Arbeitszimmer

Wenn sich das Arbeitszimmer im eigengenutzten Haus befindet, gilt das gleiche; an dieser Stelle der Miete treten dann: AfA, Reparaturkosten, ggf. Zinsen.

Falls keine ausreichenden Belege vorliegen, können hierfür pro Jahr und Quadratmeter 20 DM angesetzt werden (ESt-Kartei Hessen § 9 Karte 2 N Tz. 2.4).

4.4.6.2 Aufwendungen für Einrichtungsgegenstände im Arbeitszimmer

Einrichtungsgegenstände sind nach den Grundsätzen für den Werbungskostenabzug bei Aufwendungen für Arbeitsmittel zu beurteilen.

In Frage kommen Kosten für die Anschaffung von

- Schreibtisch
- Lampe
- Stuhl
- Aktenschrank
- Gardinen
- Teppich
- Computer

die ggf. im Wege der AfA auf die Jahre der Nutzung verteilt werden müssen (siehe Tabelle Seite 73).

4.4.6.3 Einrichtungsgegenstände in Zimmern, die nicht als „Arbeitszimmer“ anzusehen sind

Ein Einrichtungsgegenstand kann auch dann ein Arbeitsmittel sein, wenn er in einem Zimmer steht, welches nicht fast ausschließlich für berufliche Zwecke benutzt

Hessen **Finanzamt**

Finanzamt . Postfach

Bearbeiter	Zimmer-Nummer	Telefon (0 66 23) 30 81	Nebengebäude
Steuernummer/Geschäftszeichen		Ihr Zeichen/Ihre Nachricht vom	Datum

Prüfung der Steuererklärung

Mandant

Sehr geehrte

Die Angaben in der folgenden Steuererklärung machen eine Rückfrage erforderlich.

Zeitraum/Stichtag

☐ Einkommensteuererklärung

☐ Antrag auf Lohnsteuer-Jahresausgleich

Sonstige

☐ Ich bitte Sie, sich zu dem auf der Rückseite aufgeführten Sachverhalt zu äußern.

☐ Ich bitte Sie, den beigefügten Vordruck auszufüllen und zurückzusenden. Das zweite Exemplar ist für Ihre Unterlagen bestimmt.

☐ Ich beabsichtige, von der Steuererklärung, wie auf der Rückseite dargestellt, abzuweichen. Sollte ich nichts von Ihnen hören, gehe ich davon aus, daß Sie der Abweichung zustimmen.

☐ Ich bitte Sie, die auf der Rückseite aufgeführten Unterlagen einzureichen.

Ich bitte um Erledigung bis zum nachstehenden Termin.

Termin

Eine Durchschrift dieses Schreibens füge ich zur Unterrichtung Ihres ☐ Bevollmächtigten ☐ Mandanten bei.

Wichtige Hinweise zu diesem Schreiben finden Sie auf der Rückseite.

Mit freundlichen Grüßen

Im Auftrag

☐ Anlage

Bitte geben Sie stets die Steuernummer, bei Zahlungen auch Steuerart und Zeitraum an. Sie erleichtern damit sich und uns die Arbeit. Vielen Dank.

Dienstgebäude
Weidenberggasse 11
Telefon (0 66 23) 30 81

Sprechstunden
Montag, Mittwoch
und Freitag von 8–12 Uhr

Bankverbindungen der Finanzkasse
Postscheck Kto. Frankfurt
817 40-603 (BLZ 500 100 60)

Landeszentralbank Kassel 520 015 04 (BLZ 520 000 00)
Sparkasse Bad Hersfeld-Rotenburg 50 000 012 (BLZ 532 500 00)

Steuernummer/Geschäftszeichen

Fragebogen – Aufwendungen für ein häusliches Arbeitszimmer

Aufwendungen für ein häusliches Arbeitszimmer können nur dann berücksichtigt werden, wenn feststeht, daß das Zimmer so gut wie ausschließlich für berufliche Zwecke benutzt wird.

Zur Prüfung, ob und in welcher Höhe die Voraussetzungen für eine steuerliche Berücksichtigung erfüllt sind, benötige ich zum Sachverhalt noch weitere Angaben. Bitte beantworten Sie daher die folgenden Fragen. Sollten Sie zu einzelnen Fragen bereits Angaben gemacht haben, erübrigt sich deren Beantwortung.

Bitte fügen Sie ferner bei: [1]

Bestätigung des Arbeitgebers, daß berufliche Arbeiten zuhause erledigt werden ☐

Eine Skizze der Wohnung ☐

[1]) Zutreffendes ist angekreuzt.

Zutreffendes bitte ankreuzen ⊗ oder ausfüllen

1 Kurze Darstellung der beruflich im Arbeitszimmer auszuführenden Tätigkeiten		
2 Zeit der durchschnittlichen beruflichen Nutzung in der Woche Stunden	davon entfallen auf Samstag und Sonntag Stunden	3 Tägliche Abwesenheit von der Wohnung (von – bis)
4 Nutzung zu anderen Zwecken ☐ nein	Beschreibung dieser Nutzung	

346b OFD Frankfurt am Main 12.83 UHT (208) 54321

5 Anzahl der Räume insgesamt ohne Küche und Bad/Toilette	6 Wohnungsgröße insgesamt	7 Größe des Arbeitszimmers	8 Größe des Wohnzimmers	9 Anzahl der Haushaltsmitglieder
Wohnzimmer / Arbeitszimmer sonstige zu Wohnzwecken genutzte Räume	m^2	m^2	m^2	

10 Ausstattung des Arbeitszimmers
(Gegenstände bitte einzeln unter Angabe der jeweiligen Anschaffungskosten aufführen).

11 Kostenbeteiligung des Arbeitgebers	monatlich
◯ nein	DM

Bitte fügen Sie der Rückantwort eine detaillierte Berechnung der auf das Arbeitszimmer anteilig entfallenden Kosten bei.
Ich versichere, daß ich die vorstehenden Angaben nach bestem Wissen und Gewissen gemacht habe.

Datum   Unterschrift

Zurück an Finanzamt

wird (z. B. Schreibtisch im Wohnzimmer), so daß also Werbungskosten für ein „Arbeitszimmer" abgelehnt werden müssen; die Kosten für den Einrichtungsgegenstand hingegen sind als Werbungskosten anzusetzen.

4.4.7 Mehraufwendungen für Beköstigung (Verpflegung) am Dienstort

Nach § 12 Nr. 1 EStG sind die für den Haushalt eines Steuerpflichtigen aufgewendeten Beträge – und das sind u.a. die Kosten für Verpflegung – nichtabzugsfähige Aufwendungen. Es wird aber nicht verkannt, daß einem Arbeitnehmer ausschließlich aus beruflichen Gründen Mehraufwendungen für Verpflegung entstehen können. Diese Mehraufwendungen werden zum Abzug als Werbungskosten ausnahmsweise zugelassen (§ 9 Satz 1 EStG).

Vor der Besprechung der Einzelheiten soll zunächst der Begriff der **Mehr**aufwendungen geklärt werden.

Man geht davon aus, daß ein Arbeitnehmer im Laufe eines Tages – wie jeder andere auch – etwas essen muß. Nur diejenigen Kosten, die über das übliche Maß hinausgehen, sind **Mehraufwendungen**.

Weil man zu Hause nichts gegessen hat, ist dort eine Ersparnis eingetreten; man nennt sie **Haushaltsersparnis**.

Der **Mehr**aufwand für Verpflegung errechnet sich also wie folgt (§ 5 Abs. 7 LStDV):

	tatsächliche Aufwendungen f. Verpflegung
./.	Haushaltsersparnis (1/5 der tats. Kosten; höchstens 6,— DM)
=	Mehraufwand für Verpflegung

4.4.7.1 Arbeitnehmer mit einer festen regelmäßigen Arbeitsstätte (auch: weiträumiges Arbeitsgelände)

Arbeitnehmern, deren regelmäßige Arbeitsstätte unschwer daran erkannt werden kann, daß sich der Arbeitnehmer auf Dauer immer wieder an den Mittelpunkt seiner beruflichen Tätigkeit begibt (in sein Büro, an seine Werkbank usw.), können unter folgenden Voraussetzungen Mehraufwendungen für Verpflegung geltend machen (§ 9 Abs. 1 Satz 1 EStG, Abschn. 22 Abs. 4 Nr. 1 LStR):

Dieser Arbeitnehmer muß

1. von der Wohnung
2. aus ausschließlich beruflichen Gründen

3. an einen Arbeitstag mehr als 12 Std.
4. abwesend sein

zu 1.
Die Wohnung ist der Mittelpunkt der familiären Interessen des Steuerpflichtigen (vgl. Kap. 4.4.4.1.2). Von dort aus geht er – im Normalfall – zur Arbeit und kehrt danach dorthin zurück.

zu 2.
Die Abwesenheit darf ihren Ursprung nicht darin haben, daß der Arbeitnehmer die Wohnung aus privatem Anlaß verlassen hat oder aus diesen Gründen länger als gewöhnlich unterwegs ist, z. B. für die Erledigung von Einkäufen oder weil der Arbeitnehmer auf dem Heimweg von der Arbeit noch ein paar Biere zu sich nimmt. Ein ausschließlich beruflicher Grund liegt aber vor, wenn der Arbeitnehmer einen langen Anfahrweg hat, wenn er Überstunden oder Sonderschichten machen muß, schlechte Verkehrsverbindungen hat oder wenn andere zwingende dienstliche Gründe seine Abwesenheit von der Wohnung rechtfertigen.

zu 3.
Die Dauer der Abwesenheit berechnet sich vom Verlassen der Wohnung (Schließen der Wohnungstür) bis zum Wiedereintreffen in der Wohnung.

Der Arbeitnehmer kann die Mehraufwendungen für Verpflegung für diejenigen Tage geltend machen, an denen er aus ausschließlich beruflichen Gründen länger als 12 Stunden ununterbrochen abwesend war. Das kann nur an einem Tag, aber auch an allen Tagen des Jahres der Fall sein.

zu 4.
Abwesend sein heißt: nicht in der Wohnung anwesend.

Höhe des Mehraufwandes

Pro Tag der über 12-stündigen Abwesenheit aus ausschließlich beruflichen Gründen wird der Mehraufwand für Verpflegung auf täglich 3,— DM geschätzt (Abschn. 22 Abs. 4 Nr. 1 LStR).

Diese Schätzung darf auch dann erfolgen, wenn der Arbeitnehmer die Möglichkeit hat, ein Essen verbilligt oder gar kostenlos einzunehmen (Abschn. 22 Abs. 5 Satz 1 LStR).

4.4.7.2 Arbeitnehmer mit ständig wechselnden Einsatzstellen (die zugleich regelmäßige Arbeitsstätte sind)

Ein Arbeitnehmer, der an ständig wechselnden Einsatzstellen beschäftigt ist, die zugleich seine regelmäßige Arbeitsstätte sind und der

- aus ausschließlich beruflichen Gründen
- mehr als 10 Stunden an einem Arbeitstag
- von seiner Wohnung
- abwesend ist

(Abschn. 22 Abs. 4 Nr. 2 LStR),

kann ohne Nachweis der entstandenen Kosten für die Mehraufwendungen für Verpflegung einen Pauschbetrag in Höhe von 5,— DM pro Tag in Anspruch nehmen (Abschn. 22 Abs. 4 Nr. 2 LStR), auch wenn er die Möglichkeit hat, ein Essen verbilligt oder gar kostenlos einzunehmen (Abschn. 22 Abs. 5 Satz 1 LStR).

Im Gegensatz zu den Regelungen bei den Fahrkosten, wo der Abzug der tatsächlichen Kosten für einen Zeitraum von 3 Monaten zugelassen wird, gibt es bei den Mehraufwendungen für Verpflegung diese zeitliche Begrenzung nicht (Abschn. 22 Abs. 4 Nr. 2 Satz 2 LStR).

Zur Lösung der folgenden Beispiele verwenden Sie bitte die Übersicht auf Seite 67.

Beispiel

Die regelmäßige Arbeitsstätte des Günther Gaus (G) befand sich bis zum 31.3.01 in Rotenburg. Ab dem 1.4.01 wurde er von seinem Arbeitgeber als Monteur an verschiedenen auswärtigen Baustellen eingesetzt. Seitdem wird der Kontakt mit der Firma telefonisch bzw. brieflich aufrecht erhalten.

Auf diesem Wege erhält G nunmehr seine fachlichen Anweisungen, die auch die Benennung der nächsten Baustelle einschließen. G hat das Glück, heimatnah eingesetzt zu sein, so daß er täglich mit seinem Pkw nach Hause fährt. Die dazugehörigen Orte usw. ergeben sich aus folgender Aufstellung:

Zeit	Ort	Entf. km	ArbTg.	Abwesenheitsdauer von der Wohnung
1.04.–30.06.	Melsungen	31	58	11 Std.
1.07.–31.07.	Urlaub			
1.08.–31.10.	Bad Hersfeld	24	65	10,5 Std.
1.11.–31.12.	Homberg	53	42	13 Std.

Die Einsatzorte sind jeweils mehr als 15 km voneinander und von der regelmäßigen Arbeitsstätte entfernt. G. beantragt, Mehraufwendungen für Verpflegung in Höhe der zulässigen Pauschbeträge anzurechnen.

- Die regelmäßige Arbeitsstätte von G. befand sich ab 1.4.01 nicht mehr in Rotenburg, denn er wurde dort in keinem Falle mehr tätig. G. war vielmehr an ständig wechselnden Einsatzstellen beschäftigt; jede dieser Einsatzstellen war zugleich seine regelmäßige Arbeitsstätte (Abschn. 25 Abs. 5 Satz 7 LStR).

Als Werbungskosten sind in diesem Falle dem Grunde nach abzugsfähig:
1. Fahrkosten
2. Mehraufwendungen für Verpflegung

Zu den Fahrkosten

Als Fahrkosten sind grundsätzlich die Kosten für Fahrten zwischen Wohnung und Arbeitsstätte gem. § 9 Abs. 1 Nr. 4 EStG abzurechnen. Für die ersten drei Monate eines jeden Einsatzes jedoch kann G. die ihm entstandenen tatsächlichen Kosten, ersatzweise die Km-Sätze aus Abschn. 25 Abs. 7 Nr. 3 LStR, geltend machen (Abschn. 24 Abs. 4 Nr. 3 LStR); das gilt aber nur für die Einsatzorte, die mehr als 30 km von der Wohnung entfernt liegen (Melsungen, Homberg). Für den Einsatz in Bad Hersfeld wird ausschließlich § 9 Abs. 1 Nr. 4 EStG angewendet.

Berechnung:

1. 58 Tg. × 62 km × 0,42 DM	=	1.510,32 DM
2. 65 Tg. × 24 km × 0,36 DM	=	561,60 DM
3. 42 Tg. × 106 km × 0,42 DM	=	1.869,84 DM
		3.941,76 DM
aufgerundet		3.942,— DM

Zu den Mehraufwendungen für Verpflegung

Verpflegungsaufwendungen sind grundsätzlich nichtabzugsfähige Kosten der Lebensführung (§ 12 EStG). **Mehr**aufwendungen können jedoch ausnahmsweise als Werbungskosten anerkannt werden, weil G aus ausschließlich beruflichen Gründen an allen Arbeitstagen des Einsatzes an ständig wechselnden Einsatzstellen mehr als 10 Stunden von seiner Wohnung abwesend war (Abschn. 22 Abs. 4 Nr. 2 LStR).

Berechnung:
165 Tage × 5,— DM = 825,— DM

Zusammenfassendes Beispiel:

Herbert Heuer ist Arbeitnehmer bei der Firma WV.
Er hatte im Kalenderjahr 04 einen Bruttojahresarbeitslohn in Höhe von 36.482,— DM.
Als Gewerkschaftsbeitrag hat er der IG Metall im Jahre 04 250,— DM überwiesen.
Seine Arbeitsstelle in Mittelheim hat er mit dem eigenen Kraftfahrzeug (Opel Fiesta) erreicht. Seine Wohnung in Rechtsdorf ist 51,6 km von der Arbeitsstätte entfernt. Herbert Heuer verläßt seine Wohnung morgens um 7.00 Uhr. Bei WV kommt er um 7.50 Uhr an und beginnt seinen Dienst um 8.00 Uhr. Seine Arbeitszeit ist um 19.00 Uhr beendet; er fährt dann unmittelbar nach Hause. Dort kommt er täglich um 19.55 Uhr an.

Herbert Heuer hatte im Jahre 04 bei einer 5-Tage-Woche 32 Tage Urlaub; krank war er nicht.
Herbert Heuer hat seine Mahlzeiten in der Betriebskantine bei WV eingenommen; einen Nachweis über die Kosten führt er nicht.

Wegen der Gefährdungen an seinem Arbeitsplatz hat er sich im Jahre 04 einen Schutzhelm, einen Schallschutz, ein Paar Sicherheitsschuhe und ein Paar Schweißhandschuhe für insgesamt 320,— DM gekauft.

Wie hoch sind seine Einkünfte aus nichtselbständiger Arbeit?

- Vom Bruttoarbeitslohn des Herbert Heuer sind zunächst der Weihnachtsfreibetrag (§ 19 Abs. 3 EStG) und der Arbeitnehmerfreibetrag (§ 19 Abs. 4 EStG) abzuziehen, weil H. H. Arbeitslohn bezogen hat.

Bruttojahresarbeitslohn	36.482,— DM
./. Weihnachtsfreibetrag	600,— DM
./. Arbeitnehmerfreibetrag	480,— DM
= Zwischensumme	35.402,— DM

Als Werbungskosten sind anzusetzen:

1. Beträge zum Berufsverband IG Metall
   gem. § 9 Abs. 1 Nr. 3 EStG: 250,— DM
2. Fahrten zwischen Wohnung und
   Arbeitsstätte gem. § 9 Abs. 1
   Nr. 4 EStG
   Entfernungskilometer aufger.: 52
   Zahl der Arbeitstage bei
   5-Tage-Woche:

   300
   ./. 52 Samstage
   ./. 32 Tage Url.

   216 Arbeitstage
   Pauschsatz: 0,36 DM
   52 km × 216 Arb.tage × 0,36 DM
   (aufgerundet) = 4.044,— DM
3. Aufwendungen für Arbeitsmittel
   gem. § 9 Abs. 1 Nr. 6 EStG 320,— DM
4. Mehraufwendungen für Verpflegung
   gem. A. 22 Abs. 4 Nr. 1 LStR
   216 Arb.tg. × 3,— DM 648,— DM

Summe der Werbungskosten 5.262,— DM

Einkünfte aus nichtselbständiger Arbeit 30.140,— DM

4.4.7.3 Ersatz durch den Arbeitgeber

Neben dem Ersatz von Fahrtkosten (s. Tz. 4.4.4.12) ersetzen einige Arbeitgeber ihren Arbeitnehmern auch Verpflegungsmehraufwendungen wegen einer Abwesenheit von mehr als 10 bzw. 12 Stunden von der Wohnung aus ausschließlich beruflichen Gründen. Auch diese Zahlungen stellen grundsätzlich Arbeitslohn dar; da der Arbeitnehmer aber die Aufwendungen gleichzeitig als Werbungskosten ansetzen kann, werden die Zahlungen des Arbeitgebers steuerfrei belassen, wenn sie die Beträge von 3 bzw. 5 DM nicht übersteigen, die der Arbeitnehmer als Werbungskosten geltend machen könnte. Diese Folge für den Arbeitnehmer ergibt sich aus der Anwendung des § 3c EStG, der – übersetzt für den vorliegenden Fall – besagt:

Soweit die Ausgaben des Steuerpflichtigen für Mehraufwendungen für Verpflegung in unmittelbarem wirtschaftlichem Zusammenhang mit dem steuerfreien Ersatz dieser Mehraufwendungen stehen, dürfen sie nicht als Werbungskosten abgezogen werden.

Danach gibt es 3 Möglichkeiten:

a) Der Arbeitgeber ersetzt einen Teil des Betrages, den der Arbeitnehmer als Werbungskosten geltend machen könnte

- der Zuschuß ist steuerfrei
- die Werbungskosten errechnen sich wie folgt:

	Betrag, der geltend gemacht werden könnte
./.	Zuschuß
=	Werbungskosten

b) Der Arbeitgeber ersetzt den Betrag, den der Arbeitnehmer als Werbungskosten geltend machen könnte, in voller Höhe
   - der Zuschuß ist steuerfrei
   - der Arbeitnehmer hat keine Werbungskosten

c) Der Zuschuß des Arbeitgebers ist höher als der Betrag, den der Arbeitnehmer als Werbungskosten geltend machen könnte.
   - der Zuschuß ist bis zur Höhe der möglichen Werbungskosten steuerfrei, der darüber hinausgehende Betrag ist steuerpflichtig
   - der Arbeitnehmer hat keine Werbungskosten

4.4.8 Reisekosten

4.4.8.1 Begriff

Bei den beruflich bedingten Reisekosten handelt es sich begrifflich um alle Kosten, die durch eine Dienstreise oder die durch einen Dienstgang unmittelbar verursacht werden. Das können sein:

1. Fahrtkosten (öffentl. Verkehrsmittel, eigener Pkw)
2. Übernachtungskosten
3. Mehraufwand für Verpflegung
4. Nebenkosten (Gepäck, Telefon usw.)

Nicht zu den Reisekosten gehören die mittelbaren Kosten, wie z. B. die Kosten für die Anschaffung von Wäsche oder für die Anschaffung eines Koffers (Abschn. 25 Abs. 1 Satz 6 LStR).

4.4.8.2 Wechsel der regelmäßigen Arbeitsstätte; 3-Monat-Zeitraum

Bevor allerdings die Kosten einer Reise, die im Auftrag oder im Interesse des Arbeitgebers durchgeführt wird, als Werbungskosten abgerechnet werden können, muß geprüft werden, ob die dienstliche Verwendung des Arbeitnehmers nicht dazu führt, daß er an einem **neuen** Mittelpunkt der auf Dauer abgestellten Tätigkeit, mithin an einer neuen regelmäßigen Arbeitsstätte tätig geworden ist.

In folgenden Fällen ist z. B. unzweifelhaft eine neue regelmäßige Arbeitsstätte gegeben:

1. Nimmt eine natürliche Person erstmals eine Beschäftigung auf oder gelingt es ihr, nach Zeiten der Arbeitslosigkeit wieder eine Beschäftigung zu finden, erhält diese Person als Arbeitnehmer erstmals oder wieder eine regelmäßige Arbeitsstätte.
2. Kündigt ein Arbeitnehmer bei seiner bisherigen Firma und nimmt die Arbeit bei einem anderen Arbeitgeber auf, dann hat der Arbeitnehmer eine neue regelmäßige Arbeitsstätte.
3. Wird ein Arbeitnehmer von seinem Dienstherrn von einem Betrieb in eine andere Zweigstelle desselben Arbeitgebers versetzt (d. h. auf Dauer im neuen Betrieb

verwendet), wechselte mit dem Tag der Versetzung der Mittelpunkt der auf Dauer abgestellten Tätigkeit des Arbeitnehmers, mithin die regelmäßige Arbeitsstätte.

Beispiel:

Winfried Wamme (W) war bis zum 31.07.01 als Betriebsschlosser in der Fa. Kran AG in Bremme beschäftigt. Zu seinen Aufgaben gehörte es, den Maschinenpark in Ordnung zu halten. Hierzu wurden ihm alle beschädigten oder zu wartenden Maschinen in die Betriebswerkstatt gebracht.

Am 1.8.01 hat W. bei der Tief-Hoch-GmbH, Heringsdorf, eine Stelle als Monteur angenommen. Seitdem ist er an verschiedenen Einsatzstellen im Bundesgebiet beschäftigt. Seine Weisungen erhält er von seinem Vorarbeiter; die Verwaltungsgebäude der Fa. Tief-Hoch-GmbH in Heringsdorf hat er nur einmal anläßlich seiner Einstellung betreten. Da seine Einsatzstellen von seiner Wohnung räumlich weit entfernt liegen, fährt er – je nach Entfernung – 2 bis 4 mal im Monat nach Hause. Eine Einsatzstelle im Ort Wüster lag so günstig, daß er in der Zeit vom 12.10.–30.10.01 täglich nach Hause fahren konnte. An einer Woche im Dezember 01 während eines Arbeitseinsatzes an einer Baustelle in Sandheim, hat W. auf Veranlassung des Arbeitgebers an einem Fortbildungslehrgang in Lauchberg teilgenommen.

Aufgabe: Ermitteln Sie die regelmäßige Arbeitsstätte von W.

- Bis zum 31.7.01 war W. ausschließlich an einem Ort, nämlich bei der Fa. Kran AG in Bremme, beschäftigt. Außerhalb dieser Fa. wurde er nicht tätig, so daß er keine Reisen unternehmen mußte. Der Mittelpunkt seiner auf Dauer abgestellten Tätigkeit war sein Arbeitsplatz in der Fa. Kran AG. Damit befand sich dort seine regelmäßige Arbeitsstätte (Abschn. 25 Abs. 5 Satz 1 LStR).

  Mit dem Wechsel seines Arbeitgebers ab 1.8.01 erhält Winfried W. eine neue regelmäßige Arbeitsstätte. Allerdings ist nunmehr zu beachten, daß er an verschiedenen Einsatzstellen tätig wird und deswegen reisen muß.
  Da er seine Anweisungen von seinem Vorarbeiter erhielt und in keinem Fall zur Fa. Tief-Hoch-GmbH zur Berichterstattung o.ä. reisen mußte, war er an ständig wechselnden Einsatzstellen beschäftigt.
  Als Monteur kann er nicht vorhersehen, an welche Einsatzstelle er als nächstes reisen muß.
  Sein Berufsbild ist also für einen Einsatz an ständig wechselnden Einsatzstellen typisch (Abschn. 24 Abs. 4 Nr. 3 Satz 3 LStR).

  Seine Einsatzstellen sind gleichzeitig die regelmäßigen Arbeitsstätten (Abschn. 25 (5) S. 7 LStR), gleichgültig ob W. nur 2–4 mal im Monat oder aber täglich nach Hause fährt.
  Während seiner Teilnahme an dem Fortbildungslehrgang in Lauchberg bleibt seine regelmäßige Arbeitsstätte in Sandheim, weil Lauchberg nicht zu einem Mittelpunkt einer auf Dauer (hier: nur 1 Woche) abgestellten Tätigkeit des W. wird.

Problematischer sind die Fälle, in denen der Arbeitnehmer in einem anderen Betrieb desselben Arbeitgebers **vorübergehend** eingesetzt wird. Ob er in diesen Fällen die regelmäßige Arbeitsstätte wechselt, ist nach folgenden Gesichtspunkten zu entscheiden:

1. Bleibt ein eingerichteter Arbeitsplatz für den Arbeitnehmer im „abgebenden“ Betrieb (Fa., Amt usw.) erhalten, ist dies ein Anzeichen dafür, daß kein Wechsel der regelmäßigen Arbeitsstätte vorliegt.
2. Wird die vom Arbeitnehmer im „abgebenden“ Betrieb normalerweise zu erledigende Arbeit von einem anderen vollständig erledigt, spricht dies dafür, daß eine neue regelmäßige Arbeitsstätte vorliegt.
3. Werden aber von einer Vertretungskraft nur die wichtigsten Dinge erledigt, bleibt also die Arbeit liegen, kann man einen Wechsel der regelmäßigen Arbeitsstätte nicht annehmen.
4. Reicht der „lange Arm“ des ehemaligen Vorgesetzten bis zu den „aufnehmenden“ Betrieb, so daß der Arbeitnehmer gegenüber dem Chef des „abgebenden“ Betriebs über seine neue Tätigkeit rechenschaftspflichtig bleibt, ist ebenfalls nicht anzunehmen, daß die regelmäßige Arbeitsstätte gewechselt hat.
5. Ist die Beziehung zum „abgebenden“ Betrieb vorübergehend gelöst, wie z. B. bei der Abordnung zu einem längeren Ausbildungslehrgang, hat die regelmäßige Arbeitsstätte gewechselt.

Die vorstehenden Grundsätze sind nach Verwaltungsauffassung auch im Zusammenhang mit der zeitlichen Dauer eines vorübergehenden Einsatzes an einem anderen Ort zu sehen.

Für den Bereich des Hessischen Ministers der Finanzen sind dazu Ausführungen in der OFD-Rundverfügung vom 24.4.85 S 2528 A – 1 (1984/II) St II 30, Anlage 25 zu Az. 2353 ergangen.

Die Verwaltungsauffassungen zur regelmäßigen Arbeitsstätte und zum Wechsel der regelmäßigen Arbeitsstätte lassen sich – stichwortartig – in einer Übersicht zusammenfassen (s. Seite 87).

Die Ausführungen zum Wechsel oder zur Beibehaltung der regelmäßigen Arbeitsstätte sind deshalb außerordentlich wichtig, weil die aufgrund der Tätigkeit am neuen Einsatzort entstehenden Werbungskosten völlig unterschiedlich gehandhabt werden.

Bei einem Wechsel der regelmäßigen Arbeitsstätte kommen in Frage
- Werbungskosten aus Anlaß einer doppelten Haushaltsführung (Kap. 4.4.10)

oder

- Fahrkosten für Fahrten zwischen Wohnung und Arbeitsstätte sowie ggf. Mehraufwendungen für Verpflegung.

Ist jedoch die regelmäßige Arbeitsstätte beibehalten worden und unternimmt der Arbeitnehmer eine Fahrt an einen vorübergehenden Beschäftigungsort, so liegen

- Dienstreisen

oder

- Dienstgänge

vor.

Diese Dienstgänge oder Dienstreisen sind meistens nicht von langer Dauer; sie erstrecken sich über einen Tag bis zu einer Woche. Nur ab und an geht die Anweisung des Arbeitgebers dahin, sich über eine noch längere Zeit an einem vorübergehenden Tätigkeitsort aufzuhalten. In diesen Fällen wird, sofern es sich um eine Dienstreise handelt (dazu muß der Arbeitnehmer aus dienstlichen Gründen in einer

Anhaltspunkte für die Annahme von regelmäßiger Arbeitsstätte und vorübergehendem Beschäftigungsort von Arbeitnehmern – soweit nicht ständig wechselnde Einsatzstellen –

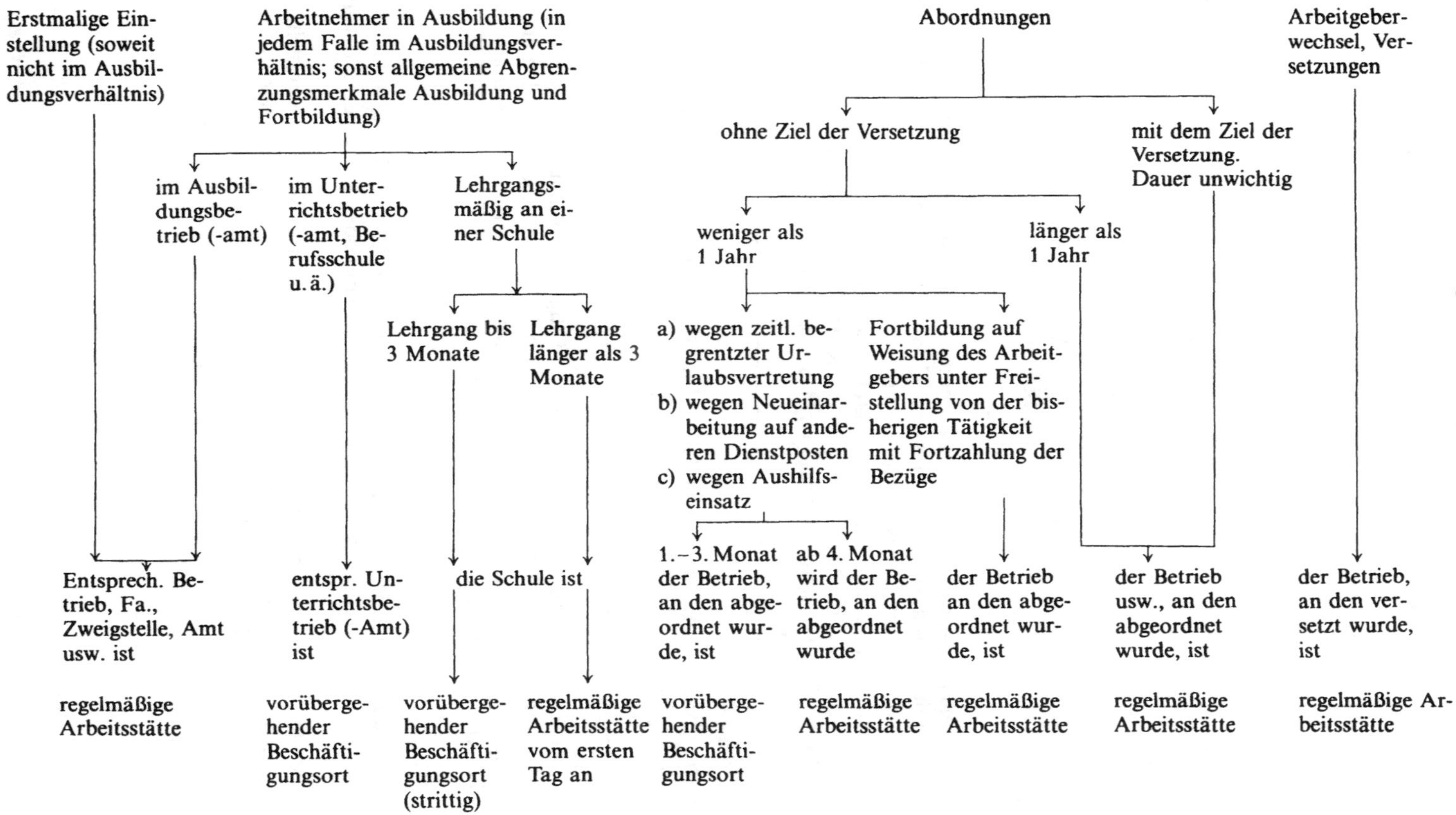

Entfernung von mindestens 15 km von seiner regelmäßigen Arbeitsstätte vorübergehend tätig sein, s. auch Kap. 4.4.8.3) der vorübergehende Tätigkeitsort ab Beginn des 4. Einsatzmonates zur regelmäßigen Arbeitsstätte (Abschn. 25 Abs. 3 S. 2 LStR).

Beispiel:

Erwin Mahlzahn (M) wird von seiner Firma in Ambach für die Zeit vom 1.3.–20.9.01 nach Begum abgeordnet. Ab 21.9.01 kehrt er auf seinen alten Arbeitsplatz nach Ambach zurück.

- vom 1.3.–31.5.01 ist in Ambach die regelmäßige Arbeitsstätte, Begum ist vorübergehender Beschäftigungsort
- vom 1.6.–20.9.01 ist die regelmäßige Arbeitsstätte in Begum
- ab 21.9.01 ist die regelmäßige Arbeitsstätte wieder in Ambach

Bei einem längerfristigen Einsatz kommt es natürlich vor, daß der Arbeitnehmer in der Zeit seines auswärtigen Einsatzes Urlaub nimmt oder krank wird. Da diese Arbeitsunterbrechungen persönlich bedingt sind, führen sie nicht dazu, daß sich der 3-Monatszeitraum um die Zeit des Urlaubs oder der Krankheit verlängert und auch nicht dazu, daß nach dem Urlaub oder der Krankheit der 3-Monatszeitraum neu zu laufen beginnt (Abschn. 25 Abs. 3 Nr. 1 S. 1 LStR).

Beispiel:

Der obengenannte M. hat vom 15.6.–14.7.01, während seiner Abordnung nach Begum, seinen Urlaub angetreten.

- an der obigen Zeitberechnung ändert sich nichts

Der Einsatz an einem vorübergehenden Tätigkeitsort kann aber auch dadurch unterbrochen werden, daß der Arbeitnehmer aus dienstlichen Gründen entweder zu einer weiteren Tätigkeitsstätte geschickt wird (z. B. Krankheitsvertretung) oder aber vorübergehend in seinen Betrieb zurückkehren muß.

Hier gilt:

a) dauert eine solche Unterbrechung weniger als 4 Wochen, ist sie unbedeutend; diese Unterbrechung wird behandelt wie Urlaub oder Krankheit (Abschn. 25 Abs. 3 Nr. 1 S. 2 LStR).
b) dauert eine solche Unterbrechung jedoch mindestens 4 Wochen oder mehr, wird nach Rückkehr zum vorübergehenden Tätigkeitsort der 3-Monatszeitraum neu berechnet (Abschn. 25 Abs. 3 Nr. 1 S. 2 LStR) (s. Seite 89/90).

Im letzten Beispiel ist bereits die Möglichkeit angeklungen, daß Arbeitnehmer nacheinander an verschiedenen Tätigkeitsorten beschäftigt sind. Dies kommt insbesondere bei Arbeitnehmern vor, die an ständig wechselnden Einsatzstellen beschäftigt sind, aber auch bei Arbeitnehmern, die vorwiegend Außendienst leisten, die aber immer wieder an ihren „Mittelpunkt" zurückkehren müssen. Hier ist grundsätzlich für jeden Tätigkeitsort der 3-Monatszeitraum neu zu berechnen; dies gilt aber nur, wenn der neue (nächste) Tätigkeitsort

Einsatz an einer Arbeitsstelle, der dadurch unterbrochen wird, daß der Arbeitnehmer mehr als 4 Wochen an einer anderen Einsatzstelle beschäftigt wird.

JANUAR	FEBRUAR	MÄRZ
1 Mi Neujahr 1. Woche	**1 Sa**	**1 Sa**
2 Do	**2 So**	**2 So**
3 Fr	3 Mo in C 6. Woche	3 Mo in M 10. Woche
4 Sa	4 Di	4 Di
5 So	5 Mi	5 Mi
6 Mo Hl Drei Könige 2. Woche	6 Do	6 Do Ende 1. Woche
7 Di	7 Fr	7 Fr
8 Mi	**8 Sa**	**8 Sa**
9 Do Einsatzbeginn in C	**9 So** Ende 1. Monat	**9 So**
10 Fr	10 Mo Rosenmontag 7. Woche	10 Mo in M 11. Woche
11 Sa	11 Di in C Fastnacht	11 Di
12 So	12 Mi Aschermittwoch	12 Mi
13 Mo in C 3. Woche	13 Do	13 Do Ende 2. Woche
14 Di	14 Fr	14 Fr
15 Mi C ist vorübergeh.	**15 Sa**	**15 Sa**
16 Do Tätigkeitsort	**16 So**	**16 So**
17 Fr	17 Mo in C 8. Woche	17 Mo in M 12. Woche
18 Sa	18 Di	18 Di
19 So	19 Mi	19 Mi
20 Mo in C 4. Woche	20 Do	20 Do Ende 3. Woche
21 Di	21 Fr	21 Fr
22 Mi	**22 Sa**	**22 Sa**
23 Do	**23 So**	**23 So** Palmsonntag
24 Fr	24 Mo in C 9. Woche	24 Mo in M 13. Woche
25 Sa	25 Di	25 Di
26 So	26 Mi	26 Mi
27 Mo in C 5. Woche	27 Do Einsatzbeginn in M	27 Do Ende 4. Woche
28 Di	28 Fr	**28 Fr** Karfreitag
29 Mi	M ist vorübergehender	**29 Sa**
30 Do	Tätigkeitsort	**30 So** Ostersonntag
31 Fr		**31 Mo** Ostermontag 14. Woche

APRIL		
1 Di	in M	
2 Mi		
3 Do	Ende 5. Woche	
4 Fr		
5 Sa		
6 So		Weißer Sonntag
7 Mo	Rückkehr	**15. Woche**
8 Di	nach C.	
9 Mi	Neubeginn des	●
10 Do	3-Monats-Zeitraums	
11 Fr		
12 Sa		
13 So		
14 Mo		**16. Woche**
15 Di	C ist zunächst	
16 Mi	wieder vorübergeh.	
17 Do	Tätigkeitsort	☽
18 Fr		
19 Sa		
20 So		
21 Mo	in C	**17. Woche**
22 Di		
23 Mi		
24 Do		
25 Fr		
26 Sa		
27 So		
28 Mo	in C	**18. Woche**
29 Di		
30 Mi		

MAI		
1 Do		☾ Tag der Arbeit
2 Fr		
3 Sa		
4 So		
5 Mo		**19. Woche**
6 Di		
7 Mi	Ende 1. Monat	
8 Do		● Christi Himmelfahrt
9 Fr		
10 Sa		
11 So		Muttertag
12 Mo	in C	**20. Woche**
13 Di		
14 Mi		
15 Do		
16 Fr		
17 Sa		☽
18 So		Pfingstsonntag
19 Mo		Pfingstmontag **21. Woche**
20 Di	in C	
21 Mi		
22 Do		
23 Fr		
24 Sa		
25 So		
26 Mo	in C	**22. Woche**
27 Di		
28 Mi		
29 Do		Fronleichnam
30 Fr		
31 Sa		

JUNI		
1 So		
2 Mo	in C	**23. Woche**
3 Di		
4 Mi		
5 Do		
6 Fr		
7 Sa	Ende 2. Monat	●
8 So		
9 Mo	in C	**24. Woche**
10 Di		
11 Mi		
12 Do		
13 Fr		
14 Sa		
15 So		☽
16 Mo	in C	**25. Woche**
17 Di		Tag der deutschen Einheit
18 Mi		
19 Do		
20 Fr		
21 Sa		
22 So		○
23 Mo	in C	**26. Woche**
24 Di		
25 Mi		
26 Do		
27 Fr		
28 Sa		
29 So		☾
30 Mo	in C	**27. Woche**

a) von der regelmäßigen Arbeitsstätte
und
b) vom letzten (vorhergehenden) Tätigkeitsort

jeweils mindestens 15 km entfernt ist (Abschn. 25 Abs. 3 Nr. 2 LStR).

Beispiel:

Arne Schlucker (S) hat seine regelmäßige Arbeitstätte vom 1.1.–1.4.01 in Mittelheim. Ab 2.4.01 wird er von seinem Arbeitgeber an verschiedene Tätigkeitsorte abgeordnet:

2.4.–15. 5.01	in Rechtsbach
16.5.–11. 9.01	in Ortenburg
12.9.–31.10.01	in Zwischenheim
ab 1.11.01	wieder in Mittelheim

Alle Orte sind sowohl untereinander als auch von Mittelheim aus mehr als 15 km entfernt.

1.1.– 1. 4.01	die regelmäßige Arbeitsstätte ist in Mittelheim
2.4.–15. 5.01	die regelmäßige Arbeitsstätte ist in Mittelheim Rechtsbach ist vorübergehender Tätigkeitsort
16.5.–15. 8.01	die regelmäßige Arbeitsstätte ist in Mittelheim Ortenburg ist vorübergehender Tätigkeitsort
16.8.–11. 9.01	Ortenburg wird zur regelmäßigen Arbeitsstätte
12.9.–31.10.01	die regelmäßige Arbeitsstätte ist in Mittelheim Zwischenheim ist vorübergehender Tätigkeitsort
ab 1.11.01	die regelmäßige Arbeitsstätte ist in Mittelheim

Wenn allerdings einzelne Tätigkeitsorte entweder untereinander oder von der regelmäßigen Arbeitsstätte keine 15 km entfernt sind, dann rechnet der 3-Monatszeitraum jeweils von dem Tätigkeitsort aus, welcher zuletzt Ausgangspunkt für die Berechnung dieses Zeitraumes war (Abschn. 25 Abs. 3 Nr. 2 und Nr. 3 LStR).

Beispiel:

Karl Murx (M) war von seiner Firma nacheinander in Ransbach, Dorthaus, Maassen und Polz eingesetzt:

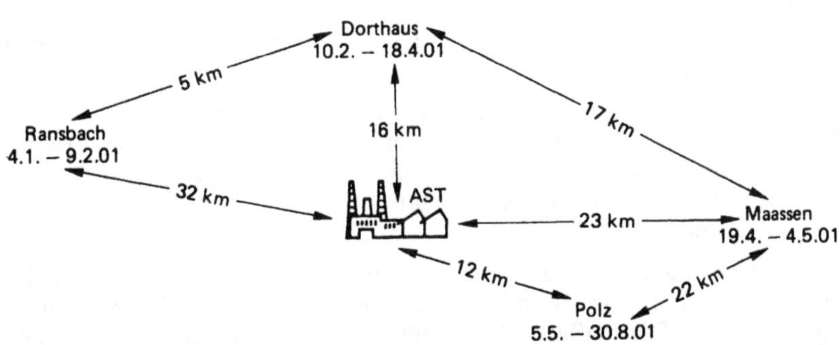

- Der Einsatz in Dorthaus führt nicht zu einem Neubeginn des 3-Monatszeitraumes, weil Dorthaus von Ransbach keine 15 km entfernt ist.
- Der Einsatz in Maassen führt zu einer Neuberechnung des 3-Monatszeitraumes, weil sowohl die Entfernung von Dorthaus als auch von der regelmäßigen Arbeitsstätte mehr als 15 km beträgt.
- Der Einsatz in Polz führt nicht zu einem Neubeginn des 3-Monatszeitraumes, weil Polz von der regelmäßigen Arbeitsstätte nur 12 km entfernt ist.

	4.1.	9.2.	19.4.	5.5.
Orte:	Ransbach	Dorthaus	Maassen	Polz

	4.1.	4.4.	19.4.	19.7.
Zeit:	3-Monatszeitraum		3-Monatszeitraum	

Folge:

Ransbach ist vorübergehender Tätigkeitsort vom 4.1. – 9.2.01
Dorthaus ist vorübergehender Tätigkeitsort vom 10.2. – 4.4.01
danach bis 18.4.01 regelmäßige Arbeitsstätte

Maassen ist vorübergehender Tätigkeitsort vom 19.4. – 4.5.01

Polz ist vorübergehender Tätigkeitsort vom 5.5. – 19.7.01
danach bis 30.8.01 regelmäßige Arbeitsstätte

Darüber hinaus gibt es auch Fälle, bei denen sich der Tätigkeitsort selbst laufend verschiebt; im Straßenbau, beim Bau von Erdgasleitungen, bei Verkabelungen usw. Hierbei ist die 15-km-Entfernung zunächst vom Ausgangspunkt und danach jeweils von dem Punkt an zu rechnen, bei dem weitere 15 km erreicht sind; (siehe Abbildung S. 93).

4.4.8.3 Abgrenzung Dienstreise – Dienstgang

Nach den vorstehenden Ausführungen ist für die Beurteilung von Einsätzen eines Arbeitnehmers an den jeweiligen Einsatzorten zunächst zu entscheiden, wo sich die regelmäßige Arbeitsstätte dieser Person befindet. Erst danach kann beurteilt werden, ob die Reise zum Einsatzort nach den Grundsätzen einer Dienstreise, eines Dienstganges oder einer doppelten Haushaltsführung (deren Grundsätze später folgen) abgerechnet werden kann.

Grundvoraussetzung für die Annahme einer Dienstreise oder eines Dienstganges ist, daß der Arbeitnehmer

- aus dienstlichen oder beruflichen Gründen (liegt immer dann vor, wenn der Arbeitgeber die Reise angeordnet hat; ist auch dann anzunehmen, wenn die Reise mit Wissen und Billigung des Arbeitgebers durchgeführt wurde)
- außerhalb der regelmäßigen Arbeitsstätte
- vorübergehend tätig wurde.

Die Unterscheidung zwischen Dienstreise und Dienstgang hängt von der Frage ab, in welcher Entfernung von der regelmäßigen Arbeitsstätte der Arbeitnehmer tätig geworden ist. Die maßgebliche Entfernung beträgt 15 km. Dabei kommt es

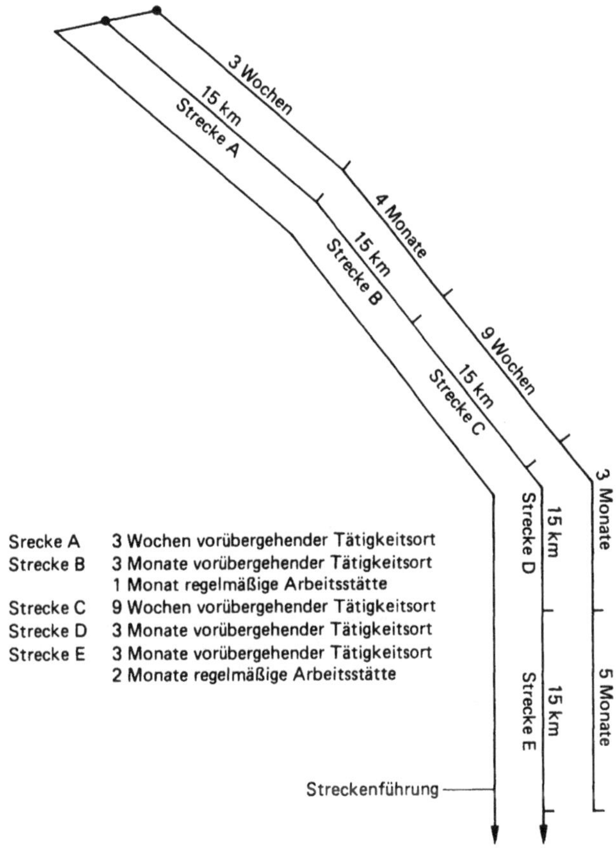

darauf an, ob die Reise von der regelmäßigen Arbeitsstätte aus oder von der Wohnung aus angetreten wurde.

Für die Berechnung der Entfernung ist bei Benutzung öffentlicher Verkehrsmittel die Tarifentferung anzusetzen; bei der Benutzung von Kraftfahrzeugen richtet sich die Entfernung nach der kürzesten benutzbaren Straßenverbindung (Abschn. 25 Abs. 2 Satz 4 LStR). Wie bei der Berechnung der Entfernung bei Fahrten zwischen Wohnung und Arbeitsstätte kann jedoch auch eine andere, offensichtlich verkehrsgünstigere Strecke der Berechnung zugrunde gelegt werden, wenn der Arbeitnehmer sie benutzt (Abschn. 25 Abs. 2 Satz 5 LStR).

Eine Dienstreise liegt vor, wenn der Arbeitnehmer aus dienstlichen Gründen in einer Entfernung von mindestens 15 km von seiner regelmäßigen Arbeitsstätte vorübergehend tätig wird. Handelt es sich bei der regelmäßigen Arbeitsstätte um ein weiträumiges Arbeitsgelände oder Arbeitsgebiet, rechnet die Entfernung von dem Punkt an, an dem das weiträumige Arbeitsgelände verlassen wird (Abschn. 25 Abs. 5 Satz 2, 2. Halbsatz LStR).

Je nachdem, ob die Reise von der regelmäßigen Arbeitsstätte oder von der Wohnung aus angetreten wird, ergeben sich folgende Möglichkeiten:

1. Reiseantritt von der regelmäßigen Arbeitsstätte aus

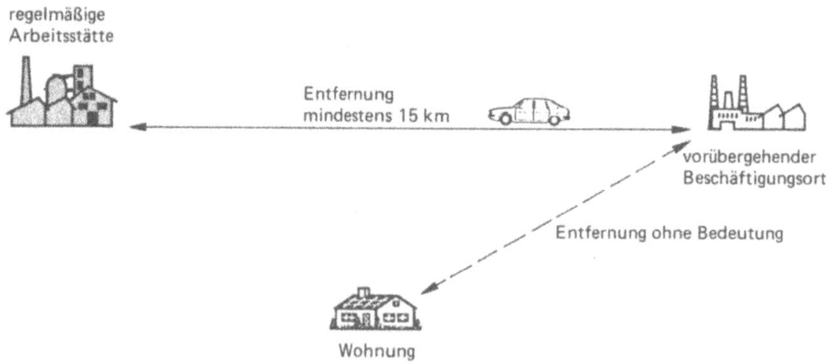

2. Reiseantritt von der Wohnung aus

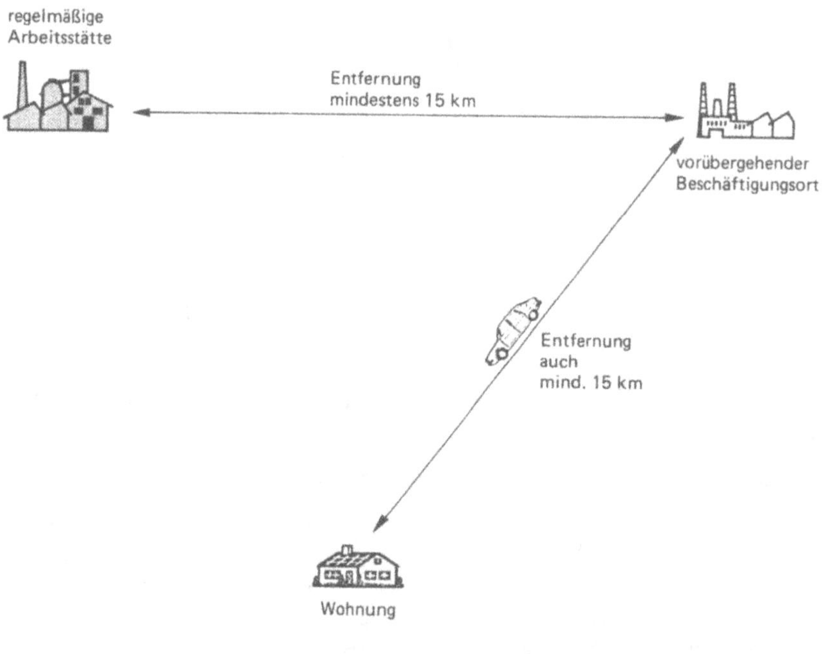

In beiden Fällen liegen Dienstreisen vor (Abschn. 25 Abs. 2 Satz 3 LStR).

Alle Reisen, die keine Dienstreisen sind, sind Dienstgänge.

Dabei sind folgende Varianten denkbar:

1. Reise wird von der regelmäßigen Arbeitsstätte aus angetreten (Abschn. 25 Abs. 4 Satz 1 LStR)

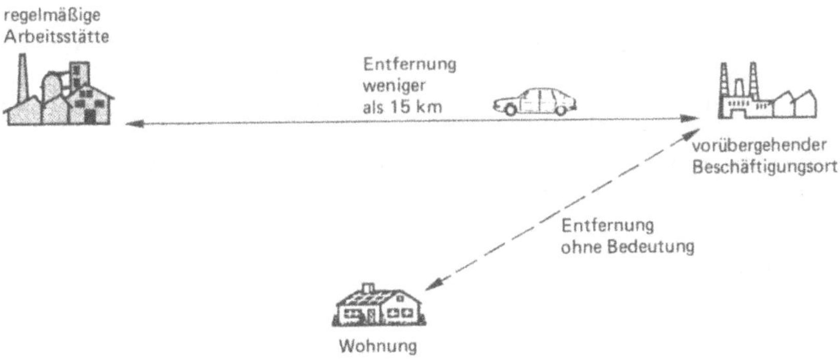

2. Reise wird von der Wohnung aus angetreten (Abschn. 25 Abs. 4 S. 2 i. v. m. Abschn. 25 Nr. 2 Satz 3 LStR)

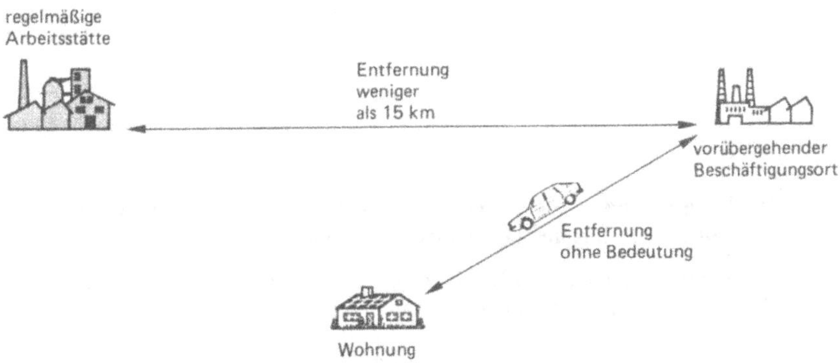

3. Reise wird von der Wohnung aus angetreten (Abschn. 25 Abs. 2 S. 2 LStR)

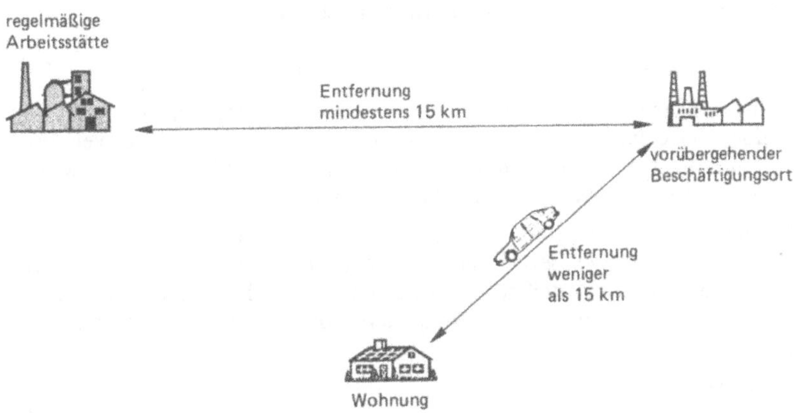

Eine Besonderheit ist zu beachten:

Wird ein Dienstgang mit einer Dienstreise

oder

eine Dienstreise mit einem Dienstgang verbunden (das ist dann der Fall, wenn der Arbeitnehmer mehrere vorübergehende Beschäftigungsorte hintereinander aufsucht, wobei der eine Tätigkeitsort die Voraussetzung für die Annahme einer Dienstreise, der andere jedoch diese Voraussetzungen nicht erfüllt), so gilt die auswärtige Tätigkeit insgesamt als Dienstreise (Abschn. 25 Abs. 4 Satz 3 LStR).

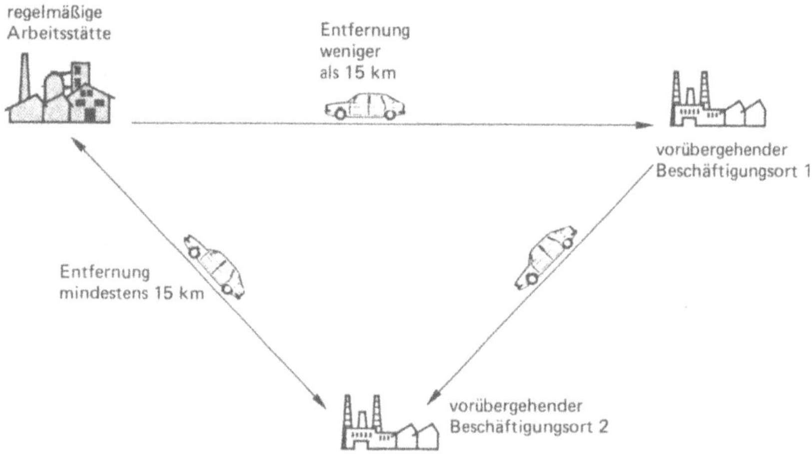

4.4.8.4 Werbungskosten aus Anlaß einer Dienstreise oder eines Dienstganges mit und ohne Nachweis der tatsächlichen Kosten

Bei einer Dienstreise oder einem Dienstgang kommen grundsätzlich folgende, für diese Fahrten typischen Werbungskosten in Frage:

1. Fahrkosten
2. Unterbringungskosten
3. Mehraufwendungen für Verpflegung
4. Nebenkosten

Die Höhe dieser Werbungskosten ermittelt sich wie folgt:

4.4.8.4.1 Fahrkosten (Abschn. 25 Abs. 7 Nr. 1 LStR)

Fahrkosten einer Dienstreise oder eines Dienstganges werden nach den tatsächlich entstandenen Kosten abgerechnet. Bei Inanspruchnahme öffentlicher Verkehrsmittel sind dies die nachgewiesenen Kosten für Fahrkarten, Flugscheine usw. Bei Benutzung eines eigenen Kraftfahrzeuges ist **entweder**

ein Nachweis über die im Laufe des Jahres angefallenen Gesamtkosten (incl. AfA) des Kfz zu führen; unter Berücksichtigung der Gesamtfahrleistung ist der auf die Dienstreise entfallende Anteil der dienstlich gefahrenen Kilometer zu ermitteln (ein Muster für die Ermittlung der tatsächlichen Kosten finden Sie auf der nächsten Seite)

oder ersatzweise

ist die Zahl der während der Dienstreise oder des Dienstganges dienstlich gefahrenen Kilometer mit den Km-Sätzen des Abschn. 25 Abs. 7 Nr. 3 LStR zu multiplizieren.

Anlage zur Lohn-/Einkommensteuer Name ____________

Steuer-Nr. ____________ Finanzamt ____________

Einzelnachweis der tatsächlichen Autokosten für das Jahr 19 ______

	Typ	Kaufpreis	Kaufdatum	km-Stand bei Anschaffung
Fahrzeugdaten:	______	______ DM	______	______ km

	gesamt	Wohnung/Arbeit	beruflich	privat
Fahrleistungen:	______ km	km	______ km	______ km

	1. Jahr	2. Jahr	3. Jahr	4. Jahr	5. Jahr	6. Jahr
Abschreibung der Anschaffungskosten (DM)	______	______	______	______	______	

Kostenermittlung

a) Abschreibung			
b) Zinsen			
c) Kfz-Steuer			
d) Haftpflichtversicherung			
e) Teil-/Vollkaskoversicherung			
f) Rechtschutzversicherung			
g) Schutzbriefversicherung			
h) ADAC-Beitrag u. ä.			
i) Garagenkosten			
j) Kraftstoffe und Öl			
k) Parkgebühren			
l) Reparaturen			
m) Straßenkarten			
n) Maut- und Fahrkosten gewöhnlich		außergewöhnlich/beruflich	
o) Unfallkosten	-	außergewöhnlich/beruflich	
Gesamtkosten gewöhnlich	DM	Gesamtkosten außergewöhnlich	DM

Gesamtfahrleistung	÷	______	km
Kosten pro Kilometer	=	______	DM/km
berufl. Kilometer 19 ______	x	______	km
Gesamtkosten berufl. gewöhnl.	=	______	DM
Gesamtkosten außergewöhnl.	+	______	DM ←
Gesamtkosten beruflich	=	______	DM
steuerfrei erstattet	./.	______	DM
als Werbungskosten abzugsfähig	=	______	DM

Zu klären ist nur noch die Frage, welche Fahrten, die aus Anlaß einer Dienstreise oder eines Dienstganges unternommen werden, dienstlich oder beruflich veranlaßte Fahrten sind.

Als solche kommen in Frage:

a) Am Abreisetag:
tatsächlich gefahrene km für die Fahrt **von** der regelmäßigen Arbeitsstätte oder direkt von der Wohnung aus
zum vorübergehenden Beschäftigungsort oder zum Ort, in dem der Arbeitnehmer eine Unterkunft gefunden hat.

b) An den Tagen der Tätigkeit am vorübergehenden Beschäftigungsort:
tatsächlich gefahrene km für die Fahrten zwischen Unterkunfts- und Tätigkeitsort (Abschn. 25 Abs. 7 Nr. 1 LStR)

c) Am Rückreisetag:
tatsächlich gefahrene km für die Fahrt **vom** vorübergehenden Beschäftigungsort oder vom Unterkunftsort **zur** regelmäßigen Arbeitsstätte oder direkt zur Wohnung des Arbeitnehmers.

d) Bei mehrtägigen Aufenthalten am vorübergehenden Beschäftigungsort:
tatsächlich gefahrene km für Fahrten zur regelmäßigen Arbeitsstätte auf Veranlassung des Arbeitgebers

sowie

tatsächlich gefahrene km für Fahrten von dem vorübergehenden Beschäftigungsort oder vom Unterkunftsort zur Wohnung, auch wenn diese Fahrten mehrmals in der Woche durchgeführt werden (Heimfahrten zur Familie) (Abschn. 25 Abs. 7 Nr. 1 LStR).

Für alle diese Fahrten können Werbungskosten in tatsächlicher Höhe geltend gemacht werden.

Beispiel:

Otto Knifflig (K) hatte vom 22.–26.2.01 eine Dienstreise unternommen. Zur Vorbereitung seines Lohnsteuerjahresausgleichs überlegt er, auf welche Art und Weise er seine Fahrkosten abrechnen soll.

Folgende Unterlagen und Nachweise liegen ihm vor:

Gesamt-Jahres-km-Leistung seines Pkw	23.418
während der Dienstreise dienstlich zurückgelegte km	472
Kosten pro gefahrenen km nach einer Kosten-Tabelle des ADAC	0,53 DM
AfA für den Pkw	2.000,— DM
Versicherung	550,— DM
Benzinkosten (darin enthalten 82,— DM, die auf die Dienstreise entfallen)	4.200,— DM
Öl	100,— DM
Reparaturen	1.600,— DM
sonstige Kosten	300,— DM
Gesamtkosten	8.750,— DM

Vergleichsrechnungen:

1. Ermittlung des km-Satzes für den Pkw des K.

   Gesamtkosten 8.750,— DM
   Fahrleistung 23.418 km
   km-Satz = 8.750 : 23.418 = 0,37 DM
   Gesamtfahrkosten also:
   472 km × 0,37 DM = 174,64 DM

2. Ersatzweise Berechnung nach den km-Sätzen des Abschn. 25 Abs. 7 Nr. 3 S. 2 LStR
   Gesamtfahrkosten: 472 km × 0,42 DM = 198,24 DM

Die von K angestellten Vergleichsrechnungen ergeben, daß er seine Kosten nach der zweiten Methode abrechnen wird.

Die sich aus der ADAC-Tabelle ergebenden Kosten können nicht angesetzt werden.

4.4.8.4.2 Übernachtungskosten oder Unterbringungskosten

Während einer Dienstreise – seltener wohl bei einem Dienstgang, der sich über mehrere Tage erstreckt – ist es für den betreffenden Arbeitnehmer oft erforderlich, sich um eine Unterbringung in einem Hotel oder in einer Pension zu bemühen. Diese Unterkunft liegt in der Regel nicht direkt neben seinem vorübergehenden Beschäftigungsort, es sei denn, er wäre an eine Schule mit angegliedertem Internat abgeordnet. Der Dienstreisende wird also versuchen, an dem Ort, an dem er vorübergehend tätig sein muß, ein Zimmer zu mieten. Aus Kostengründen kann er sich auch genötigt sehen, dieses Zimmer in einer außerhalb gelegenen Gemeinde zu nehmen. Diese Gemeinde soll jedoch im Einzugsbereich des vorübergehenden Tätigkeitsorts liegen (Abschn. 25 Abs. 7 Nr. 1 S. 2 LStR).

Gleichgültig, wo die Unterbringung erfolgt, sind die Kosten für die Übernachtung, nicht jedoch für das Frühstück (diese Kosten zählen zu den Verpflegungsaufwendungen) in nachgewiesener Höhe als Werbungskosten anzusetzen. Die Höhe der Kosten ergibt sich aus Rechnungen oder Quittungen von Hotels oder Pensionen. Wenn dort für Übernachtung und Frühstück ein Gesamtpreis aufgeführt ist, sind für das Frühstück 15 v. H. des Pauschbetrages (oder Höchstbetrages) des auf die Übernachtung folgenden Tages zu kürzen (Abschn. 25 Abs. 8 Satz 5 und 6 LStR und BMWF vom 19. 8. 1971 F/IV B 6 – S 2338 – 28/71).

Beinhaltet also der Übernachtungspreis ein Frühstück und läßt sich der Preis für das Frühstück auch nicht feststellen, so sind die reinen Übernachtungskosten wie folgt zu ermitteln:

	Gesamtpreis
./.	15 v. H. des Verpflegungskostenpauschbetrages des nächsten Tages*
=	auszusetzende Kosten der Übernachtung

* Diese 15 v. H. beziehen sich auf den **vollen** Pauschbetrag des nächsten Tages – selbst wenn nur 80 v. H. des Pauschbetrages in Betracht kommen sollten, weil die Dienstreise an diesem Tage keine 12 Std. dauert. Im Falle des Einzelnachweises der Verpflegungskosten beziehen sich diese 15 v. H. auf den Höchstbetrag.

Wenn ein Arbeitnehmer nicht (mehr) in der Lage ist, die Höhe der Übernachtungsgelder durch Belege nachzuweisen, es aber trotzdem eindeutig feststeht, daß er eine Dienstreise unternommen und er dabei übernachtet hat, dürfen die Unterbringungskosten geschätzt werden (Abschn. 25 Abs. 8 S. 2 LStR).

4.4.8.4.3 Mehraufwand für Verpflegung

Wurden nach den bisherigen Ausführungen Fahrkosten und Unterbringungskosten bei Dienstreisen **und** bei Dienstgängen nach den gleichen Grundsätzen behandelt, so gilt dies bei den Mehraufwendungen für Verpflegung nicht mehr. Die Berechnung der möglichen Werbungskosten erfolgt im Gegenteil nach verschiedenen Gesichtspunkten.

4.4.8.4.3.1 Mehraufwand für Verpflegung bei Dienstgängen

Bei **Dienstgängen** kann der Arbeitnehmer wählen, ob er seine Mehraufwendungen tatsächlich nachweist oder durch Pauschalberechnung ermittelt.

Ist der Arbeitnehmer nicht in der Lage, die während des Dienstganges angefallenen Verpflegungskosten nachzuweisen, kann er für jeden Dienstgang einen Pauschbetrag von 3,— DM als Mehraufwand für Verpflegung ansetzen, aber nur dann, wenn der Arbeitnehmer von der regelmäßigen Arbeitsstätte **oder** von der Wohnung länger als 5 Stunden abwesend ist. Dieser Pauschbetrag kann auch dann angesetzt werden, wenn der reisende Arbeitnehmer während des Dienstganges kostenlos oder verbilligt verpflegt wurde (z. B. in einer Betriebskantine) (Abschn. 25 Abs. 9 Nr. 7 LStR).

Bei Nachweis tatsächlicher Kosten ist die nachstehende Berechnung ohne Rücksicht auf die Dauer des Dienstganges anzustellen:

Tats. Kosten		z. B. 24,50 DM
./. Haushaltsersparnis (1/5 der Kosten, höchstens 6,— DM)		4,90 DM
= Mehraufwand für Verpflegung (§ 5 (7) LStDV)	=	19,60 DM
höchstens jedoch 19,— DM (§ 5 (6) LStDV) also	=	19,— DM

Beispiel:

Arbeitnehmer Conradi (C) hat im Kalenderjahr 01 5 Dienstgänge durchgeführt:

1. Abwesenheitsdauer 6 Stunden, entstandene Kosten f. Verpfl.	3,50 DM
2. Abwesenheitsdauer 7 Stunden, kein Nachweis der Kosten	
3. Abwesenheitsdauer 3 Stunden, entstandene Kosten f. Verpfl.	17,80 DM
4. Abwesenheitsdauer 4 Stunden, kein Nachweis der Kosten	

– als Verpflegungsmehraufwendungen können berücksichtigt werden:

Zu 1.

tats. Kosten	3,50 DM
./. Haushaltsersparn.	0,70 DM
Mehraufwand	2,80 DM, mindestens aber **3,— DM**

Zu 2.

Bei einer Abwesenheit von mehr als 5 Stunden ist ohne Nachweis der tats. Kosten ein Pauschbetrag von **3,— DM** zu gewähren.

Zu 3.

tats. Kosten	17,80 DM
./. Haushaltsersparnis	3,56 DM
Mehraufwand f. Verpfl.	14,24 DM

Da der Höchstbetrag von 19,— DM nicht überschritten ist, verbleibt es beim Abzug von **14,24 DM**.

zu 4.

Ohne Nachweis der Kosten kann bei einer Abwesenheitsdauer unter 5 Stunden für Verpflegung ein Pauschbetrag nicht gewährt werden.

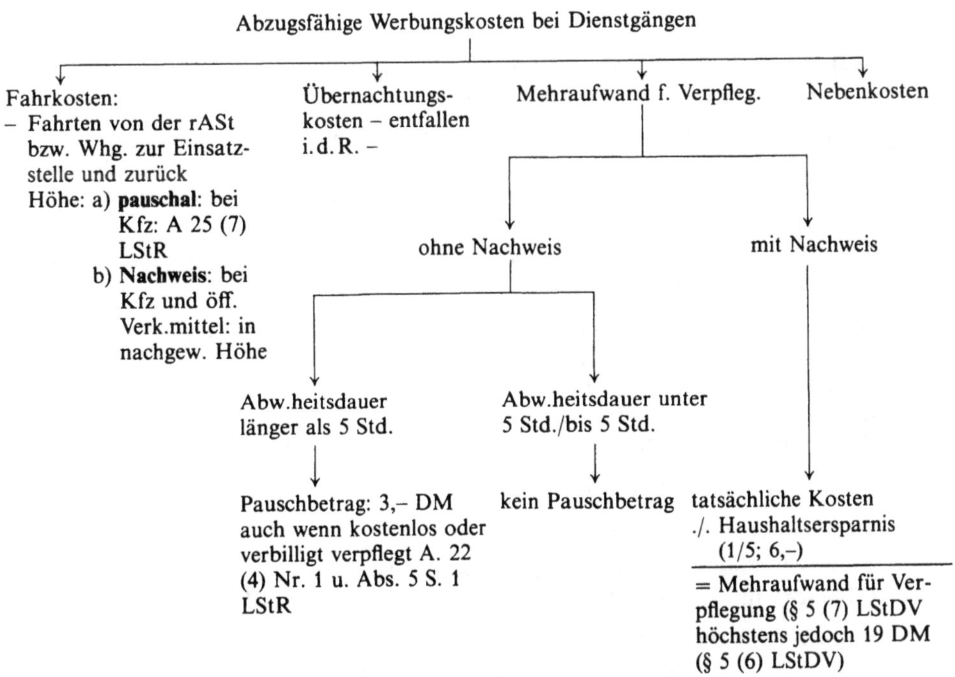

4.4.8.4.3.2 Mehraufwendungen für Verpflegung bei Dienstreisen

Bei der Berechnung der Mehraufwendungen für Verpflegung anläßlich von Dienstreisen ist zu unterscheiden zwischen

a) eintägigen Dienstreisen und
b) mehrtägigen Dienstreisen.

Eintägige Dienstreisen

Ein Arbeitnehmer unternimmt eine eintägige Dienstreise dann, wenn die Reise an einem Kalendertag beginnt und auch endet. Sollte der Arbeitnehmer gezwungen sein, seine Reisetätigkeit nachts auszuführen, ist eine eintägige Dienstreise auch dann anzunehmen, wenn die Reise nach 19.00 Uhr des ersten Kalendertages angetreten, jedoch bis 5.00 Uhr des zweiten Kalendertages beendet ist (Abschn. 25 Abs. 9 Nr. 3 S. 5 und 6 LStR).

Mehrtägige Dienstreisen liegen nicht vor, wenn der Arbeitnehmer aufgrund einer Anordnung des Arbeitgebers für mehrere Tage eine Dienstreise unternehmen soll, aber täglich nach Hause fährt. In diesem Fall handelt es sich um mehrere eintägige Dienstreisen.

Wie bei den Dienstgängen können bei eintägigen Dienstreisen die Mehraufwendungen für Verpflegung auf zweierlei Weise errechnet werden:

a) ohne Nachweis der Kosten
b) mit Nachweis der Kosten.

a) Mehraufwendungen für Verpflegung bei eintägigen Dienstreisen ohne Nachweis der Kosten (Abschn. 25 Abs. 9 Nr. 2 LStR).

Ohne Nachweis der Kosten werden Pauschbeträge oder ermäßigte Pauschbeträge, abhängig vom voraussichtlichen Jahresarbeitslohn und von der Dauer der Dienstreise (Abwesenheitsdauer von der regelmäßigen Arbeitsstätte und/oder von der Wohnung) gewährt.

Der voraussichtliche Jahresarbeitslohn wird nach den Merkmalen des Abschn. 25 Abs. 12 LStR errechnet:

Bisher tatsächlich erhaltener Brutto-Arbeitslohn im Kalenderjahr
\+ vereinbarte laufende Bezüge
\+ regelmäßig wiederkehrende sonstige Bezüge
(siehe Abschn. 85 Abs. 2 LStR)
\+ Zahlungen für regelmäßige und betriebsübliche Mehrarbeit

= voraussichtlicher Jahresarbeitslohn

Nicht mitgerechnet werden:

- sonstige Bezüge, die einmalig gezahlt werden (sollen)
- Zahlungen für evtl. anfallende, aber z. Zt. nicht absehbare Mehrarbeit.

Falls ein Arbeitnehmer mehrere Dienstverhältnisse hat, ist für die Berechnung des voraussichtlichen Jahresarbeitslohns nur das Dienstverhältnis heranzuziehen, in dessen Rahmen die Dienstreise unternommen wird.

Wenn die obenstehende Berechnung für einen Arbeitnehmer ausgeführt werden soll, der entweder

a) erst im Laufe des Kalenderjahres ein Dienstverhältnis angetreten hat oder

b) nach Zeiten der Arbeitslosigkeit wieder ein Dienstverhältnis eingegangen ist,

so ist nicht zu errechnen, was er **in dem betreffenden Kalenderjahr**, sondern was er **in den nächsten 12 Monaten** verdienen wird (Abschn. 25 Abs. 12 Satz 6 LStR).

Nun zu der Ermittlung der Pauschbeträge im Einzelnen:

Bei einer **Abwesenheitsdauer von mehr als 12 Stunden** (Abschn. 25 Abs. 9 Nr. 3 S. 1 LStR) werden – abhängig vom voraussichtlichen Jahresarbeitslohn – die zu gewährenden vollen Pauschbeträge dem Abschn. 25 Abs. 9 Nr. 2a LStR entnommen:

vorauss. Jahresarbeitslohn	Pauschbetrag
0 – 25.000 DM	31,— DM
25.001 – 50.000 DM	33,— DM
50.001 und mehr	35,— DM

Diese vollen Pauschbeträge werden aber gekürzt, wenn der Arbeitnehmer auf seiner Dienstreise ganz oder zum Teil unentgeltlich (nicht: verbilligt) verpflegt wird, z. B. in einer Betriebskantine, in einer Schule bei Lehrgängen, bei der Bundeswehr u. ä. In diesen Fällen ermäßigt sich der volle Pauschbetrag bei unentgeltlicher Einnahme eines Frühstücks um 15 v. H. und um je 30 v. H. bei unentgeltlicher Einnahme von Mittag- und/oder Abendessen (Abschn. 25 Abs. 9 Nr. 5 LStR).

Die Berechnung des Kürzungsbetrages unterbleibt aber dann, wenn der Arbeitnehmer auf der Dienstreise an gesellschaftlichen Veranstaltungen (z. B. Empfängen, Cocktailpartys) teilnimmt und er dabei an einzelnen Mahlzeiten (z. B. kaltes Buffet) unentgeltlich teilnimmt (Abschn. 25 Abs. 9 Nr. 5 Satz 3 LStR).

Bei einer **Abwesenheitsdauer bis zu 12 Stunden** werden nur ermäßigte Pauschbeträge errechnet. Dazu ist zunächst festzustellen, welcher volle Pauschbetrag – abhängig vom Jahresarbeitslohn – bei einer über 12-stündigen Abwesenheit zu gewähren ist. Je nach tatsächlicher Abwesenheitsdauer sind x/10 dieses vollen Pauschbetrages, wie in nachstehender Übersicht gezeigt, als ermäßigter Pauschbetrag anzusetzen (Abschn. 25 Abs. 9 Nr. 3 LStR):

Bei einem voraussichtlichen Jahresarbeitslohn	bis 5 Std.	von mehr als 5 Std. bis 7 Std.	von mehr als 7 Std. bis 10 Std.	von mehr als 10 Std. bis 12 Std.	von mehr als 12 Std.
	–	3/10	5/10	8/10	10/10
		DM	DM	DM	DM
bis 25000 DM	kein Pauschbetrag	9,30	15,50	24,80	31,—
von mehr als 25000 DM bis 50000 DM		9,90	16,50	26,40	33,—
von mehr als 50000 DM		10,50	17,50	28,—	35,—

Auch die ermäßigten Pauschbeträge werden dann gekürzt, wenn auf einer bis zu 12-stündigen Dienstreise die Verpflegung oder ein Teil davon unentgeltlich (nicht:

verbilligt) gewährt wird. Die Kürzung unterbleibt wiederum, wenn der Arbeitnehmer anläßlich gesellschaftlicher Ereignisse unentgeltlich verpflegt wird.

Der Kürzungsbetrag errechnet sich nach dem **vollen** Pauschbetrag; er beträgt bei unentgeltlicher Einnahme eines Frühstücks 15 v. H. und bei Einnahme von Mittag- und/oder Abendessen je 30 v. H. des vollen Pauschbetrages.

Nach der Ermittlung des Kürzungsbetrages ist als nächstes eine Vergleichsrechnung anzustellen (Abschn. 25 Abs. 9 Nr. 5 S. 2 LStR).

1. Rechnung:	ermäßigter Pauschbetrag
	./. Kürzungsbetrag
	= X DM
2. Rechnung:	25 v. H. des ermäßigten PB
	= Y DM

Der sich ergebende höhere Wert ist als Mehraufwand für Verpflegung anzusetzen.

Beispiel:

Erich Murkel (M) führt eine 8-stündige Dienstreise durch, während der er kostenlos an einem Mittagessen teilnimmt. Sein voraussichtlicher Jahresarbeitslohn beträgt 45.000 DM. Wie errechnet sich der ihm zu gewährende Pauschbetrag für seine Mehraufwendungen für Verpflegung?

1. Bei einer über 12-stündigen Abwesenheit wäre ein voller Pauschbetrag in Höhe von 33,— DM zu gewähren.
2. Als ermäßigter Pauschbetrag kommen bei einer Abwesenheitsdauer von 8 Stunden 5/10 des vollen Pauschbetrages von 33,— DM = 16,50 DM in Frage.
3. Errechnung des Kürzungsbetrages: vom vollen Pauschbetrag (33,— DM) 30 v. H. für das Mittagessen = 9,90 DM.
4. Vergleichsrechnung:

a) ermäßigter Pauschbetrag	16,50 DM
./. Kürzungsbetrag	9,90 DM
=	6,60 DM
b) 25 v. H. des ermäßigten Pauschbetrages	
=	4,13 DM

Als Mehraufwand für Verpflegung ist der höhere Betrag (6,60 DM) anzusetzen.

Wenn ein Arbeitnehmer an einem Tag mehrere Dienstreisen unternimmt, ist für jede Dienstreise auf die beschriebene Weise der/die volle(n) oder der/die ermäßigte(n) Pauschbetrag/beträge auszurechnen. Diese Beträge werden dann zusammengerechnet; insgesamt darf dem Arbeitnehmer jedoch nur der volle Pauschbetrag gewährt werden (Abschn. 25 Abs. 9 Nr. 3 Satz 4 LStR).

Beispiel:

An einem streßreichen Tag hat Willi Windig (W) 2 Dienstreisen durchführen müssen; die erste dauerte 10 1/2 Stunden, die zweite 6 Stunden. W. möchte die Dienstreisen pauschal abrechnen; sein voraussichtlicher Jahresarbeitslohn beträgt 43.000 DM.

1. Bei einer über 10-stündigen Abwesenheit und einem voraussichtlichen Jahresarbeitslohn von 43.000 DM sind als ermäßigter Pauschbetrag 8/10 von 33,— DM = 26,40 DM anzusetzen.
2. Bei einer über 5-stündigen Abwesenheit und einem voraussichtlichen Jahresarbeitslohn von 43.000 DM sind als ermäßigter Pauschbetrag 3/10 von 33,— DM = 9,90 DM anzusetzen.
3. Als Summe der ermäßigten Pauschbeträge ergeben sich 36,30 DM.
4. Diese Summe übersteigt den vollen Pauschbetrag; anzusetzen sind deshalb nur 33,— DM.

b) Mehraufwendungen für Verpflegung bei eintägigen Dienstreisen mit Nachweis der Kosten

Für den Fall, daß ein Arbeitnehmr seine Mehraufwendungen nach den ihm entstandenen tatsächlichen Kosten abrechnen will, empfiehlt es sich, zunächst auszurechnen, welche vollen oder ermäßigten Pauschbeträge dem Arbeitnehmer nach den vorstehenden Ausführungen anzurechnen wären. Entsprechend dem Abschn. 25 Abs. 9 Nr. 1 Satz 3 LStR darf der Abzug der Haushaltsersparnis nämlich nicht dazu führen, daß die zu gewährenden Pauschbeträge unterschritten werden. Nach Ermittlung des Pauschbetrages ist zu prüfen, ob die geltend gemachten tatsächlichen Kosten **unter** dem Pauschbetrag liegen. Sollte dies zutreffen, werden nach herrschender Meinung die tatsächlichen Kosten als Mehraufwendungen angesetzt, ohne eine Haushaltsersparnis zu berechnen.

Liegen die tatsächlichen Kosten **gleich** oder **höher** als der ermittelte Pauschbetrag, wird der Mehraufwand zunächst nach der Formel des § 5 (7) LStDV errechnet. Ist durch diese Berechnung der Pauschbetrag unterschritten worden, wird der Pauschbetrag angesetzt (Abschn. 25 Abs. 9 Nr. 1 Satz 3 LStR).

Wird jedoch der Pauschbetrag nicht unterschritten, liegt der errechnete Mehraufwand vielmehr über dem Pauschbetrag, muß nur noch geprüft werden, ob die Höchstbeträge für Verpflegungsmehraufwendungen des § 5 Abs. 1 und Abs. 2 LStDV eingreifen. Wenn dies zutrifft, ist bei einer über 12-stündigen Dienstreise nur der Höchstbetrag von 64,— DM anzusetzen; bei kürzeren Dienstreisen die in § 5 Abs. 2 LStDV vorgesehenen Zehntel von 64,— DM.

Darum ergibt sich die folgende Übersicht:

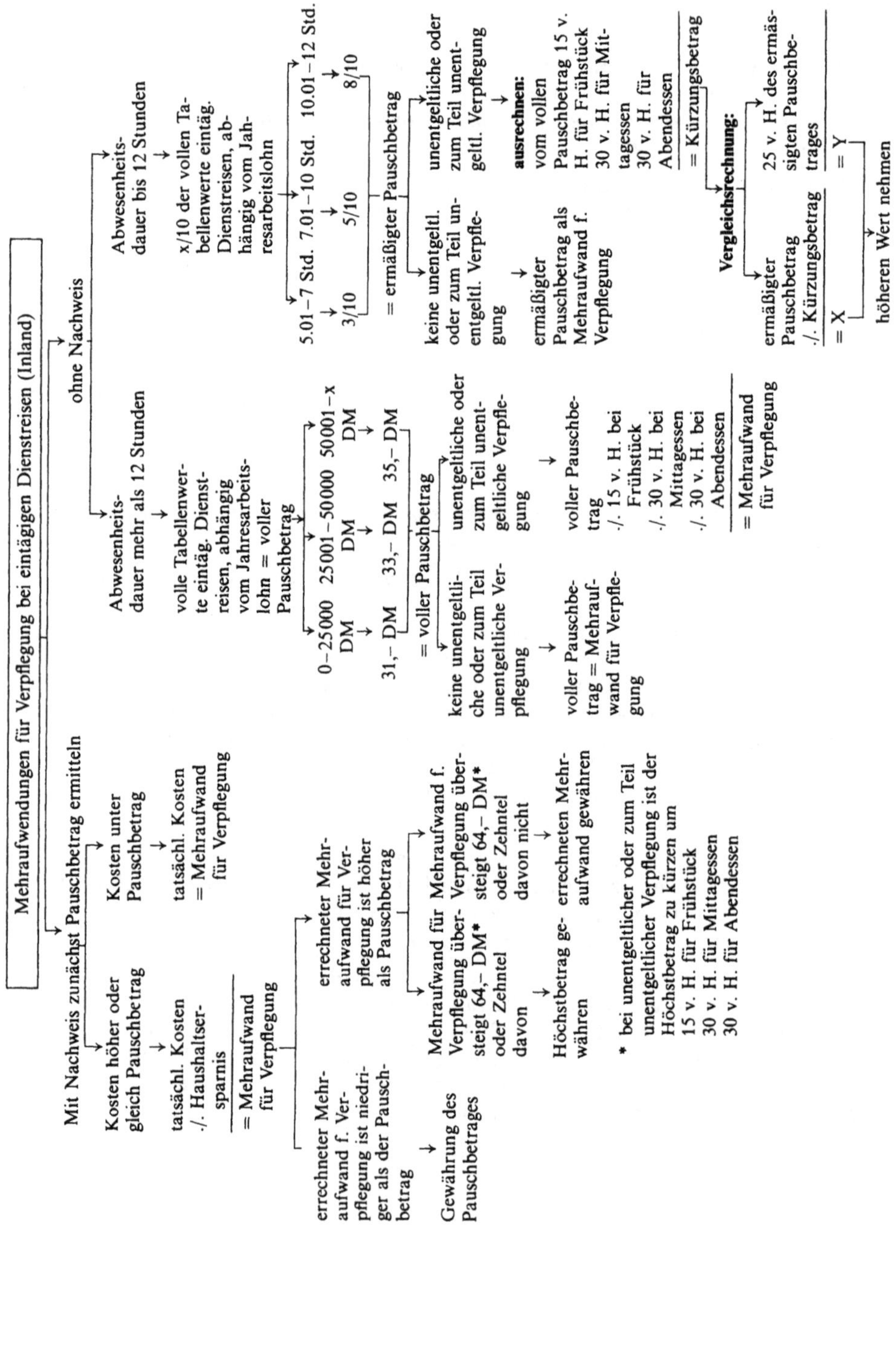
Mehraufwendungen für Verpflegung bei eintägigen Dienstreisen (Inland)
Mit Nachweis zunächst Pauschbetrag ermitteln
Kosten höher oder gleich Pauschbetrag
tatsächl. Kosten ./. Haushaltsersparnis
= Mehraufwand für Verpflegung
errechneter Mehraufwand f. Verpflegung ist niedriger als der Pauschbetrag
Gewährung des Pauschbetrages
errechneter Mehraufwand für Verpflegung ist höher als Pauschbetrag
Mehraufwand für Verpflegung übersteigt 64,– DM* oder Zehntel davon
Höchstbetrag gewähren
Mehraufwand f. Verpflegung übersteigt 64,– DM* oder Zehntel davon nicht
errechneten Mehraufwand gewähren
Kosten unter Pauschbetrag
tatsächl. Kosten = Mehraufwand für Verpflegung
* bei unentgeltlicher oder zum Teil unentgeltlicher Verpflegung ist der Höchstbetrag zu kürzen um
15 v. H. für Frühstück
30 v. H. für Mittagessen
30 v. H. für Abendessen
ohne Nachweis
Abwesenheitsdauer mehr als 12 Stunden
volle Tabellenwerte eintäg. Dienstreisen, abhängig vom Jahresarbeitslohn = voller Pauschbetrag
0–25000 DM
25001–50000 DM
50001–x DM
31,– DM
33,– DM
35,– DM
= voller Pauschbetrag
keine unentgeltliche oder zum Teil unentgeltliche Verpflegung
voller Pauschbetrag = Mehraufwand für Verpflegung
unentgeltliche oder zum Teil unentgeltliche Verpflegung
voller Pauschbetrag
./. 15 v. H. bei Frühstück
./. 30 v. H. bei Mittagessen
./. 30 v. H. bei Abendessen
= Mehraufwand für Verpflegung
Abwesenheitsdauer bis 12 Stunden
x/10 der vollen Tabellenwerte eintäg. Dienstreisen, abhängig vom Jahresarbeitslohn
5.01–7 Std.
7.01–10 Std.
10.01–12 Std.
3/10
5/10
8/10
= ermäßigter Pauschbetrag
keine unentgeltl. oder zum Teil unentgeltl. Verpflegung
ermäßigter Pauschbetrag als Mehraufwand f. Verpflegung
unentgeltliche oder zum Teil unentgeltl. Verpflegung
ausrechnen:
vom vollen Pauschbetrag 15 v. H. für Frühstück
30 v. H. für Mittagessen
30 v. H. für Abendessen
= Kürzungsbetrag
Vergleichsrechnung:
ermäßigter Pauschbetrag
./. Kürzungsbetrag
= X
25 v. H. des ermässigten Pauschbetrages
= Y
höheren Wert nehmen

Beispiel:

A) Während einer eintägigen, über 12 Stunden dauernden Dienstreise nimmt Hans Hurtig (H) sein Mittagessen in einer Betriebskantine ein. Er zahlt hierfür 7,50 DM. Sein voraussichtlicher Jahresarbeitslohn beträgt 34.200 DM.

- Berechnung des anzusetzenden Mehraufwands für Verpflegung:
  1. Bei einer über 12-stündigen Abwesenheitsdauer wäre bei dem angegebenen voraussichtlichen Jahresarbeitslohn ein voller Pauschbetrag von 33,— DM anzusetzen.
  2. Die tatsächlich entstandenen Kosten liegen unter diesem Pauschbetrag.
  3. Der zu gewährende Mehraufwand für Verpflegung errechnet sich wie folgt:

tats. Kosten	7,50 DM
./. Haushaltsersparnis	0,— DM
= Mehraufwand	7,50 DM

B) Während einer eintägigen, 8 Stunden dauernden Dienstreise speist Wilhelm Reim (R) für 17,80 DM in einem Restaurant. Sein voraussichtlicher Jahresarbeitslohn beträgt 32.800,— DM.

- Berechnung des anzusetzenden Mehraufwandes für Verpflegung:
  1. Bei einer 8-stündigen Abwesenheitsdauer sind bei einer eintägigen Dienstreise und einem voraussichtlichen Jahresarbeitslohn von 32.800 DM 5/10 von 33,— DM = 16,50 DM als ermäßigter Pauschbetrag anzusetzen.
  2. Die tatsächlichen Kosten liegen über diesem Pauschbetrag.
  3. Der Mehraufwand errechnet sich wie folgt:

tats. Kosten	17,80 DM
./. Haushaltsersparnis (1/5)	3,56 DM
= Mehraufwand f. Verpflegung	14,24 DM

  4. Durch den Abzug der Haushaltsersparnis wird der ermäßigte Pauschbetrag unterschritten, deshalb sind anzusetzen: **16,50 DM** (Abschn. 25 Abs. 9 Nr. 1 Satz 3 LStR).

C) Während einer eintägigen, 6 Stunden dauernden Dienstreise nimmt Ernst Barsch (B) für 27,— DM ein Mittagessen ein. Sein voraussichtlicher Jahresarbeitslohn beträgt 54.500 DM.

- Berechnung des anzusetzenden Mehraufwandes für Verpflegung:
  1. Bei einer 6-stündigen Abwesenheitsdauer sind bei einer eintägigen Dienstreise und einem voraussichtlichen Jahresarbeitslohn von 54.500 DM 3/10 von 35,— DM = 10,50 DM als ermäßigter Pauschbetrag anzusetzen.
  2. Die tatsächlichen Kosten liegen über diesem Pauschbetrag.
  3. Der Mehraufwand errechnet sich wie folgt:

tats. Kosten	27,— DM
./. Haushaltsersparnis (1/5)	5,40 DM
= Mehraufwand f. Verpflegung	21,60 DM

4. Der Höchstbetrag für die Verpflegungsmehraufwendungen beträgt bei einer 6-stündigen Dienstreise 3/10 von 64,— DM = 19,20 DM (§ 5 (2) LStDV).
5. Da der errechnete Mehraufwand über dem Höchstbetrag liegt, ist der Höchstbetrag von 19,20 DM zu gewähren.

Unternimmt ein Arbeitnehmer an einem Tag mehrere Dienstreisen und weist er jeweils die für die Verpflegung entstandenen Kosten nach, so sind die Verpflegungsmehraufwendungen auf die angegebene Weise einzeln zu berechnen. Die Beträge werden dann zusammengezählt; insgesamt wird jedoch höchstens der volle Höchstbetrag von 64,— DM anerkannt (§ 5 Abs. 2 letzter Satz LStDV).

Hugo Wassermann (W) hat an einem Tag 2 Dienstreisen ausgeführt. Für beide Reisen weist er Verpflegungskosten nach. Bei der 1. Reise sind ihm (bei 11-stündiger Abwesenheit) 53,20 DM an Kosten entstanden; bei der 2. Reise (Dauer 7 1/2 Stdn.) hat er noch einmal 37,30 DM bezahlen müssen. Der voraussichtliche Jahresarbeitslohn von W. beträgt 32.500 DM.

1. a) Bei einer 11-stündigen Abwesenheitsdauer sind bei einer eintägigen Dienstreise und einem voraussichtlichen Jahresarbeitslohn von 32.500 DM 8/10 von 33 DM = 26,40 DM als ermäßigter Pauschbetrag anzusetzen.
   b) Bei einer 7 1/2-stündigen Dienstreise sind bei gleichem Jahresarbeitslohn 5/10 von 33 DM = 16,50 DM als ermäßigter Pauschbetrag zu gewähren.
2. Die tatsächlichen Kosten bei beiden Dienstreisen liegen über diesen Pauschbeträgen.
3. Die Mehraufwendungen errechnen sich nach § 5 (7) LStDV:

tats. Kosten	53,20	37,30
./. Haushaltsersparnis (1/5, höchstens 6 DM)	6,— DM	6,—
Mehraufwendungen	47,21	31,30

4. Durch den Abzug der Haushaltsersparnis werden die ermäßigten Pauschbeträge nicht unterschritten.
5. Die Summe der Mehraufwendungen beträgt 78,20 DM, sie übersteigt den gem. § 5 Abs. 2 letzter Satz LStDV zu beachtenden Höchstbetrag von 64,— DM; anzusetzen sind deshalb 64,— DM.

C) Mehrtägige Dienstreisen

Ein Arbeitnehmer unternimmt eine mehrtägige Dienstreise, wenn die Reise an verschiedenen Kalendertagen beginnt und endet. Eine Ausnahme hiervon ist eine Reise, die nach 19.00 Uhr des ersten Kalendertages beginnt, jedoch bis 5.00 Uhr des folgenden Kalendertages beendet ist (Abschn. 25 Abs. 9 Nr. 3 Satz 4 und 5 LStR).

Eine nach der Weisung des Arbeitgebers sich über mehrere Kalendertage erstreckende Dienstreise wird dadurch zu **mehreren eintägigen** Dienstreisen, daß der Arbeitnehmer von seinem vorübergehenden Beschäftigungsort täglich nach Hause zurückkehrt.

Die Mehraufwendungen für Verpflegung bei mehrtägigen Dienstreisen können nach 2 Methoden errechnet werden:

a) ohne Nachweis der Kosten
b) mit Nachweis der Kosten

d) Mehraufwendungen für Verpflegung bei mehrtägigen Dienstreisen ohne Nachweis der Kosten (Abschn. 25 Abs. 9 Nr. 2b LStR).

Ohne Nachweis der Kosten werden Pauschbeträge oder ermäßigte Pauschbeträge, abhängig vom voraussichtlichen Jahresarbeitslohn und von der Dauer der Dienstreise (Abwesenheitsdauer von der regelmäßigen Arbeitsstätte und/oder von der Wohnung), gewährt.

Der voraussichtliche Jahresarbeitslohn wird nach den Merkmalen des Abschn. 25 Nr. 12 LStR errechnet:

Bisher tatsächlich erhaltener Brutto-Arbeitslohn im Kalenderjahr
\+ vereinbarte laufende Bezüge
\+ regelmäßig wiederkehrende sonstige Bezüge (siehe Abschn. 85 Abs. 2 LStR)
\+ Zahlungen für regelmäßige und betriebsübliche Mehrarbeit

= voraussichtlicher Jahresarbeitslohn

Nicht mitgerechnet werden:

- sonstige Bezüge, die erstmalig gezahlt werden (sollen)
- Zahlungen für evtl. anfallende, aber z. Zt. nicht absehbare Mehrarbeit

Falls ein Arbeitnehmer mehrere Dienstverhältnisse hat, ist für die Berechnung des voraussichtlichen Jahresarbeitslohns nur das Dienstverhältnis heranzuziehen, in dessen Rahmen die Dienstreise unternommen wird.

Wenn die obenstehende Berechnung für einen Arbeitnehmer ausgeführt werden soll, der entweder

a) erst im Laufe des Kalenderjahres ein Dienstverhältnis angetreten hat
oder
b) nach Zeiten der Arbeitslosigkeit wieder ein Dienstverhältnis eingegangen ist,

so ist nicht zu errechnen, was er **in dem betreffenden Kalenderjahr**, sondern was er **in den nächsten 12 Monaten** verdienen wird (Abschn. 25 Abs. 12 Satz 6 LStR).

Nun zu der Ermittlung der Pauschbeträge im einzelnen:

Um Fehler zu vermeiden, sollte man die anzusetzenden Pauschbeträge getrennt ausrechnen:

- den Anreisetag
- den Abreisetag
- den (die) Abreisetag(e) zu allen Heimreisen
- den (die) Ankunftstag(e) von allen Heimreisen
- die (vollen) Anwesenheitstage am vorübergehenden Beschäftigungsort

Wie bei eintägigen Dienstreisen werden nämlich je nach Abwesenheitsdauer von der Wohnung und/oder von der regelmäßigen Arbeitsstätte entweder volle oder ermäßigte Pauschbeträge angesetzt.

Bei einer **Abwesenheitsdauer von mehr als 12 Stunden** (Abschn. 25 Abs. 9 Nr. 3 S. 1 LStR) werden – abhängig vom voraussichtlichen Jahresarbeitslohn – die zu gewährenden vollen Pauschbeträge dem Abschn. 25 Abs. 9 Nr. 2b LStR) entnommen:

vorauss. Jahresarbeitslohn	**Pauschbetrag**
-25.000 DM	42,— DM
25.001-50.000 DM	44,— DM
50.000 und mehr	46,— DM

Dieser volle Pauschbetrag wird aber gekürzt, wenn der Arbeitnehmer auf seiner Dienstreise ganz oder zum Teil unentgeltlich (nicht: verbilligt) verpflegt wird, z. B. in einer Betriebskantine, in einer Schule bei Lehrgängen, bei der Bundeswehr u. ä. In diesen Fällen ermäßigt sich der volle Pauschbetrag bei unentgeltlicher Einnahme eines Frühstücks um 15 v. H. und um je 30 v. H. bei unentgeltlicher Einnahme von Mittag und/oder Abendessen (Abschn. 25 Abs. 9 Nr. 5 LStR).

Die Berechnung des Kürzungsbetrages unterbleibt aber dann, wenn der Arbeitnehmer auf der Dienstreise an gesellschaftlichen Veranstaltungen (z. B. Empfängen, Cocktailpartys) teilnimmt und ihm dabei einzelne Mahlzeiten (z. B. Kaltes Buffet) unentgeltlich gewährt werden (Abschn. 25 Abs. 9 Nr. 5 Satz 3 LStR).

Bei einer mehrtägigen Dienstreise ist das Erfordernis der über 12-stündigen Abwesenheit an folgenden Tagen erfüllt:

- an allen (vollen) Anwesenheitstagen am vorübergehenden Beschäftigungsort (0.00-24.00 Uhr)
- bei der Anreise zum vorübergehenden Beschäftigungsort, wenn die Fahrt vor 12.00 Uhr angetreten wird
- das gleiche gilt für diejenigen Tage, an denen der Dienstreisende von einer Heimfahrt vor 12.00 Uhr an den vorübergehenden Beschäftigungsort zurückkehrt
- an allen Abreisetagen, wenn die **Abreise** nach 12.00 Uhr erfolgt

Bei einer **Abwesenheitsdauer bis zu 12 Stunden** werden ermäßigte Pauschbeträge errechnet. Dazu ist zunächst festzustellen, welcher volle Pauschbetrag – abhängig

– bei mehrtägigen Dienstreisen –

Bei einem voraussichtlichen Jahresarbeitslohn	bis 5 Std.	von mehr als 5 Std. bis 7 Std.	von mehr als 7 Std. bis 10 Std.	von mehr als 10 Std. bis 12 Std.	von mehr als 12 Std.
	—	3/10	5/10	8/10	10/10
		DM	DM	DM	DM
bis 25000 DM	kein Pauschbetrag	12,60	21,—	33,60	42,—
von mehr als 25000 DM bis 50000 DM		13,20	22,—	35,20	44,—
von mehr als 50000 DM		13,80	23,—	36,80	46,—

vom Jahresarbeitslohn – bei einer über 12-stündigen Abwesenheit zu gewähren ist. Je nach tatsächlicher Abwesenheitsdauer sind x/10 dieses vollen Pauschbetrages, wie in vorstehender Übersicht gezeigt, als ermäßigter Pauschbetrag anzusetzen (Abschn. 25 Abs. 9 Nr. 3 LStR).

Auch die sich hiernach ergebenden Pauschbeträge werden gekürzt, wenn auf einer bis zu 12-stündigen Dienstreise die Verpflegung oder ein Teil davon unentgeltlich (nicht: verbilligt) gewährt wird. Die Kürzung unterbleibt wiederum, wenn der Arbeitnehmer anläßlich gesellschaftlicher Ereignisse unentgeltlich verpflegt wird.

Der Kürzungsbetrag errechnet sich nach dem **vollen** Pauschbetrag; er beträgt bei unentgeltlicher Einnahme eines Frühstücks 15 v. H. und bei Einnahme von Mittag- und/oder Abendessen je 30 v. H. des vollen Pauschbetrages.

Nach der Ermittlung des Kürzungsbetrages ist als nächstes eine Vergleichsrechnung anzustellen (Abschn. 25 Abs. 9 Nr. 5 S. 2 LStR).

1. Rechnung:	ermäßigter Pauschbetrag
	./. Kürzungsbetrag
	= X DM
2. Rechnung:	25 v. H. des ermäßigten PB
	= Y DM

Der sich ergebende höhere Wert ist als Mehraufwand für Verpflegung anzusetzen.

Erwin Schlei (S) (voraussichtlicher Jahresarbeitslohn 32.700 DM) wird von seinem Arbeitgeber von Dienstag bis Donnerstag auf eine Dienstreise geschickt. Er soll am Dienstag nach dem Mittagessen von seinem Betrieb wegfahren und am Donnerstag zur Berichterstattung um 16.00 Uhr dort wieder eintreffen. Dementsprechend fuhr S. am Dienstag um 15.00 Uhr vom Betrieb los, meldete sich an seinem vorübergehenden Beschäftigungsort und fuhr – nach 2-maliger Übernachtung – am Donnerstag um 11.00 Uhr dort wieder ab; um 14.00 Uhr traf er wieder in seinem Betrieb ein. Um 16.00 Uhr erstattete er seinem Chef Bericht.

Aufwendungen für Verpflegung werden nicht nachgewiesen; unentgeltliche Verpflegung wurde nicht gewährt.

Wie errechnen sich die zu gewährenden Pauschbeträge für Verpflegung?

1. Bei den über 12-stündigen Abwesenheiten ist jeweils ein **voller** Pauschbetrag in Höhe von 44,— DM anzusetzen. Der volle Pauschbetrag ist für den Mittwoch (Abwesenheit am vorübergehenden Beschäftigungsort und damit Abwesenheit von der regelmäßigen Arbeitsstätte 24 Stunden) und für den Donnerstag (Abwesenheit von der regelmäßigen Arbeitsstätte von 0.00 Uhr bis 14.00 Uhr, mithin mehr als 12 Stunden) zu gewähren.
2. Für den Dienstag kommt ein **ermäßigter** Pauschbetrag in Frage. Die Abwesenheit von der regelmäßigen Arbeitsstätte dauert an diesem Kalendertag von 15.00 Uhr bis 24.00 Uhr, das sind 9 Stunden. Vom vollen Pauschbetrag sind mithin 5/10 als ermäßigter Pauschbetrag anzusetzen, hier 22,— DM.
3. Als Summe des Mehraufwandes ergeben sich:
   2 × 44,— DM + 1 × 22,— DM = 110,— DM.

Zu der Abrechnung von Mehraufwendungen für Verpflegung nach Pauschsätzen hat der BFH mehrfach Stellung genommen; hier ein auszugsweises Zitat aus BStBl 1982 II S. 24ff:

Pauschsätze sind eine von der Finanzverwaltung vorgenommene griffweise Schätzung. Sie tragen dem Umstand angemessen Rechnung, daß bei Dienstgängen und Dienstreisen in der Regel Mehraufwendungen für eine Mahlzeit anzufallen pflegen, weil der Steuerpflichtige das Essen einerseits außerhalb seiner Wohnung, andererseits aber nicht in einer betrieblichen Kantine oder einer nahe dem Betrieb gelegenen und von ihm sonst besuchten preiswerten Gaststätte einnehmen kann.

Von der Finanzverwaltung festgesetzte Pauschbeträge, die als Schätzungen nach §217 AO auf der allgemeinen Lebenserfahrung beruhen, sind entsprechend der Rechtsprechung Verwaltungsanordnungen, die an die FÄ gerichtet sind und als solche weder die Steuergerichte binden noch den Steuerpflichtigen einen gerichtlich verfolgbaren Rechtsanspruch auf Anwendung in jedem Falle geben. Sie bilden jedoch Richtsätze, die von den obersten Verwaltungsbehörden im Interesse der Vereinfachung und gleichmäßigen Handhabung in steuerlichen Massenverfahren festgesetzt worden sind. Als Schätzungen nach §217 AO sind sie auch von den Steuergerichten als Tatsachengrundlage anzuwenden, solange die Beträge **nicht wegen der Eigenart des Einzelfalles zu einem offensichtlich unrichtigen Ergebnis führen.** Angesichts des Zwecks der Pauschbeträge muß ihre Nichtanwendung nach der Rechtsprechung des Senats auf Ausnahmen beschränkt werden.

Nach §217 Abs. 1 AO (§162 Abs. 1 AO 1977) sind die Steuerbehörden verpflichtet, die Besteuerungsgrundlagen zu schätzen, wenn sie diese nicht im einzelnen ermitteln können. Da die Schätzung stets innerhalb einer gewissen Brandbreite von Unsicherheiten liegen wird, verstößt es nicht gegen die beiden vorgenannten Grundsätze, wenn die Finanzverwaltung für eine Vielzahl gleichgelagerter Sachverhalte einen Pauschbetrag für Verpflegungsmehraufwand innerhalb eines solchen Schätzungsrahmens für den Regelfall festsetzt, um auf diese Weise eine gleichmäßige Handhabung steuerrechtlicher Vorschriften für die von der Finanzbehörde zu bewältigenden Massenverfahren sicherzustellen. Es widerspricht zudem weder dem Grundsatz noch anderen Gesetzesvorschriften, wenn das FA zum Zwecke der Verwaltungsvereinfachung und der Gleichmäßigkeit der Besteuerungen Erleichterungen bei den von den Steuerpflichtigen zu erbringenden Nachweisungen über die Höhe beruflich veranlaßter Werbungskosten oder Betriebsausgaben anordnet, soweit dem Steuerpflichtigen hierdurch nicht die Möglichkeit abgeschnitten wird, höhere Aufwendungen im einzelnen nachzuweisen, und soweit den Finanzbehörden das Recht verbleibt, die Anwendung von Pauschbeträgen abzulehnen, wenn dies zu einer unzutreffenden Besteuerung führt.

Die Steuerpflichtigen können davon ausgehen, daß die in den LStR festgesetzte Schätzung des Verpflegungsmehraufwandes in Form der dort angegebenen Pauschbeträge auch eine an sie gerichtete Erklärung der obersten Finanzbehörden der Länder darstellt, nach der dieser Pauschbetrag in jedem Einzelfall zur Anwendung kommen wird, soweit es sich nicht um Sachverhalte handelt, bei denen dies zu einer **unzutreffenden Besteuerung** führen würde oder der Steuerpflichtige höhere Mehraufwendungen nachweist. Sehen die Steuerpflichtigen daher im Vertrauen auf diese Vereinfachungsregelung von der Sammlung von Belegen zwecks Führung eines Einzelnachweises über die Höhe des durch die Dienstgänge veranlaßten Verpflegungsmehraufwandes ab, so würden sie gegenüber zahlreichen anderen Lohn- und Einkommensteuerpflichtigen ungerecht benachteiligt, wenn das FA oder das FG im Einzelfall **ohne besonderen Anlaß** von der Anwendung des Pauschbetrages absehen würde.

Diese Ausführungen wurden erneut bestätigt durch den BFH in BStBl 1986 Teil II Seite 200 ff.

e) Mehraufwendungen für Verpflegung bei mehrtägigen Dienstreisen mit Nachweis der Kosten

Für den Fall, daß ein Arbeitnehmer seine Mehraufwendungen nach den ihm entstandenen tatsächlichen Kosten abrechnen will, empiehlt es sich, zunächst auszurechnen, welche vollen oder ermäßigten Pauschbeträge dem Arbeitnehmer nach den vorstehenden Ausführungen anzurechnen wären. Nach Ermittlung des Pauschbetrages ist zu prüfen, ob die geltend gemachten tatsächlichen Kosten **unter** dem Pauschbetrag liegen. Entsprechend dem Abschn. 25 Abs. 9 Nr. 1 Satz 3 LStR darf der Abzug der Haushaltsersparnis nicht dazu führen, daß die zu gewährenden Pauschbeträge unterschritten werden. Sollte dies zutreffen, werden nach herrschender Meinung die tatsächlichen Kosten als Mehraufwendungen angesetzt, ohne eine Haushaltsersparnis zu berechnen.

Liegen die tatsächlichen Kosten **gleich** oder höher als der ermittelte Pauschbetrag, wird der Mehraufwand zunächst nach der Formel des § 5 (7) LStDV errechnet. Sind die Kosten einer vorangegangenen Übernachtung um 15 v. H. des Höchstbetrages gekürzt worden, weil die Frühstückskosten nicht aus dem Übernachtungsbeleg hervorgingen, sind die nachgewiesenen Verpflegungskosten um die 15 v. H. (9,60 DM) zu erhöhen (vgl. Kap. 4.4.8.4.2). Ist durch diese Berechnung der Pauschbetrag unterschritten worden, wird der Pauschbetrag angesetzt (Abschn. 25 Abs. 9 Nr. 1 Satz 3 LStR).

Wird jedoch der Pauschbetrag nicht unterschritten, liegt der errechnete Mehraufwand vielmehr über dem Pauschbetrag, muß nur noch geprüft werden, ob die Höchstbeträge für Verpflegungsmehraufwendungen des § 5 Abs. 1 und Abs. 2 LStDV eingreifen. Wenn dies zutrifft, ist bei einer über 12-stündigen Dienstreise nur der Höchstbetrag von 64,— DM anzusetzen; bei kürzeren Dienstreisen die in § 5 Abs. 2 LStDV vorgesehenen Zehntel von 64,— DM.

Hieraus ergibt sich die folgende Übersicht:

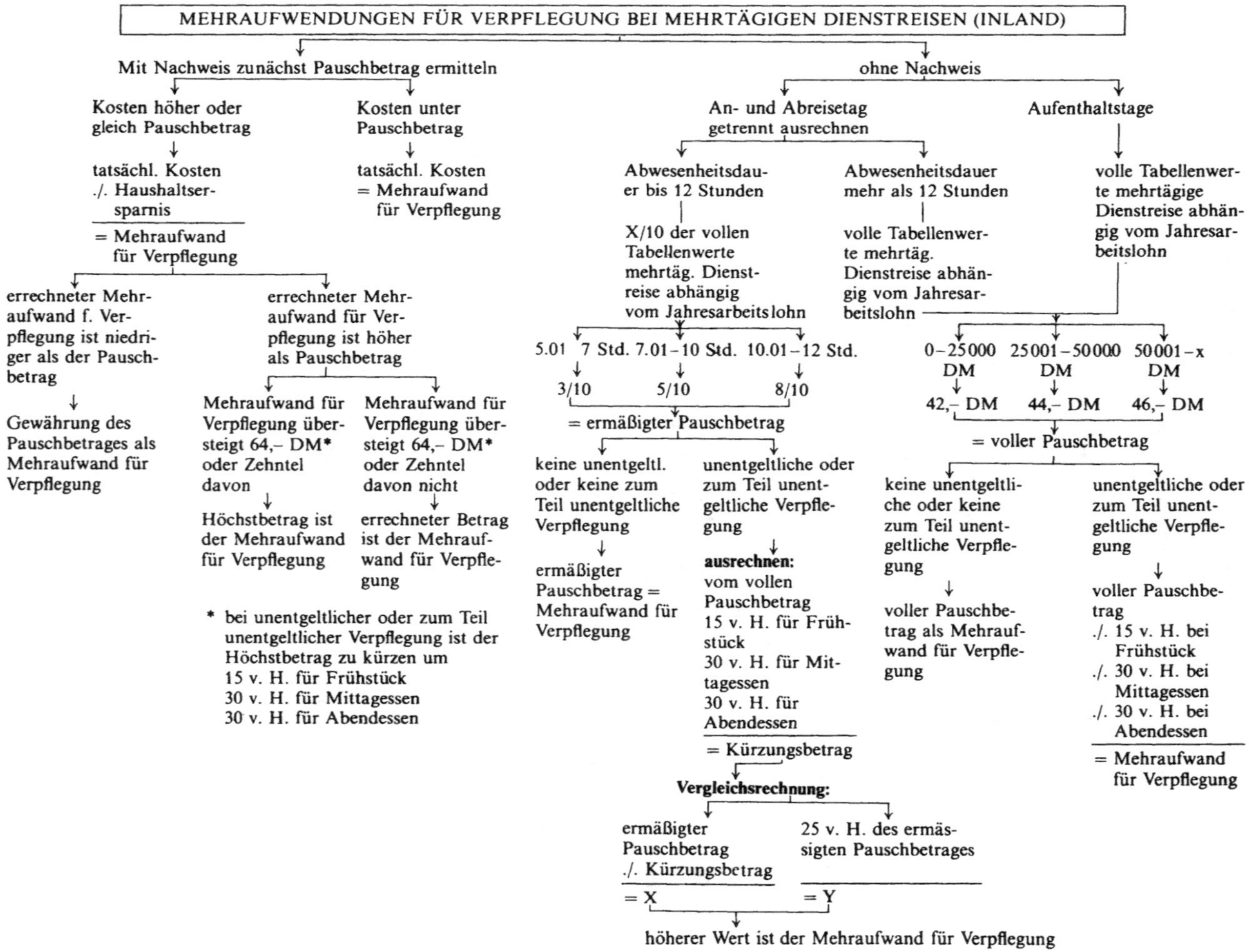
MEHRAUFWENDUNGEN FÜR VERPFLEGUNG BEI MEHRTÄGIGEN DIENSTREISEN (INLAND)
Mit Nachweis zunächst Pauschbetrag ermitteln
Kosten höher oder gleich Pauschbetrag
tatsächl. Kosten ./. Haushaltsersparnis
= Mehraufwand für Verpflegung
errechneter Mehraufwand f. Verpflegung ist niedriger als der Pauschbetrag
Gewährung des Pauschbetrages als Mehraufwand für Verpflegung
errechneter Mehraufwand für Verpflegung ist höher als Pauschbetrag
Mehraufwand für Verpflegung übersteigt 64,– DM* oder Zehntel davon
Höchstbetrag ist der Mehraufwand für Verpflegung
Mehraufwand für Verpflegung übersteigt 64,– DM* oder Zehntel davon nicht
errechneter Betrag ist der Mehraufwand für Verpflegung
* bei unentgeltlicher oder zum Teil unentgeltlicher Verpflegung ist der Höchstbetrag zu kürzen um
15 v. H. für Frühstück
30 v. H. für Mittagessen
30 v. H. für Abendessen
Kosten unter Pauschbetrag
tatsächl. Kosten = Mehraufwand für Verpflegung
ohne Nachweis
An- und Abreisetag getrennt ausrechnen
Abwesenheitsdauer bis 12 Stunden
X/10 der vollen Tabellenwerte mehrtäg. Dienstreise abhängig vom Jahresarbeitslohn
5.01 7 Std.
7.01–10 Std.
10.01–12 Std.
3/10
5/10
8/10
= ermäßigter Pauschbetrag
keine unentgeltl. oder keine zum Teil unentgeltliche Verpflegung
ermäßigter Pauschbetrag = Mehraufwand für Verpflegung
unentgeltliche oder zum Teil unentgeltliche Verpflegung
ausrechnen:
vom vollen Pauschbetrag
15 v. H. für Frühstück
30 v. H. für Mittagessen
30 v. H. für Abendessen
= Kürzungsbetrag
Vergleichsrechnung:
ermäßigter Pauschbetrag
./. Kürzungsbetrag
= X
25 v. H. des ermässigten Pauschbetrages
= Y
höherer Wert ist der Mehraufwand für Verpflegung
Abwesenheitsdauer mehr als 12 Stunden
volle Tabellenwerte mehrtäg. Dienstreise abhängig vom Jahresarbeitslohn
Aufenthaltstage
volle Tabellenwerte mehrtägige Dienstreise abhängig vom Jahresarbeitslohn
0–25000 DM
25001–50000 DM
50001–x DM
42,– DM
44,– DM
46,– DM
= voller Pauschbetrag
keine unentgeltliche oder keine zum Teil unentgeltliche Verpflegung
voller Pauschbetrag als Mehraufwand für Verpflegung
unentgeltliche oder zum Teil unentgeltliche Verpflegung
voller Pauschbetrag
./. 15 v. H. bei Frühstück
./. 30 v. H. bei Mittagessen
./. 30 v. H. bei Abendessen
= Mehraufwand für Verpflegung

Beispiel:

Der Arbeitnehmer Karl Brett (B) ist als Reisender für die Fa. Schund (Sch) tätig. Er hat im Betrieb der Fa. Sch. in Hamburg seine regelmäßige Arbeitsstätte. Sein voraussichtlicher Jahresarbeitslohn im Kj. 01 beträgt 35.000,— DM.
Vom 18.10. 01 bis zum 30.10. 01 unternimmt B. eine auswärtige Reise nach Bayern, um dort Kunden der Fa. Sch. zu besuchen.

B. verläßt am 18.10. um 18.30 Uhr seine Wohnung, um mit einem Autoreisezug von Hamburg (Abfahrt 22.00 Uhr) nach München zu reisen.
Am 30.10. 01 reist P. um 15.00 Uhr in Bayern ab; in Hamburg ist er in seiner Wohnung um 23.00 Uhr angekommen.

Verpflegungsaufwendungen weist B. für den 18.10. mit 15,— DM, für den 19.10. mit 75,— DM und für die 11 Tage vom 20.10.-30.10. 01 mit 47,— DM täglich nach.

In welcher Höhe kann B. auf Grund der auswärtigen Beschäftigung Mehraufwendungen für Verpflegung geltend machen?

- Obwohl es sich in der Regel um Kosten der privaten Lebensführung handelt, können sie – weil sie ausschließlich beruflich bedingt sind und es sich um Verpflegungsmehraufwendungen handelt – in nachgewiesener Höhe berücksichtigt werden (vgl. Abschn. 25 (9) LStR). Sie sind durch Kürzung der nachgewiesenen Verpflegungsaufwendungen um die Haushaltsersparnis zu ermitteln (vgl. § 5 (7) LStDV).
  Für den 18.10. betragen die Mehraufwendungen 12,— DM, da die Haushaltsersparnis an diesem Tag mit (1/5 von 15,— DM) = 3,— DM von den Verpflegungsaufwendungen von 15,— DM abzuziehen ist. Der Betrag von 12,— DM übersteigt auch nicht den Höchstbetrag nach § 9 (4) EStG i. V. m. § 5 (1 + 2) LStDV von 19,20 DM. Dieser Höchstbetrag ergibt sich durch Ermäßigung des für einen vollen Reisetag von mehr als 12 Stunden geltenden Höchstbetrages von 64,— DM auf 3/10, da die Abwesenheit des B. am 18.10. nicht mehr als 7 Stunden betragen hat.
  Für den 19.10. sind die nachgewiesenen Verpflegungsaufwendungen von 75,— DM um eine Haushaltsersparnis von (1/5 von 75,— DM = 15,— DM, höchstens aber 6,— DM) 6,— DM zu kürzen, so daß die Mehraufwendungen 69,— DM betragen. Für einen vollen Reisetag einer Inlandsreise können aber Mehraufwendungen für Verpflegung höchstens mit einem Betrag von 64,— DM anerkannt werden (§ 5 (1) 1 LStDV), so daß die zu berücksichtigenden Mehraufwendungen mit 64,— DM anzusetzen sind.
  Für die 11 Tage vom 20. bis 30.10. betragen die Verpflegungsmehraufwendungen täglich 47,— DM. Die zu berücksichtigende Haushaltsersparnis beträgt (1/5 v. 47,— DM = 9,40 DM, höchstens aber 6,— DM) 6,— DM, so daß sich täglich Mehraufwendungen von 41,— DM ergeben würden.
  Nach Abschnitt 25 Abs. 9 Nr. 1 S. 3 LStR soll der Abzug der Haushaltsersparnis aber nicht zu einem niedrigeren Betrag als dem ohne Nachweis anzusetzenden Pauschbetrag führen.
  Bei einem voraussichtlichen Jahresarbeitslohn von 35.000,— DM beträgt der bei einer mehrtägigen Dienstreise ohne Nachweis anzusetzende Pauschbetrag nach
  Abschn. 25 Abs. 9 Nr. 2b LStR 44,— DM täglich. Die Verpflegungsaufwendungen von 47,— DM sind daher nur um eine Haushaltsersparnis von 3,—

DM täglich zu kürzen, so daß die Mehraufwendungen mit täglich 44,— DM – für die 11 Tage also insgesamt mit 484,— DM – als Reisekosten zu berücksichtigen sind, da auch der Höchstbetrag nach § 9 (4) EStG i. V.m. § 5 (1) 1 LStDV von 64,— DM täglich nicht überschritten wird.

4.4.8.4.4 Nebenkosten

Als Nebenkosten einer Dienstreise oder eines Dienstganges kommen folgende nachgewiesene oder glaubhaft gemachte Kosten in Frage:

- Kosten der Gepäckbeförderung
- Telefonkosten für dienstliche Gespräche mit dem Arbeitgeber
- Straßenbahngebühren, soweit sie nicht zu den Fahrkosten zu rechnen sind
- Parkplatzgebühren (BStBl 1980 I S. 147, Abschn. 25 Abs. 7 Nr. 4 LStR)
- weitere mit der Dienstreise in unmittelbarem Zusammenhang stehende Kosten

Bei der Lösung von Sachverhalten zum Dienstreiserecht soll die nachstehende Übersicht helfen (s. Seite 117).

4.8.5 Ersatz der Reisekosten durch den Arbeitgeber (Reisekostenentschädigungen)

Reisekostenentschädigungen sind Ersatzleistungen des Arbeitgebers für die Aufwendungen, die dem Arbeitnehmer aus Anlaß von Dienstreisen oder Dienstgängen entstehen.

Sie sind grundsätzlich gesehen Einnahmen aus der Einkunftsart nichtselbständiger Arbeit (§ 8 Abs. 1 EStG, § 19 EStG). Diese Einnahmen sind jedoch steuerfrei nach

§ 3 Nr. 13 EStG oder
§ 3 Nr. 16 EStG oder
§ 3 Nr. 52 EStG sinngem. i. V. m.
Abschn. 8 LStR
Abschn. 24 Abs. 6 + 7 LStR.

Bei der Zahlung von Reisekostenentschädigungen ist zu unterscheiden zwischen

A) Reisekostenentschädigungen aus öffentlichen Kassen
B) Reisekostenentschädigungen an private Arbeitnehmer

4.4.8.5.1 Reisekostenentschädigungen aus öffentlichen Kassen:

Wenn Reisekosten dem Grunde und der Höhe nach unmittelbar nach Maßgabe der Vorschriften des Bundesreisekostengesetzes – BRKG – oder entsprechenden Landesgesetzen, z. B. des Hessischen Reisekostengesetzes, vergütet werden, sind sie nach § 3 Nr. 13 EStG steuerfrei.

Der in § 3 Nr. 13 EStG vorgesehenen Einschränkung „... nur soweit steuerfrei, als sie die Höchstbeträge nach § 9 Abs. 4 nicht überschreiten" kommt in der Praxis keine Bedeutung zu, weil die Beträge nach den Reisekostengesetzen niedriger sind als diese Höchstbeträge.

Falls die vom Arbeitgeber ersetzten Reisekosten diejenigen Beträge nicht erreichen, die der Arbeitnehmer als Werbungskosten geltend machen kann, kann der Arbeitnehmer die Spitzenbeträge noch als Werbungskosten geltend machen.

Abzugsfähige Werbungskosten bei Dienstreisen

Fahrkosten

berücksichtigungsfähige Fahrten:

1) von der regelmäßigen Arbeitsstätte oder von der Wohnung zum vorübergehenden Tätigkeitsort oder zum auswärtigen Unterkunftsort und zurück
2) vom auswärtigen Unterkunftsort zum vorübergehenden Tätigkeitsort
3) Zwischenheimfahrten aus dienstlichem Anlaß
4) Zwischen-(Familien-)Heimfahrten bei längeren Dienstreisen

Höhe der Kosten:

1) tatsächl. Kosten öffentlicher Verkehrsmittel
2) tatsächl. nachgewiesene Kosten des Kraftfahrzeuges (anteilig), ersatzweise: gefahrene km × Kilometersätze aus Absch. 25 (7) Nr. 3 LStR

Übernachtungskosten

berücksichtigungsfähig sind:

Kosten der Unterbringung in der Gemeinde des vorübergehenden Tätigkeitsortes oder in der Nähe dieser Gemeinde (Einzugsgebiet)

Höhe der Kosten:

in nachgewiesener Höhe,
ausnahmsweise:
wenn Tatsache der Übernachtung unstreitig ist, kann geschätzt werden

ist Übernachtung mit Frühstück berechnet worden, ist das Frühstück herauszurechnen; bei Fehlen von Unterlagen beträgt der Anteil des Frühstücks an den Gesamtkosten
15 v. H. des Pausch- oder Höchstbetrages des auf die Übernachtung folgenden Tages

Mehraufwendungen für Verpflegung

Siehe Übersichten

„Mehraufwand für Verpflegung für eintägige Dienstreisen (Inland)“ – (Seite 106)
und
„Mehraufwand für Verpflegung für mehrtägige Dienstreisen (Inland)“ – (Seite 114)

Nebenkosten

nur **un**mittelbare Kosten wie:

Gepäckbeförderung
Telefonkosten
Parkplatzgebühren
u. ä. in nachgewiesener Höhe

Beispiel	tatsächlich angefallen	erstattet	restliche WK
Fahrtkosten	500,—	300,—	200,—
Übernachtungskosten	200,—	180,—	20,—
Mehraufwand für Verpflegung	300,—	300,—	0,—

Beispiel	als WK anzuerkennen	erstattet	restliche WK
Fahrtkosten	300,—	200,—	100,—
Übernachtungskosten	500,—	500,—	0,—
Mehraufwand für Verpflegung	400,—	450,—	./. 50,—
	1200,—	1150,—	50,—

– Dieser Arbeitnehmer kann beim Finanzamt noch 50 DM als Werbungskosten geltend machen.

Eine Besonderheit ist jedoch zu beachten:
Ist es einem Arbeitnehmer gelungen, bei einer Reise mit den im Rahmen der ihm pauschal durch ein Reisekostengesetz zur Verfügung gestellten Reisekosten sparsam zu wirtschaften, so daß er vom Arbeitgeber mehr Geld erhielt, als ihm als Werbungskosten zustünde, so sind die zuviel erhaltenen Beträge weiterhin steuerfrei nach § 3 Nr. 13. Die Beträge dürfen auch nicht mit Werbungskosten **anderer** Dienstreisen saldiert werden.

4.4.8.5.2 Reisekostenentschädigungen an private Arbeitnehmer:

Zahlt ein privater Arbeitgeber Reisekostenentschädigungen, so gilt:

die Auszahlung bleibt bis zu der Höhe steuerfrei, wie sie der Arbeitnehmer als Werbungskosten geltend machen könnte.

Zahlt der Arbeitgeber weniger, so kann der Arbeitnehmer die restlichen Beträge als Werbungskosten nachträglich ansetzen.

Wird jedoch mehr gezahlt, sind die die möglichen Werbungskosten übersteigenden Beträge steuerpflichtig.

Besonderheiten

1. Ersatz von Fahrkosten

a) Parkgebühren, die auf Dienstreisen anfallen, sind nicht durch die Kilometersätze des Abschn. 25 Abs. 7 Nr. 3 LStR abgegolten. Sie können deshalb zusätzlich steuerfrei ersetzt werden.
b) Pauschvergütungen, die wegen der Benutzung eines eigenen Fahrzeuges ohne Rücksicht auf Zahl und Fahrtstrecke der tatsächlich ausgeführten Fahrten für einen bestimmten Zeitraum (z. B. für einen Monat) gewährt werden, sind stets steuerpflichtiger Arbeitslohn.
Pauschvergütungen in diesem Sinne sind nicht die km-Sätze des Abschn. 25 Abs. 7 Nr. 3 LStR.

2. Kosten der Unterkunft

Die Kosten für die Unterkunft sind grundsätzlich nur in der tatsächlich entstandenen und nachgewiesenen Höhe (Hotelrechnung) usw. ersetzbar.

Dabei gehören die Kosten für das Frühstück zu den Verpflegungskosten.

Erstattet der Arbeitgeber die Kosten der Unterbringung nach festen Sätzen, so bleiben sie ohne Einzelnachweis steuerfrei, wenn folgende Pauschbeträge nicht überschritten werden:

bei einem voraussichtlichen Jahresarbeitslohn	
von nicht mehr als 25.000 DM	35,— DM
mehr als 25.000 DM, aber nicht mehr als 50.000 DM	37,— DM
mehr als 50.000 DM	39,— DM

Die Tatsache, daß eine Übernachtung stattgefunden hat, muß nachgewiesen werden. Will der Arbeitgeber höhere Beträge als die Pauschbeträge ersetzen, so müssen die tatsächlichen Übernachtungskosten nachgewiesen werden.

Ein steuerfreies Übernachtungsgeld kann nicht gezahlt werden, wenn die Übernachtung in eine vom Arbeitgeber zur Verfügung gestellten Unterkunft erfolgt.

Bei einer mehrtägigen Dienstreise können die Kosten für die Übernachtung für sämtliche Reisetage entweder nur mit den Pauschbeträgen oder bis zur Höhe der einzelnen nachgewiesenen Übernachtungskosten steuerfrei ersetzt werden. Ein Wechsel des Verfahrens innerhalb einer Dienstreise ist nicht zulässig. Dagegen ist es möglich, Verpflegungsmehraufwendungen mit Pauschbeträgen, Übernachtungskosten dagegen in der nachgewiesenen Höhe zu erstatten oder umgekehrt.

3. Verrechnung der Kostenarten

Eine Saldierung der Kosten ist nicht möglich. Die Auswirkungen ergeben sich aus folgendem Beispiel:

Der Kfz-Meister Fritz Horstmann (H) (voraussichtlicher Jahresarbeitslohn 36.000 DM) ist angestellt bei der Firma Franz Diesel, die in Bebra eine Kfz-Werkstatt betreibt. Am Dienstag, dem 8. Febr. 01 wurde H. vom Firmeninhaber zu einem Lkw geschickt, der auf der Autobahn Bad Hersfeld-Eisenach in der Nähe von Hönebach mit Motorschaden liegengeblieben war, um ihn zu reparieren. H. fuhr um 8.45 Uhr mit seinem Pkw von der Firma los zu dem Lkw.

Ankunft dort: 9.05 Uhr. Die Entfernung betrug 16 km. Die Reparatur war sehr schwierig und dauerte bis zum Nachmittag um 16.25 Uhr.

H. ging deshalb in der Mittagszeit zu einem in der Nähe gelegenen Gasthaus und aß dort zu Mittag. Um 16.50 Uhr traf H bei seiner Firma wieder ein.

H. macht folgende Werbungskosten aus Anlaß dieser Fahrt geltend:

1. Fahrtkosten 2 × 16 km × 0,42 DM	=	13,44 DM
2. Verpflegunskosten lt. Beleg	=	18,— DM
3. Telefonat mit Franz Diesel wegen spezieller Frage zur Reparatur	=	2,80 DM
		34,24 DM
	aufgerundet	35,— DM

Der Arbeitgeber ersetzte H. pro gefahrenen km 0,50 DM und die Kosten für das Telefonat. Verpflegungskosten erstattete er nicht.

Wie hoch sind die für H. anzuerkennenden WK für die beschriebene Reise?

- Die dem H. entstandenen Aufwendungen sind Werbungskosten, weil sie beruflich veranlaßt sind. Der berufliche Anlaß ergibt sich aus der dienstlichen Anweisung des Arbeitgebers, an einen auswärtigen Beschäftigungsort zu fahren.

  Zwischen der Reise und dem Beruf besteht ein objektiver Zusammenhang. Es liegen auch Aufwendungen vor, denn bei H. ergab sich eine objektiv meßbare Vermögensminderung durch Abgang vom eigenen und Zugang zu fremden Vermögen (§ 9 Abs. 1 S. 1 EStG).

  Die regelmäßige Arbeitsstätte von H. ist der Mittelpunkt seiner auf Dauer abgestellten Tätigkeit. Das ist hier die Kfz-Werkstatt der Fa. Diesel, denn H. ist hier fast ausschließlich tätig und verläßt diesen Ort nur ausnahmsweise (Abschn. 25 Abs. 5 S. 1 LStR).

Die von ihm durchgeführte Fahrt ist eine Dienstreise, denn er wird tätig

1. auf Weisung des Arbeitgebers (also aus dienstlichen Gründen),
2. in einer Entfernung von 16 km (also mindestens 15 km),
3. außerhalb seiner regelmäßigen Arbeitsstätte,
4. für 8 Stunden und 10 Minuten (also vorübergehend), um einen Lkw zu reparieren (Abschn. 25 Abs. 2 Satz 1 LStR).

H. kann folgende Kosten geltend machen:
- Fahrkosten
- Mehraufwand für Verpflegung
- Nebenkosten;

hiervon muß die Kostenerstattung des Arbeitgebers abgezogen werden (Abschn. 25 Abs. 6 S. 1 LStR). Sollte die Erstattung dabei höher sein als die möglichen Werbungskosten, sind die übersteigenden Beträge steuerpflichtiger Arbeitslohn.

Danach ergibt sich folgende Berechnung:

1. Fahrkosten

2 × 16 km × 0,42 DM	=	13,44 DM
./. AG-Erstattung 2 × 16 km × 0,50 DM	=	16,— DM
zusätzlicher zu versteuernder Arbeitslohn		2,56 DM

2. Mehraufwendung für Verpflegung

Der volle Pauschbetrag bei einer 1tägigen Dienstreise und einem voraussichtlichen Jahresarbeitslohn von 36.000 DM beträgt 33,— DM (Abschn. 25 Abs. 9 Nr. 2a LStR). Da H. aber nur 8 Stdn. und 10 Min. von seiner regelmäßigen Arbeitsstätte abwesend war, ergibt sich ein ermäßigter Pauschbetrag in Höhe von 5/10 des vollen Pauschbetrages; das sind 16,50 DM (Abschn. 25 Abs. 9 Nr. 3 LStR).

Die tatsächlichen Kosten des H. betrugen 18,— DM; hiervon ist eine Haushaltsersparnis in Höhe von 3,60 DM (= 1/5 von 18,— DM) abzuziehen, es verbleiben 14,40 DM (§ 5 Abs. 7 LStDV).

Durch den Abzug der Haushaltsersparnis jedoch wird der an sich zu gewährende Pauschbetrag unterschritten; anzusetzen ist deshalb der Pauschbetrag: 16,50 DM (Abschn. 25 Abs. 9 Nr. 1 S. 3 LStR).

Da der Arbeitgeber die Mehraufwendungen für Verpflegung nicht erstattete, kann H. noch 16,50 DM als Werbungskosten geltend machen.

3. Nebenkosten

Als Nebenkosten sind angefallen	2,80 DM
der Arbeitgeber erstattete	2,80 DM
bleiben	0 DM,

so daß H. keine Nebenkosten mehr als Werbungskosten ansetzen kann.

4.4.9 Werbungskosten für Berufskraftfahrer

Für Arbeitnehmer, deren Beruf es ist, Kraftfahrzeuge zu fahren, sieht Abschn. 25a LStR hinsichtlich der Bestimmung des Ortes der regelmäßigen Arbeitsstätte einige Besonderheiten vor. Es kann nämlich vorkommen, daß das Fahrzeug selbst zur regelmäßigen Arbeitsstätte wird und daß der Arbeitnehmer diese regelmäßige Arbeitsstätte immer „mit sich nimmt“.

Als Personenkreis hierfür kommen vor allem in Frage:

1. Fernfahrer
2. Fahrpersonal der Deutschen Bundesbahn
   - Triebfahrzeugführer
   - Zugführer
   - Schaffner
   - Busfahrer
3. Fahrpersonal der Deutschen Bundespost, auch Bahnpostbegleitdienst
4. Schlafwagenbegleitpersonal
5. Omnibusfahrer im Linien- und Ausflugsverkehr
6. Straßenbahnführer
7. Stadtbusfahrer
8. Taxifahrer
9. Müllfahrzeugführer mit Begleitpersonal
10. Beton- und Kiesfahrer

Nicht in Frage kommen:

1. Polizeibeamte im Streifendienst (auch Autobahnpolizei)
2. Fahrlehrer
3. Paketzusteller
4. Verkaufsfahrer
5. Kundendienstmonteure

Befindet sich die regelmäßige Arbeitsstätte dieses Personenkreises im Fahrzeug, führt der betreffende Fahrer keine Dienstreisen oder Dienstgänge aus, denn er bewegt sich nicht von der regelmäßigen Arbeitsstätte weg. Es wäre aber unbillig, ihm deshalb **keine** besonderen Werbungskosten zuzugestehen, denn so etwas ähnliches wie Dienstreisen oder Dienstgänge sind seine Fahrten allemal.

An Fahrtkosten fallen bei einem solchen Arbeitnehmer wohl nur Aufwendungen

Die regelmäßige Arbeitsstätte von Berufskraftfahrern und die sich daraus ergebenden Folgen für den Werbungskostenabzug

Der Fahrer fährt normalerweise ein Fahrzeug, er verrichtet am Betriebssitz

nur **fahrertypische Arbeiten** wie:

- kurze Zeit beanspruchende Wartungsarbeiten
- Kontrollmaßnahmen wie Lichtfunktions- u. Öldruckprüfung
- Wechseln der Tachographenscheiben
- Ausfüllen von Fahrberichten

auch **fahreruntypische** bzw. **grundstücksbezogene** Arbeiten wie:

- Ladearbeiten
- Lagerarbeiten
- Reparaturarbeiten an Fahrzeugen oder Gebäuden
- Verpackungsarbeiten
- Wartezeiten
- Abrechnungszeiten
- sonstige Büroarbeiten

diese Arbeiten sind **häufig** und **umfangreich**

nein — ja

die zu beurteilende Fahrt erstreckt sich über mehr als 1 Kalendertag

ja → Der Betriebssitz ist/gilt als regelm. Arbeitsstätte

bei den Fahrten liegen
- Dienstgänge oder
- Dienstreisen

vor, die entsprechend abgerechnet werden

nein

die regelmäßige Arbeitsstätte befindet sich auf dem Fahrzeug

Abrechnung des MA für Verpflegung

Fahrtdauer unter 6 Stunden → dem Grunde nach keine WK

Fahrtdauer über 6 Std.

ohne Nachweis

6–12 Std. → 8,– DM

über 12 Std. → 16,– DM

mit Nachweis →

Aufwendungen
./. Haushaltsersparnis
= Mehraufwand für Verpflegung

Hinweis: Erhält ein Berufskraftfahrer Werbungskosten wegen doppelter Haushaltsführung, kann er die Pauschbeträge von 8,– DM bzw. 16,– DM nicht zusätzlich geltend machen (Abschn. 22 (5) Nr. 2 S. 2 LStR).

für Fahrten zwischen Wohnung und Arbeitsstätte an, die nach § 9 Abs. 1 Nr. 4 EStG abgerechnet werden.

Bezüglich der Abrechnung der Mehraufwendungen für Verpflegung sei auf die vorhergehende Übersicht hingewiesen (s. Seite 122).

4.4.10 Doppelte Haushaltsführung

Bei Kosten für die allgemeine Haushaltsführung (Miete, Verpflegung, Wäsche, Reinigung usw.) handelt es sich um Mischaufwendungen, weil sie zum Teil die berufliche und auch die private Sphäre eines Arbeitnehmers betreffen. Bei diesen Kosten ist eine leichte und einwandfreie Trennung in einen beruflichen und einen privaten Anteil nach objektiven Unterscheidungsmerkmalen und Unterlagen nicht möglich. Demzufolge gehören die gesamten Aufwendungen zu den Kosten der privaten Lebensführung (§ 12 Nr. 1 Satz 2 EStG).

Bei **Mehr**aufwendungen für eine

- beruflich veranlaßte
- doppelte Haushaltsführung

liegen jedoch Werbungskosten vor (§ 9 Abs. 1 Nr. 5 EStG).

4.4.10.1 Begriff

Eine doppelte Haushaltsführung liegt vor, wenn folgende äußere Tatbestandsmerkmale vorliegen:

Der Arbeitnehmer hat

1. eine regelmäßige Arbeitsstätte (eng umgrenzt, weiträumig, oder an einer ständig wechselnden Einsatzstelle)
2. einen eigenen Hausstand **außerhalb** der Gemeinde, wo er seine regelmäßige Arbeitsstätte hat
3. seine „Unterkunft“ **in** oder **in der Nähe** der Gemeinde seiner regelmäßigen Arbeitsstätte
   (In der bezeichneten Unterkunft muß der Arbeitnehmer „wohnen“, d. h. leben und übernachten;
   Beispiel: Barackenunterkunft, möbliertes Zimmer, Appartement, Zweitwohnung, Unterkunft bei Bekannten)
4. fährt nicht täglich nach Hause

Beispiel:

Der Arbeitnehmer Egon Wurstig (W) wohnt mit seiner 4köpfigen Familie in einem Eigenheim in Mebach. Seine regelmäßige Arbeitsstätte befindet sich in Casel. Wegen der relativ großen Entfernung hat W. in Brack bei Casel ein möbliertes Zimmer gemietet, in dem er während der Werktage wohnt.
An jedem Wochenende fährt er zu einer Familie nach Mebach.

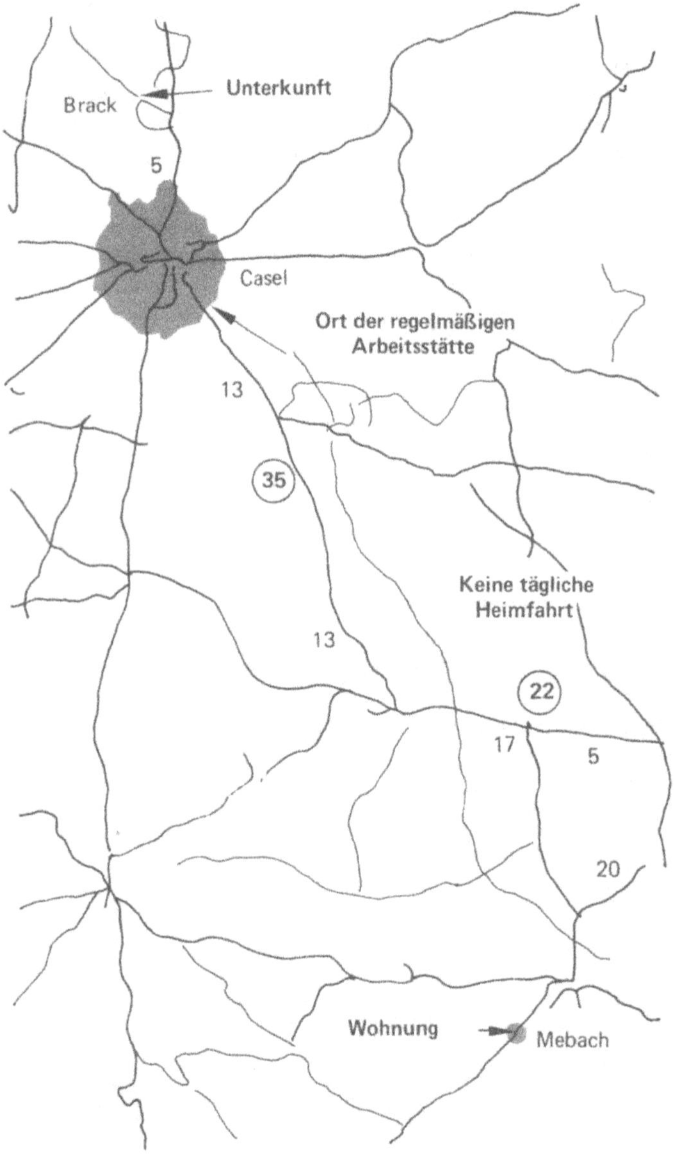

Beim Vorliegen des erwähnten äußeren Tatbestandes werden die entstandenen Aufwendungen als Werbungskosten anerkannt, wenn

1. das Mieten der Unterkunft am Ort oder in der Nähe des Ortes der regelmäßigen Arbeitsstätte beruflich veranlaßt war (Frage nach dem Entstehungsgrund)

und

2. die außerhalb der regelmäßigen Arbeitsstätte gelegene Wohnung (= Mittelpunkt der auf Dauer abgestellten Lebensinteressen) einen eigenen Hausstand darstellt.

Zur Frage nach dem Entstehungsgrund

Das Anmieten einer Unterkunft am oder in der Nähe des Ortes der regelmäßigen Arbeitsstätte ist beruflich begründet, wenn der Arbeitnehmer an einem anderen als dem bisherigen Ort der regelmäßigen Arbeitsstätte eine neue Beschäftigung aufnimmt.

Als Gründe hierfür kommen in Frage:

- Versetzungen
- Abordnungen mit Ziel der Versetzung
- Abordnungen ohne Ziel der Versetzung von länger als einem Jahr
- Arbeitgeberwechsel
- Neueinstellung nach Zeiten der Arbeitslosigkeit
- erstmalige Einstellung
- lehrgangsmäßige Unterbringung länger als 3 Monate an einer Schule bei Arbeitnehmern in Ausbildung

in diesen Fällen wechselt, wie in Kap. 4.4.8.2 dargestellt die regelmäßige Arbeitsstätte vom ersten Tag des neuen Einsatzes an.

Weitere Gründe sind:

- Abordnungen, die dazu führen, daß nach Ablauf von 3 Monaten der vorübergehende Beschäftigungsort zur regelmäßigen Arbeitsstätte wird
- Dienstreisen oder Dienstgänge, die länger als 3 Monate dauern und bei denen der vorübergehende Beschäftigungsort ab Beginn des 4. Monats zur regelmäßigen Arbeitsstätte wird.

In diesem Zusammenhang wird auf die Übersicht „Anhaltspunkte für die Annahme von regelmäßiger Arbeitsstätte und vorübergehendem Beschäftigungsort von Arbeitnehmern“ auf Seite 87 verwiesen.

Wenn ein solcher Wechsel der regelmäßigen Arbeitsstätte vorliegt und der Arbeitnehmer am Ort der neuen regelmäßigen Arbeitsstätte (oder in dessen Nähe) eine Unterkunft anmietet, so ist dies immer beruflich bedingt.

In der Folgezeit ist es unwichtig, ob die Unterkunft **lediglich aus beruflichen Gründen beibehalten** wird; hierfür können dann durchaus u. a private Gründe eine Rolle spielen (z. B. Zuzug eines Freundes, einer Freundin).

Es kommt auch nicht darauf an, daß die Unterkunft sofort nach dem Wechsel der regelmäßigen Arbeitsstätte angemietet wird. Es könnte z. B. der Fall eintreten, daß ein Arbeitnehmer sich ursprünglich vorgenommen hatte, von seiner neuen regelmäßigen Arbeitsstätte aus täglich nach Hause zu fahren. Der langen Fahrzeiten und der Unbequemlichkeiten wegen entschloß er sich jedoch ein Jahr später, am neuen Beschäftigungsort eine kleine Wohnung anzumieten.

Auch hier ist der Entstehungsgrund noch immer beruflich veranlaßt; auch dann noch, wenn bei der Entscheidung, die Wohnung zu nehmen, private Gründe mit hineingespielt haben sollten. Selbstverständlich können hieraus entstehende Kosten erst ab dem Tag der erstmaligen Anmietung der Unterkunft geltend gemacht werden.

Private Gründe für das Anmieten einer Unterkunft führen nicht dazu, daß Werbungskosten aus Anlaß einer doppelten Haushaltsführung anerkannt werden. Ein ausschließlich privater Grund liegt vor, wenn ein Arbeitnehmer seine Wohnung von dem Ort der regelmäßigen Arbeitsstätte wegverlegt.

Folgende Sonderfälle sind von der Rechtsprechung entschieden worden:

- wenn der Arbeitnehmer den Familienwohnsitz vom Beschäftigungsort weg an einen anderen Ort ohne gleichzeitigen Wechsel des Beschäftigungsortes verlegt, (BFH-Urteile vom 14.2.1975 – BStBl II S. 607, vom 10.11.1978 – BStBl 1979 II S. 222 und vom 16.4.1980 – BStBl II S. 512) liegen ausschließlich private Gründe vor (s.o.).
  Sollte jedoch mit der Wohnsitzverlegung gleichzeitig ein Wechsel der regelmäßigen Arbeitsstätte erfolgen, können berufliche Gründe angenommen werden.

> Egon Kratz (K) ist Bediensteter der Stadtverwaltung in Rothe. An diesem Ort wohnt er mit seiner Familie in einer Mietwohnung. Da er auf dem Lande in Wüsten, 40 km von Rothe entfernt, ein Grundstück besitzt, hat er dort ein Einfamilienhaus errichtet, in welches er am 1.8.01 umgezogen ist. Wegen der ungünstigen Verkehrsverbindung fährt K. nicht täglich nach Hause, sondern er hat sich in Rothe ein möbliertes Zimmer gemietet, von dem aus er täglich zur Arbeit fährt.
>
> - K. hat seine Wohnung von der regelmäßigen Arbeitsstätte wegverlegt; das Anmieten des möblierten Zimmers hat ausschließlich private Gründe. Werbungskosten aus diesem Anlaß sind nicht anzuerkennen.

- wenn der Arbeitnehmer heiratet und an einem anderen Ort seine Familienwohnung begründet, seine Wohnung am Beschäftigungsort aber beibehält, liegen private Gründe vor (BHF-Urteil vom 26.11.1976 – BStBl 1977 II S. 158).

> Ein Arbeitnehmer heiratet eine **nicht** berufstätige Person. Die Eheleute beziehen außerhalb der Gemeinde der regelmäßigen Arbeitsstätte eine gemeinsame Wohnung. Diese ist jedoch von der regelmäßigen Arbeitsstätte so weit entfernt, daß der Arbeitnehmer seine bisherige Junggesellenbude beibehält und während der Werktage von dort aus zur Arbeit fährt; am Wochenende fährt er in die gemeinsame auswärtige Wohnung.

- wenn jedoch beide Ehegatten an verschiedenen Arbeitsorten berufstätig sind und nach der Eheschließung eine der beiden Wohnungen als Familienwohnung anzusehen ist, liegen berufliche Gründe vor. Voraussetzung ist aber, daß beide Ehegatten zu den Kosten des gemeinsamen Haushalts beitragen, an dem als gemeinsamen Wohnsitz bezeichneten Wohnort auch überwiegend die gemeinsame Freizeit verbringen und daß schließlich die Wohnung den gemeinsamen Wohnbedürfnissen genügt (BFH-Urteil vom 13.7.1976 – BStBl II S. 654).

Zwei Arbeitnehmer heiraten; auch nach der Heirat bleiben beide berufstätig. Die beiden Eheleute arbeiten in verschiedenen Orten an 2 verschiedenen regelmäßigen Arbeitsstätten. Der Ehemann hatte bisher nur ein kleines möbliertes Zimmer, die Ehefrau hingegen wohnte in einer vollständig eingerichteten 4-Zimmer-Wohnung (Eigentum oder Miete). Aus diesem Grunde haben die Eheleute die Wohnung der Ehefrau zur Familienwohnung auserwählt. Weil aber die regelmäßige Arbeitsstätte des Ehemannes relativ weit von der Familienwohnung entfernt ist, hat er sein möbliertes Zimmer beibehalten und fährt von dort aus zur Arbeit. Am Wochenende fährt er nach Hause. Seine Ehefrau wiederum fährt von der gemeinsamen Wohnung aus zu ihrer Arbeitsstätte.

- wenn der Arbeitnehmer heiratet und seine Unterkunft am Beschäftigungsort beibehält, aber die Wohnung, in der der Ehegatte lebt, keine Familienwohnung darstellt, z. B. weil sie den gemeinsamen Wohnbedürfnissen nicht genügt, weil die Eheleute dort nicht überwiegend die gemeinsame Freizeit verbringen, weil der Arbeitnehmer zu den Kosten des gemeinsamen Haushalts nicht beiträgt, liegen wiederum private Gründe vor (BFH-Urteil vom 3. 7. 1986 – BStBl II S. 654).

Zwei Arbeitnehmer heiraten; auch nach der Heirat bleiben beide berufstätig. Die beiden Eheleute arbeiten in verschiedenen Orten an 2 verschiedenen regelmäßigen Arbeitsstätten. Ehemann und Ehefrau haben jeweils am Ort ihrer regelmäßigen Arbeitsstätte ein möbliertes Zimmer. Auch nach der Heirat werden diese – als Familienwohnung unzureichende – Zimmer beibehalten. Von dort aus suchen beide Arbeitnehmer ihre Arbeitsstätten auf.

- wenn der Arbeitnehmer mit seiner Ehefrau eine gemeinsame Wohnung am Beschäftigungsort bezieht, die bisherige Familienwohnung aber nicht aufgibt, z. B. weil dort noch Angehörige von ihm leben, liegen ebenfalls private Gründe vor (BFH-Urteil vom 29. 11. 1974 – BStBl 1975 II S. 459).

Zur Frage nach dem Bestehen eines eigenen Hausstandes

Bei **Verheirateten**, die nicht dauernd getrennt leben, müssen folgende Merkmale vorliegen, damit ein eigener Hausstand angenommen werden kann:

1. Die Einrichtung (Möblierung, Größe) der Wohnung muß den Lebensbedürfnissen des Arbeitnehmers und der übrigen Mitglieder der Familie entsprechen.
2. In der (Familien-)Wohnung muß eine Hauswirtschaft geführt werden, d. h. während der Abwesenheit des Arbeitnehmers muß der Haushalt von einer anderen Person (Ehefrau, Mutter usw.) weitergeführt werden (Hausreinigung, Wäsche, Gartenarbeiten, Blumenpflege usw.).
3. Der Arbeitnehmer muß sich an diesem hauswirtschaftlichen Leben finanziell (maßgeblich) beteiligen. Diese Erfordernis der maßgeblichen Beteiligung ist erfüllt, wenn der Arbeitnehmer seiner Familie ausreichende Mittel zur Führung des Haushalts (für Essen, Kleidung, Reinigungsmittel usw.) zur Verfügung stellt.

   Eine maßgebliche finanzielle Beteiligung liegt jedenfalls **nicht** vor, wenn die dem Familienhaushalt zugewendeten Beträge erkennbar unzureichend sind.

   Sind beide Ehegatten berufstätig, muß der finanzielle Anteil an den Kosten des

Haushalts dem Anteil am jeweiligen Einkommen entsprechen; ggf. ist ein Nachweis zu erbringen.

Dieser Anteil an den Kosten muß jedoch nicht so erbracht werden, daß jeder Ehegatte z. B. an den Kosten der Miete mit einem bestimmten Vomhundertsatz beteiligt ist. Es ist vielmehr nicht zu beanstanden, wenn der eine Ehegatte z. B. die laufenden Kosten übernimmt, während der andere Ehegatte die Kosten für die Anschaffung von langlebigen Wirtschaftsgütern trägt.

Der Nachweis erübrigt sich jedoch, wenn der Arbeitnehmer mindestens einmal im Monat an den Familienwohnsitz zurückkehrt (BdF v. 26.11.1981 – S. 2352 BStBl 1981 I S. 744).

4. Der Arbeitnehmer muß sich durch seine persönliche Mitwirkung maßgeblich am hauswirtschaftlichen Leben beteiligen. Wenn auch die räumliche Trennung von den Familienangehörigen dazu führt, daß eine persönliche Mitwirkung des Arbeitnehmers nur eingeschränkt möglich ist und sich vor allem an den Wochenenden und im Urlaub abspielen dürfte, so ist doch eine persönliche Mitwirkung möglich. Zu denken ist hierbei an briefliche oder telefonische Kontakte während der Woche, um am Familienleben weiter teilzunehmen. An den Tagen, an denen der Arbeitnehmer sich bei seiner Familie aufhält, kann er sich am hauswirtschaftlichen Leben in vielfältiger Weise beteiligen:
Rasenmähen, Gartenarbeit, Erledigung von Reparaturarbeiten, Einkäufe, Besprechung finanzieller Fragen, Spielen mit Kindern usw.

Bei **Ledigen** kommen zu den genannten 4 Voraussetzungen noch folgende hinzu (Abschn. 27 Abs. 5 S. 6 LStR):

a) **vor Beginn** der auswärtigen Beschäftigung muß ein eigener Hausstand mit einem finanziell abhängigen Angehörigen bestanden haben;
b) dieser Hausstand wird beibehalten;
c) die entsprechenden Kosten werden ganz oder überwiegend vom Arbeitnehmer getragen.

Der ledige Arbeitnehmer Merkle (M) lebt mit seiner mittel- und vermögenslosen Mutter in der Stadt Mech in einer kleinen Wohnung; er trägt alle Kosten des Haushalts. Eines Tages wird er nach Sterk versetzt; er möchte seiner Mutter einen Umzug nicht mehr zumuten und nimmt sich für die Woche in Sterk ein möbliertes Zimmer. Das Wochenende verbringt er bei seiner Mutter.

Sonderregelungen für ausländische Arbeitnehmer

Auch ausländische Arbeitnehmer erfüllen oft die äußeren Voraussetzungen für den Abzug von Werbungskosten aus Anlaß einer doppelten Haushaltsführung:

Bei der Prüfung der für die Anerkennung der Werbungskosten wegen doppelter Haushaltsführung wesentlichen Fragen, ob

1. das Mieten der Unterkunft am Ort oder in der Nähe des Ortes der regelmäßigen Arbeitsstätte beruflich veranlaßt war

und ob

2. die außerhalb der regelmäßigen Arbeitsstätte im Ausland gelegene Wohnung einen eigenen Hausstand darstellt,

gelten folgende Besonderheiten:

Zur Frage nach dem Entstehungsgrund

Die vorstehend aufgeführten Voraussetzungen (Seite 125) gelten auch hier.

Zusätzlich muß aber noch berücksichtigt werden:

Ausländische Arbeitnehmer können auch während der Zeit der **Arbeitslosigkeit** in der Bundesrepublik Deutschland Aufwendungen für doppelte Haushaltsführung als Werbungskosten geltend machen. § 3c EStG i. V. m. § 3 Nr. 2 EStG ist nicht anzuwenden, weil ein unmittelbarer wirtschaftlicher Zusammenhang zwischen dem Bezug des steuerfreien Arbeitslosengeldes und den Aufwendungen für doppelte Haushaltsführung nicht besteht. Die fraglichen Aufwendungen sind vielmehr als Aufwendungen im Hinblick auf ein künftiges neues Arbeitsverhältnis, d. h. als vorweggenommene Werbungskosten anzusehen.

Hat ein Arbeitnehmer in der Bundesrepbulik Deutschland politisches Asyl beantragt, so ist zwischen beruflicher und privater Veranlassung zu unterscheiden. Notwendige Mehraufwendungen werden steuerlich nur dann berücksichtigt, wenn die Begründung der doppelten Haushaltsführung ausschließlich beruflich veranlaßt ist; aus der Beantragung des politischen Asyls kann nicht ohne weiteres auf eine ausschließlich private Veranlassung geschlossen werden (BdF v. 26.11.1981, BStBl 1981 I S. 744).

Frage nach dem Bestehen eines eigenen Hausstandes (im Ausland)

a) Die **Einrichtung der Wohnung** muß den örtlichen Lebensbedürfnissen des Arbeitnehmers entsprechen. Eine Überprüfung dieses Erfordernisses dürfte jedoch schwerfallen.
b) In der Familienwohnung muß eine **Hauswirtschaft** geführt werden.
c) Die maßgebliche **finanzielle Beteiligung** braucht nicht geprüft zu werden, wenn der Arbeitnehmer mindestens zweimal im Kalenderjahr an den Familienwohnsitz im Ausland zurückkehrt. In anderen Fällen kann aus Vereinfachungsgründen von einer Prüfung, ob sich der Arbeitnehmer erkennbar unzureichend finanziell am Familienhaushalt beteiligt hat, abgesehen werden, wenn er für seinen Ehegatten und jedes zum Haushalt gehörende Kind mindestens 50 v.H. der gem. § 33a Abs. 1 EStG nach den Verhältnissen des Wohnsitzstaates der unterstützten Personen abziehbaren Beträge zum Haushalt beiträgt.

Nachweis von Zahlungen

Der Nachweis über die für den Unterhalt geleisteten Zahlungen kann grundsätzlich nur durch Post- oder Bankbelege erbracht werden, die die unterhaltene Person als Empfänger ausweisen. Werden mehrere Personen (Eltern, Ehefrau, Kinder), die in einem gemeinsamen Haushalt leben, unterhalten, so genügt es, wenn die Überweisungsbelege auf den Namen einer dieser Personen lauten.

Überweist der Steuerpflichtige Geldbeträge auf ein Konto im Ausland, das nicht auf den Namen des Unterhaltsempfängers lautet, und behauptet er, die bedürftigen Angehörigen bzw. ein Bevollmächtigter könnte von diesem Konto Geldbeträge für den Unterhalt abheben, so muß er folgende Unterlagen vorlegen:

a) inländische Einzahlungs- oder Überweisungsbelege,
b) Bescheinigung der Bank über die Kontovollmacht des Dritten,
c) Bescheinigung der Bank über Zeitpunkt, Höhe und Empfänger der Auszahlung. Das gilt ausnahmsweise nicht, wenn das Konto auf den Namen des Steuerpflichtigen lautet und Unterhaltsaufwendungen nur für Ehegatten und/oder Kinder geleistet worden sind.

Sind einem Steuerpflichtigen Einzahlungsbelege abhanden gekommen, ist ihm aufzugeben, Ersatzbelege des Instituts zu beschaffen, über das die Überweisungen vorgenommen worden sind.

Wird von einem Steuerpflichtigen ein anderer Zahlungsweg gewählt, z. B. die Mitnahme von Bargeld durch ihn selbst oder beauftragte Personen anläßlich von Familienheimfahrten, so sind wegen der oft schwer überschaubaren Verhältnisse an den Nachweis bzw. die Glaubhaftmachung einer Zahlung erhöhte Anforderungen zu stellen (§ 90 Abs. 2 AO).

In derartigen Fällen sind inländische Belege über das Vorhandensein entsprechender Mittel (z.B. Abhebungsnachweis) und detaillierte Empfängerbestätigungen vorzulegen. Hierauf kann verzichtet werden, wenn bei eigenen Familienheimfahrten die Mitnahme insgesamt lediglich eines Nettomonatslohns für den Unterhalt der Ehefrau, der Kinder und anderer im gemeinsamen Haushalt lebenden Angehörigen geltend gemacht wird.

Verteilung der Zahlungen auf die unterhaltenen Personen

Leben mit dem Ehegatten andere unterhaltsbedürftige Personen in einem gemeinsamen Haushalt, so ist der Gesamtbetrag der nachgewiesenen Unterhaltszahlungen nach der Gesamtzahl der unterhaltenen Personen zu teilen. Dabei ist jedoch davon auszugehen, daß mindestens 50 v. H. des Betrags auf den Ehegatten und ggf. auf die zum Haushalt gehörenden Kinder entfallen, die nach den Verhältnissen des Wohnsitzstaates im Rahmen des § 33a Abs. 1 EStG in Betracht kämen. Erhält der Steuerpflichtige Kindergeld oder andere Leistungen für Kinder (§ 8 Abs. 1 BKGG) in der Bundesrepublik Deutschland einschließlich Berlin (West), so ist mindestens dieser Betrag als auf die Kinder entfallend zu berücksichtigen. Allein der hiernach auf die anderen Angehörigen entfallende Betrag ist im Rahmen des § 33a Abs. 1 EStG steuerlich berücksichtigungsfähig.

In der Verteilungsrechnung sind auch die nicht im gemeinsamen Haushalt mit dem Ehegatten lebenden Angehörigen einzubeziehen, wenn sie am Ort des Haushalts des Ehegatten wohnen.

Dem Einwand, daß z. B. Eltern oder Geschwister des Steuerpflichtigen höhere Unterhaltsleistungen erhalten haben, als sich nach der Verteilungsrechnung ergeben, kann nicht gefolgt werden. Denn abgesehen davon, daß ohnehin von inländischen Maßstäben auszugehen ist, dürfte auch der ausländische Steuerpflichtige in der Regel aus rechtlichen, tatsächlichen oder sittlichen Gründen verpflichtet sein, vorrangig Ehefrau und Kinder zu unterhalten. Die Vorlage einer Bedürftigkeitsbescheinigung und entsprechender Zahlungsbelege für entferntere Verwandte ist kein Beweis dafür, daß die an sie überwiesenen Beträge nur für ihren Unterhalt und nicht etwa auch für den näheren Angehörigen (z. B. der Kinder) verwandt worden sind.

d) Die Intensität der **persönlichen Mitwirkung** des Arbeitnehmers am hauswirtschaftlichen Leben hängt wesentlich von den Umständen des Einzelfalls ab und wird entscheidend bestimmt von dem Ausmaß der räumlichen Trennung. Bei größerer Entfernung zwischen Familien- und Beschäftigungswohnsitz – insbesondere bei einem Familienwohnsitz im Ausland – wird sich die persönliche Mitwirkung des Arbeitnehmers am hauswirtschaftlichen Leben auf ein Mindestmaß beschränken.
Eine Mitwirkung am hauswirtschaftlichen Leben ist in diesen Fällen aber noch anzunehmen, wenn zumindest eine Familienheimfahrt im Kalenderjahr nachgewiesen wird.
Bei Arbeitnehmern mit eigenem Hausstand in fernöstlichen Ländern, z. B. Korea, Philippinen, Japan oder ähnlich weit entfernt liegenden Ländern, ist die persönliche Mitwirkung am hauswirtschaftlichen Leben ausnahmsweise auch dann zu unterstellen, wenn nur alle zwei bis drei Jahre eine Familienheimfahrt unternommen wird (vgl. BFH-Urteil vom 2. 9. 1977 – BStBl 1978 II S. 26).
Bei Arbeitnehmern, die politisches Asyl in der Bundesrepublik Deutschland beantragt haben, und deshalb Familienheimfahrten unterlassen, sind hieraus für einen Zeitraum von etwa 5 Jahren keine nachteiligen Schlüsse zu ziehen, wenn der Arbeitnehmer im übrigen durch briefliche, telefonische oder anderweitige Kontakte eine persönliche Mitwirkung glaubhaft machen kann.

Zusammenfassung

Wenn ein Arbeitnehmer folgenden äußeren Tatbestand erfüllt:

1. er hat eine regelmäßige Arbeitsstätte; a) eng umgrenzt, b) weiträumig, c) an ständig wechselnden Einsatzstellen,
2. es besteht eine eigene Wohnung **außerhalb** der Gemeinde, in der der Arbeitnehmer seine regelmäßige Arbeitsstätte hat;
3. er hat eine „Unterkunft" **in** oder **in der Nähe** der Gemeinde seiner regelmäßigen Arbeitsstätte;
4. er fährt nicht täglich nach Hause;
   und wenn sich dabei ergibt, daß
   1. das Mieten der „Unterkunft" beruflich veranlaßt war
      und
   2. die „Wohnung" einen eigenen Hausstand darstellte,

dann kann er notwendige Mehraufwendungen für eine doppelte Haushaltsführung geltend machen (§9 Abs. 1 Nr. 5 EStG).

Dabei kann er wählen (Abschn. 24 Abs. 5 Satz 6 LStR), ob er seine Kosten

A. als Werbungskosten aus Anlaß einer doppelten Haushaltsführung (Kap. 4.4.10.2)
   oder
B. als Werbungskosten wegen Fahrten zwischen Wohnung und Arbeitsstätte (Kap. 4.4.10.4)

abrechnet.

4.4.10.2 Werbungskosten aus Anlaß einer doppelten Haushaltsführung

Als spezifische Werbungskosten wegen doppelter Haushaltsführung kommen in Frage:

1. Fahrkosten (Abschn. 27 Abs. 1 Nr. 1 u. 2 LStR)
2. Mehraufwendungen für Verpflegung (Inland) (Abschn. 27 Abs. 1 Nr. 3 LStR)
3. Kosten der Unterkunft am Beschäftigungsort (Abschn. 27 Abs. 1 Nr. 4 LStR).

4.4.10.2.1 Fahrtkosten

Folgende Kosten können vorkommen:

erste Fahrt zum Ort der neuen regelmäßigen Arbeitsstätte; Wochenendheimfahrten; Zwischenheimfahrten im Laufe der Woche; letzte Fahrt vom Ort der regelmäßigen Arbeitsstätte nach Hause; Fahrten zwischen Unterkunft und regelmäßiger Arbeitstätte.

Jedoch können nicht alle diese Fahrten für die Berechnung der Werbungskosten zugrunde gelegt werden.

Angesetzt werden können:

– für die erste Fahrt von dem Wohnort zum Ort der neuen regelmäßigen Arbeitsstätte die tatsächlichen Kosten der öffentlichen Verkehrsmittel; bei Benutzung eines eigenen Kraftfahrzeuges die tatsächlichen Kosten, ersatzweise die km-Sätze des Abschn. 25 Abs. 7 Nr. 3 LStR. (Ausnahme: der doppelten Haushaltsführung ist eine Dienstreise vorausgegangen)

- pro Woche (wenn tatsächlich durchgeführt) nur eine Familienheimfahrt (§ 9 Abs. 1 Nr. 5 Satz 2 EStG). Angesetzt werden die tatsächlichen Kosten bei Benutzung öffentlicher Verkehrsmittel. Werden die Fahrten jedoch mit eigenem Kraftfahrzeug durchgeführt, wird die Fahrt behandelt wie eine Fahrt zwischen Wohnung und Arbeitsstätte (§ 9 Abs. 1 Nr. 5 Satz 3 EStG): Entfernungskilometer x Pauschsatz aus § 9 Abs. 1 Nr. 4 EStG!
- für die letzte Fahrt vom Ort der regelmäßigen Arbeitsstätte zum Wohnort die tatsächlichen Kosten der öffentlichen Verkehrsmittel; bei Benutzung eines eigenen Kraftfahrzeuges die tatsächlichen Kosten, ersatzweise die km-Sätze des Abschn. 25 Abs. 7 Nr. 3 LStR
- Die Fahrten zwischen Unterkunft und regelmäßiger Arbeitsstätte werden i. d. R. nach § 9 (1) Nr. 4 EStG abgerechnet

4.4.10.2.2 Mehraufwendungen für Verpflegung (hier nur Inland)

Der Arbeitnehmer hat die Möglichkeit, seine Mehraufwendungen für Verpflegung

1. **ohne** Einzelnachweis
2. **mit** Einzelnachweis

abzurechnen. Dabei kommt es darauf an, ob der Arbeitnehmer seine regelmäßige Arbeitsstätte

a) in einem eng umgrenzten oder auch weiträumigen Gebiet oder
b) an einer ständig wechselnden Einsatzstelle hat.

Berechnung ohne Einzelnachweis im Falle der eng umgrenzten oder weiträumigen Arbeitsstelle

Der Arbeitnehmer erhält für die **ersten beiden Wochen** seit Beginn der Tätigkeit die für mehrtätige Inlandsdienstreisen geltenden Pauschbeträge der notwendigen Mehraufwendungen für Verpflegung als Werbungskosten anerkannt (Abschn. 27 Abs. 1 Nr. 3a LStR). Damit wird der Tatsache Rechnung getragen, daß ein Arbeitnehmer sich am Ort der neuen regelmäßigen Arbeitsstätte erst nach günstigen Verpflegungsmöglichkeiten umsehen muß (Ausnahme: vorangegangene Dienstreise).

Nach den ersten beiden Wochen werden ihm noch 16,— DM als Verpflegungsmehraufwand zugestanden (§ 27 Abs. 1 Nr. 3b LStR).

Hierbei ist aber zu beachten, daß bei unzutreffender Besteuerung nur die tatsächlichen Mehraufwendungen anzusetzen sind (Abschn. 27 Abs. 1 Nr. 6 LStR).

Berechnung ohne Einzelnachweis im Falle eines Einsatzes auf einer ständig wechselnden Einsatzstelle

Der Arbeitnehmer erhält für die **ersten drei Monate** seit Beginn der Tätigkeit die für mehrtägige Inlandsreisen geltenden Pauschbeträge der notwendigen Mehraufwendungen für Verpflegung als Werbungskosten anerkannt (Abschn. 27 Abs. 3 S. 1 LStR). Nach den ersten drei Monaten werden ihm noch 16,— DM als Verpflegungsmehraufwand zugestanden (§ 27 Abs. 1 Nr. 3b LStR).

Hierbei ist aber zu beachten, daß bei unzutreffender Besteuerung nur die tatsächlichen Mehraufwendungen anzusetzen sind (Abschn. 27 Abs. 1 Nr. 6 LStR).

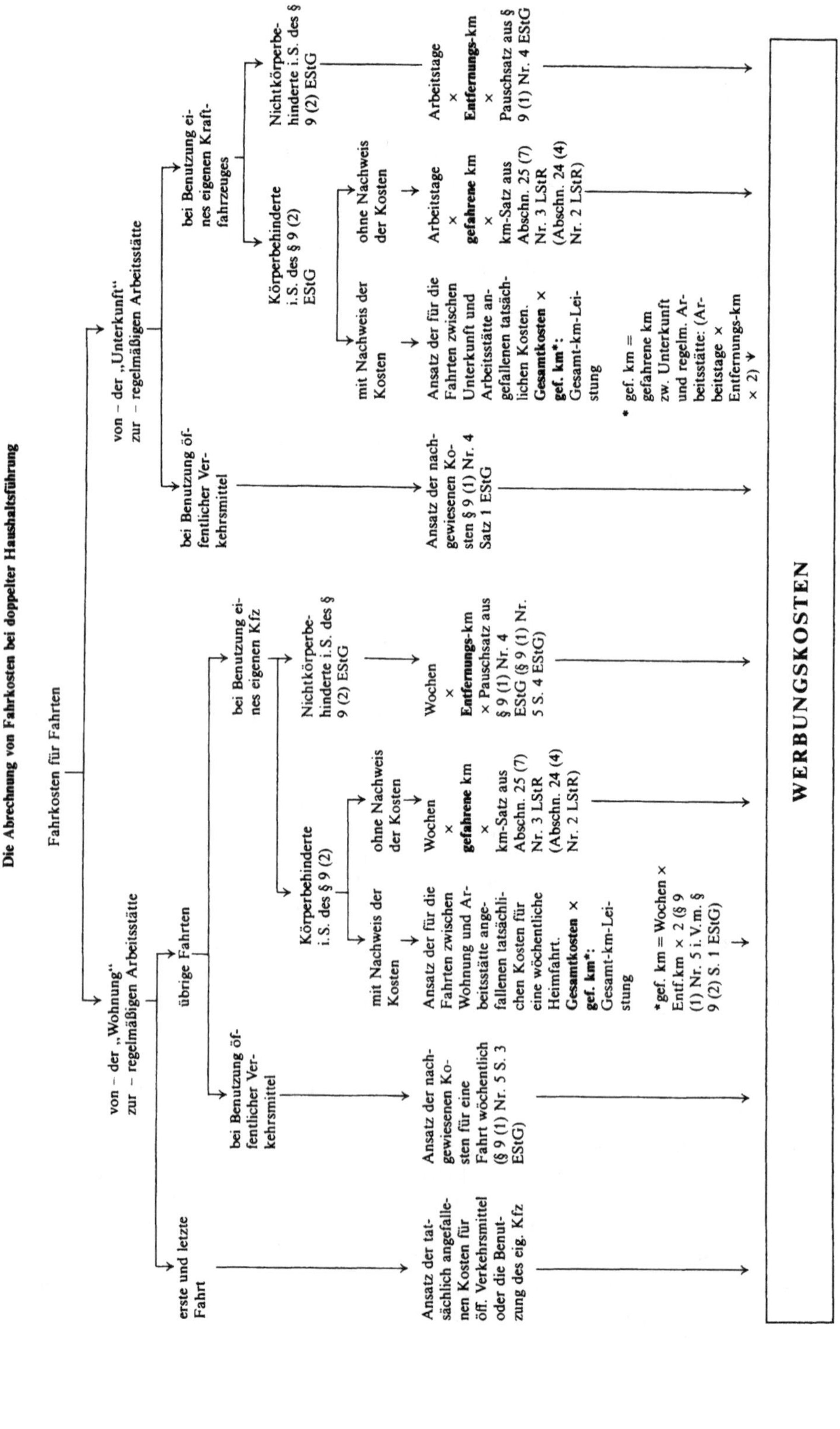
Die Abrechnung von Fahrkosten bei doppelter Haushaltsführung
Fahrkosten für Fahrten
von – der „Wohnung“ zur – regelmäßigen Arbeitsstätte
erste und letzte Fahrt
Ansatz der tatsächlich angefallenen Kosten für öff. Verkehrsmittel oder die Benutzung des eig. Kfz
übrige Fahrten
bei Benutzung öffentlicher Verkehrsmittel
Ansatz der nachgewiesenen Kosten für eine Fahrt wöchentlich (§ 9 (1) Nr. 5 S. 3 EStG)
bei Benutzung eines eigenen Kfz
Körperbehinderte i.S. des § 9 (2)
mit Nachweis der Kosten
Ansatz der für die Fahrten zwischen Wohnung und Arbeitsstätte angefallenen tatsächlichen Kosten für eine wöchentliche Heimfahrt. Gesamtkosten × gef. km*: Gesamt-km-Leistung
*gef. km = Wochen × Entf.km × 2 (§ 9 (1) Nr. 5 i.V.m. § 9 (2) S. 1 EStG)
ohne Nachweis der Kosten
Wochen × gefahrene km × km-Satz aus Abschn. 25 (7) Nr. 3 LStR (Abschn. 24 (4) Nr. 2 LStR)
Nichtkörperbehinderte i.S. des § 9 (2) EStG
Wochen × Entfernungs-km × Pauschsatz aus § 9 (1) Nr. 4 EStG (§ 9 (1) Nr. 5 S. 4 EStG)
von – der „Unterkunft“ zur – regelmäßigen Arbeitsstätte
bei Benutzung öffentlicher Verkehrsmittel
Ansatz der nachgewiesenen Kosten § 9 (1) Nr. 4 Satz 1 EStG
bei Benutzung eines eigenen Kraftfahrzeuges
Körperbehinderte i.S. des § 9 (2) EStG
mit Nachweis der Kosten
Ansatz der für die Fahrten zwischen Unterkunft und Arbeitsstätte angefallenen tatsächlichen Kosten. Gesamtkosten × gef. km*: Gesamt-km-Leistung
* gef. km = gefahrene km zw. Unterkunft und regelm. Arbeitsstätte: (Arbeitstage × Entfernungs-km × 2)
ohne Nachweis der Kosten
Arbeitstage × gefahrene km × km-Satz aus Abschn. 25 (7) Nr. 3 LStR (Abschn. 24 (4) Nr. 2 LStR)
Nichtkörperbehinderte i.S. des § 9 (2) EStG
Arbeitstage × Entfernungs-km × Pauschsatz aus § 9 (1) Nr. 4 EStG
WERBUNGSKOSTEN

verkürzte Fassung

Fahrkosten

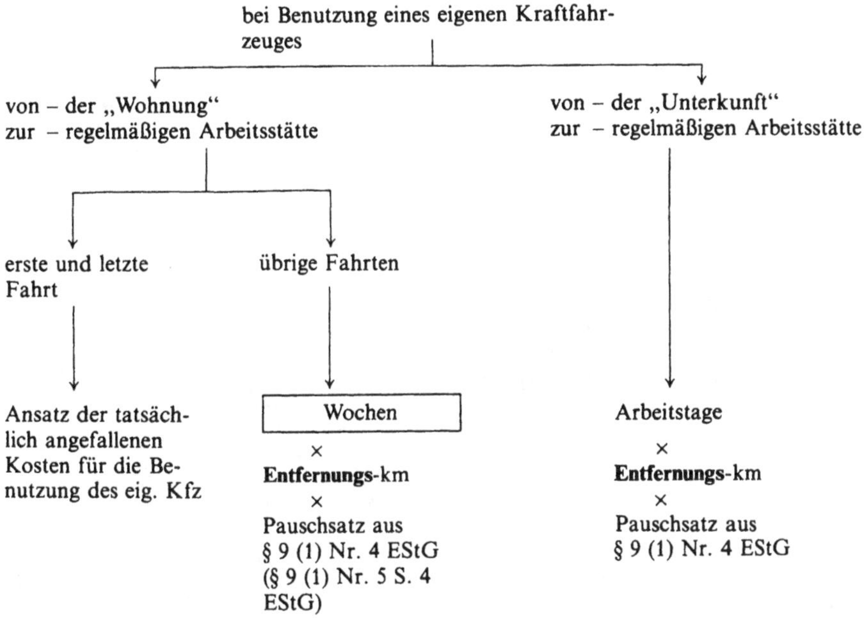

Bei Fahrten von Körperbehinderten siehe Seite 57f.

Berechnung mit Einzelnachweis

Wie bei den Dienstreisen ist es auch hier zweckmäßig, zunächst die Höhe der ohne Einzelnachweis anzusetzenden Beträge zu ermitteln. Abschn. 27 Abs. 4 S. 3 LStR schreibt nämlich vor, daß Abschn. 25 Abs. 9 Nr. 1 LStR entsprechend angewendet werden soll. Der – auch bei der doppelten Haushaltsführung – vorzunehmende Abzug der Haushaltsersparnis nach § 6 letzter Satz LStDV i. V. m. § 5 Abs. 7 LStDV, darf demzufolge nicht dazu führen, daß die genannten Beträge unterschritten werden.

In allen Fällen ist nach Ermittlung des anzusetzenden Betrages zunächst zu prüfen, ob die geltend gemachten tatsächlichen Kosten **unter** diesen Beträgen liegen. Wenn dies zutrifft, werden nach herrschender Meinung die tatsächlichen Kosten als Mehraufwendungen angesetzt, ohne eine Haushaltsersparnis zu berechnen.

Liegen die tatsächlichen Kosten **gleich** oder **höher** als der ermittelte anzusetzende Betrag, wird der Mehraufwand zunächst nach der bekannten Formel aus § 6 i. V. m. § 5 (7) LStDV errechnet. Sind durch diese Berechnung die Pauschbeträge von 42,— DM, 44,— DM, und 46,— DM bzw. 16,— DM unterschritten worden, werden diese angesetzt (Abschn. 27 Abs. 4 Satz 3 i. V. m. Abschn. 25 Abs. 9 Nr. 1 LStR).

Wird jedoch der anzusetzende Betrag nicht unterschritten – liegt der errechnete Mehraufwand vielmehr darüber – muß nur noch geprüft werden, ob die Höchstbeträge für Verpflegungsmehraufwendungen des § 6 Nr. 1 LStDV eingreifen. Wenn

Mehraufwendungen für Verpflegung bei doppelter Haushaltsführung (Inland)

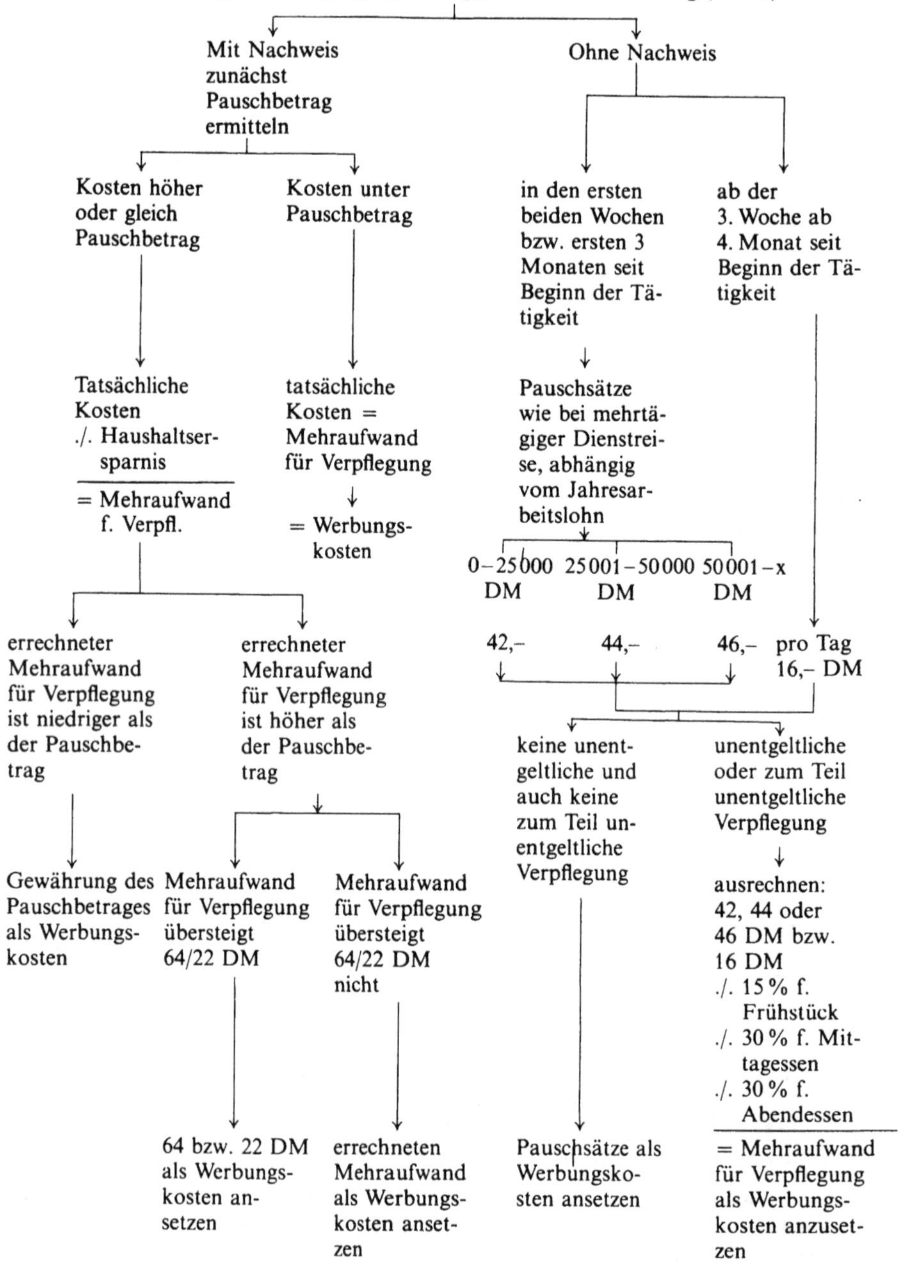

dies zutrifft, ist in den ersten beiden Wochen bzw. in den ersten drei Monaten nur der Höchstbetrag von 64,— DM täglich anzusetzen. Für die Folgezeit sind höchstens 22,— DM zu gewähren (§ 6 Nr. 1 LStDV).

Die vorangegangene Übersicht dient der Berechnung der Mehraufwendungen für Verpflegung bei der doppelten Haushaltsführung (s. Seite 136).

Für den gesamten Zeitraum der doppelten Haushaltsführung kann der Arbeitnehmer die Mehraufwendungen für Verpflegung entweder **nur** nach dem Verfahren

ohne Nachweis der Kosten

oder **nur** nach dem Verfahren

mit Nachweis der Kosten

abrechnen (Abschn. 27 Abs. 4 Satz 4 LStR).

Ein Verfahrenswechsel innerhalb dieser Aufwendungsart „Mehraufwand für Verpflegung" ist nicht möglich (Abschn. 27 Abs. 4 Satz 6 LStR).

Der Arbeitnehmer kann aber z. B. die Kosten für Verpflegung nach der Methode „ohne Nachweis" und die Kosten für die Unterkunft (Ausführungen hierzu folgen) nach der Methode „mit Nachweis" abrechnen, weil jede Aufwendungsart (hier: „Mehraufwendungen für Verpflegung" und „Unterkunftskosten") getrennt zu sehen ist (Abschn. 27 Abs. 4 Satz 5 LStR).

Ergänzender Hinweis

Bei der Berechnungsmethode „ohne Nachweis der Kosten" ist zu beachten, daß die erhöhten Sätze der ersten beiden Wochen „vom Beginn der Tätigkeit an" zu berechnen sind.

Ein Arbeitnehmer, der also

eine länger als 3monatige Dienstreise ausführt und bei dem deshalb der vorübergehende Beschäftigungsort zur regelmäßigen Arbeitstätte wird

oder

der zunächst täglich zu seiner Wohnung zurückfährt und erst später in der Nähe der regelmäßigen Arbeitsstätte eine Unterkunft bezieht,

bekommt die erhöhten Sätze der ersten beiden Wochen nicht!

Weiterhin sei darauf hingewiesen, daß neben diesen „Mehraufwendungen für Verpflegung aus Anlaß einer doppelten Haushaltsführung" noch „Mehraufwendungen für Verpflegung wegen langer Abwesenheit von der Wohnung" gewährt werden können; dies gilt bei Einsätzen an ständig wechselnden Einsatzstellen jedoch erst ab dem 4. Monat des Einsatzes (Abschn. 22 Abs. 5 Nr. 2 LStR).

4.4.10.2.3 Kosten der Unterkunft am Beschäftigungsort

Tatsächlich entstandene Aufwendungen eines Arbeitnehmers für die in der Nähe der regelmäßigen Arbeitstätte gelegene Unterkunft (**nicht** für die Wohnung, die sich außerhalb des Ortes der regelmäßigen Arbeitsstätte befindet) können nur mit Einzelnachweis (Abschn. 27 Abs. 1 Nr. 4 LStR) berücksichtigt werden.

Wenn der Arbeitnehmer die ihm für die Miete der Unterkunft entstandenen Kosten nachweist, werden die entsprechenden Kosten als Werbungskosten angesetzt. Es ist jedoch zu beachten, daß überhöhte Aufwendungen von diesen Kosten

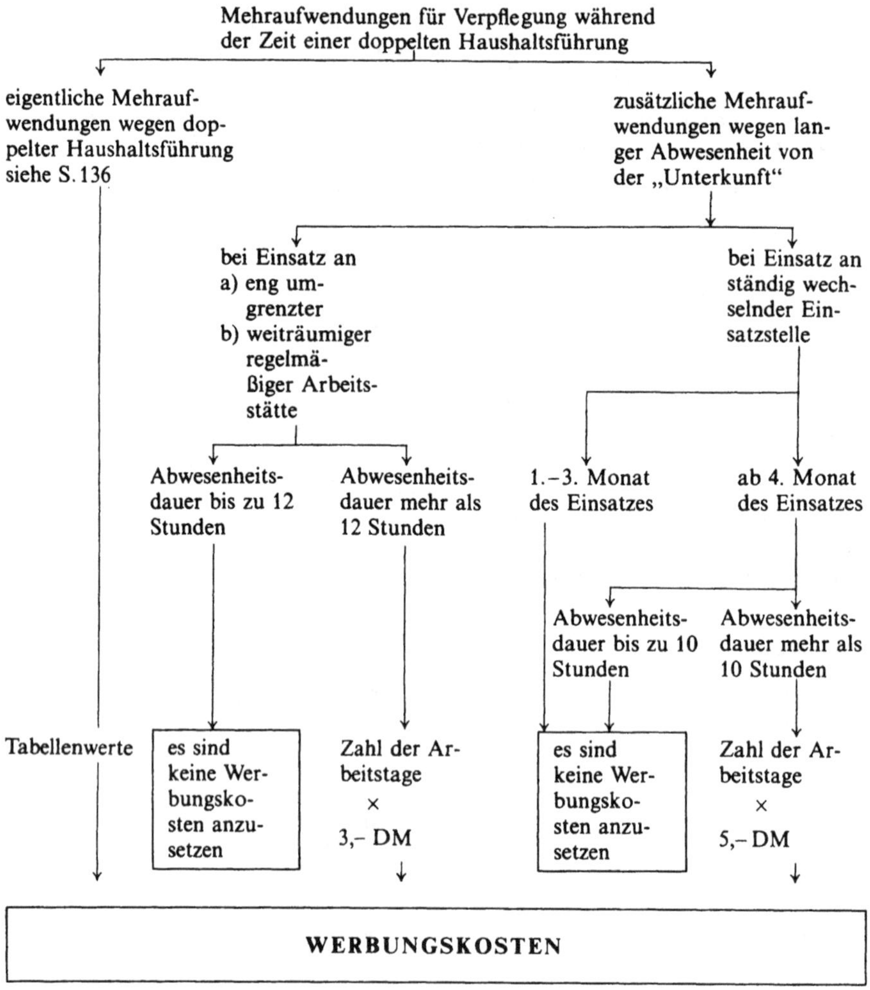

abgezogen werden müssen; nur die notwendigen Aufwendungen führen zum Werbungskostenabzug. Nach meinem Dafürhalten ist höchstens der für eine angemessene Wohnungsgröße (40 m^2) ortsübliche Mietpreis anzusetzen.

Bei der Berechnung der Kosten für Unterkunft ist zu beachten, daß Aufwendungen für das Frühstück, die evtl. mitberechnet werden, zu den Kosten der Verpflegung gehören. Falls die Kosten für das Frühstück sich nicht ermitteln lassen, sind sie mit 15 v. H. der Pauschbeträge des auf die Übernachtung folgenden Tages abzuziehen.

Für die in der Unterkunft anfallenden laufenden Kosten (Wasser, Strom) liegen meines Erachtens keine **Mehr**aufwendungen und damit keine Werbungskosten vor, weil der entsprechende Verbrauch in der eigentlichen Wohnung eingespart wird. Eine Ausnahme kann nur für die ggf. zu zahlenden Grundgebühren gelten.

4.4.10.3 Sonderregelung für Arbeitnehmer ohne eigenen Hausstand

Wenn ein Arbeitnehmer den folgenden äußeren Tatbestand erfüllt:

1. er hat eine regelmäßige Arbeitsstätte;
   a) eng umgrenzt
   b) weiträumig
   c) an ständig wechselnden Einsatzstellen
2. es besteht eine eigene Wohnung (meistens ein Zimmer) **außerhalb** der Gemeinde, in der er seine regelmäßige Arbeitsstätte hat;
3. er hat eine „Unterkunft" **in** oder **in der Nähe** der Gemeinde seiner regelmäßigen Arbeitsstätte;
4. er fährt nicht täglich nach Hause;

und sich dabei ergibt, daß das Mieten der „Unterkunft" beruflich veranlaßt war; daß aber die „Wohnung" **keinen** eigenen Hausstand darstellt,

dann kann er grundsätzlich Werbungskosten für eine doppelte Haushaltsführung nicht geltend machen (§ 9 Abs. 1 Nr. 5 EStG).

Die „**Wohnung**" ist insbesondere **kein eigener Hausstand** bei Ledigen, Geschiedenen oder Getrenntlebenden, weil sie als Geschiedene oder Getrenntlebende die Voraussetzungen „persönliche Mitwirkung am hauswirtschaftlichen Leben" und weil Ledige i. d. R. die Zusatzfordernis „Hausstand mit einem finanziell abhängigen Angehörigen" nicht erfüllen.

Wenn auch deshalb ein doppelter Haushalt nicht vorliegt, läßt Abschn. 27 Abs. 6 und 7 LStR für diesen Personenkreis dennoch den Abzug von Werbungskosten wie folgt zu:

Nach Aufnahme der Tätigkeit am neuen Beschäftigungsort erhält ein Arbeitnehmer, welcher an einer

a) eng umgrenzten
   oder
b) weiträumigen

regelmäßigen Arbeitsstätte beschäftigt ist, für die Dauer von 2 Wochen uneingeschränkt Werbungskosten wegen doppelter Haushaltsführung (Abschn. 27 Abs. 6 Nr. 1 LStR).

Arbeitnehmer, welche an ständig wechselnden Einsatzstellen beschäftigt sind, erhalten Werbungskosten wegen doppelter Haushaltsführung uneingeschränkt für die Dauer von 3 Monaten (Abschn. 27 Abs. 6 Nr. 1 LStR).

Nach diesen 2 Wochen bzw. 3 Monaten erhält der Arbeitnehmer Werbungskosten nur noch, wenn er folgende Bedingungen erfüllt (Abschn. 27 Abs. 6 Nr. 2 LStR):

1. a) die auswärtige Beschäftigung darf 2 Jahre nicht überschreiten und muß in dieser Zeit am selben Ort ausgeführt werden,
   b) der Mittelpunkt der Lebensinteressen muß sich weiterhin am alten Wohnort befinden (Freunde, Vereinszugehörigkeit u. a.),
   c) die Rückkehr an den alten Wohnort muß nach Beendigung des Einsatzes an der neuen regelmäßigen Arbeitsstätte wahrscheinlich sein und
   d) deswegen darf die Aufgabe der alten Wohnung dem Arbeitnehmer nicht zugemutet werden.

2. Bei **längerfristiger auswärtiger Beschäftigung** erhält ein Arbeitnehmer über die ersten beiden Wochen bzw. 3 Monate hinaus nur noch Werbungskosten, solange er
   a) keine angemessene Wohnung finden kann
   und
   b) die Unterkunft am bisherigen Beschäftigungsort als Mittelpunkt des Lebens beibehalten wird.

Wenn diese Grundvoraussetzungen erfüllt sind, hat der Arbeitnehmer die Wahl, seine Kosten

A) als Werbungskosten aus Anlaß einer doppelten Haushaltsführung (Kap. 4.4.10.3.1–4.4.10.3.3)
   oder
B) als Werbungskosten wegen Fahrten zwischen Wohnung und Arbeitsstätte (Kap. 4.4.10.4)

abzurechnen.

Falls der Arbeitnehmer sich für die Alternative A) entscheidet, kommen folgende Werbungskosten in Betracht:

1. Fahrkosten (Abschn. 27 Abs. 7 Nr. 1 i.V.m. Abschn. 27 Abs. 1 Nr. 1 LStR).
2. Mehraufwendungen für Verpflegung (Inland) (Abschn. 27 Abs. 7 Nr. 4 LStR).
3. Kosten der Unterkunft am Beschäftigungsort (Abschn. 27 Abs. 7 Nr. 3 i.V.m. Abschn. 27 Abs. 1 Nr. 4 LStR).

4.4.10.3.1 **Fahrkosten**

Folgende Fahrten können vorkommen:

erste Fahrt zum Ort der neuen regelmäßigen Arbeitsstätte; Wochenendheimfahrten; Zwischenheimfahrten im Laufe der Woche; Fahrten zwischen Unterkunft und regelmäßiger Arbeitsstätte; letzte Fahrt vom Ort der regelmäßigen Arbeitsstätte nach Hause. Nicht alle diese Fahrten können jedoch für die Berechnung der Werbungskosten zugrunde gelegt werden.

Angesetzt werden können:

- für die erste Fahrt von dem Wohnort zum Ort der neuen regelmäßigen Arbeitsstätte die tatsächlichen Kosten der öffentlichen Verkehrsmittel; bei Benutzung eines eigenen Kraftfahrzeuges die tatsächlichen Kosten, ersatzweise die km-Sätze des Abschn. 25 Abs. 7 Nr. 3 LStR. (Ausnahme: der doppelten Haushaltsführung ist eine Dienstreise vorausgegangen)
- pro Woche (wenn täglich durchgeführt) nur eine Heimfahrt (§ 9 Abs. 1 Nr. 5 Satz 2 EstG). Angesetzt werden die tatsächlichen Kosten bei Benutzung öffentlicher Verkehrsmittel; werden die Fahrten jedoch mit eigenem Kraftfahrzeug durchgeführt, wird die Fahrt behandelt wie eine Fahrt zwischen Wohnung und Arbeitsstätte (§ 9 Abs. 1 Nr. 5 Satz 3 EStG):
  Entfernungskilometer × Pauschsatz aus § 9 Abs. 1 Nr. 4 EStG (oder § 9 Abs. 2)!
- für die letzte Fahrt zum Ort der regelmäßigen Arbeitsstätte zum Wohnort die tatsächlichen Kosten der öffentlichen Verkehrsmittel; bei Benutzung eines eigenen Kraftfahrzeuges die tatsächlichen Kosten, ersatzweise die km-Sätze des Abschn. 25 Abs. 7 Nr. 3 LStR. Die Fahrten zwischen Unterkunft und regelmäßiger Arbeitsstätte werden i.d.R. nach § 9 Abs. 1 Nr. 4 EStG abgerechnet.
  Siehe hierzu auch die Übersicht auf S. 134.

4.4.10.3.2 **Mehraufwendungen für Verpflegung** (hier nur Inland)

Der Arbeitnehmer hat die Möglichkeit, seine Mehraufwendungen für Verpflegung

1. ohne Einzelnachweis
2. mit Einzelnachweis

abzurechnen.

Berechnung ohne Einzelnachweis im Falle der eng umgrenzten oder weiträumigen Arbeitsstelle

Der Arbeitnehmer erhält für die **ersten beiden Wochen** seit Beginn der Tätigkeit die für mehrtätige Inlandsdienstreisen geltenden Pauschbeträge der notwendigen Mehraufwendungen für Verpflegung als Werbungskosten anerkannt (Abschn. 27 Abs. 7 Nr. 4a LStR). Damit wird der Tatsache Rechnung getragen, daß ein Arbeitnehmer sich am Ort der neuen regelmäßigen Arbeitsstätte erst nach günstigen Verpflegungsmöglichkeiten umsehen muß (Ausnahme: vorangegangene Dienstreise).

Nach den ersten beiden Wochen muß er die Verpflegungsmehraufwendungen in jedem Fall nachweisen (oder zumindest glaubhaft machen) Abschn. 27 Abs. 7 Nr. 4b LStR.

Berechnung ohne Einzelnachweis im Falle eines Einsatzes auf einer ständig wechselnden Einsatzstelle

Der Arbeitnehmer erhält für die **ersten drei Monate** seit Beginn der Tätigkeit die für mehrtägige Inlandsreisen geltenden Pauschbeträge der notwendigen Mehraufwendungen für Verpflegung als Werbungskosten anerkannt (Abschn. 27 Abs. 7 Nr. 4a LStR). Nach den ersten drei Monaten muß er die Verpflegungsmehraufwendungen in jedem Fall nachweisen oder glaubhaft machen (Abschn. 27 Abs. 7 Nr. 4b LStR).

Berechnung mit Einzelnachweis

Wie bei den Dienstreisen ist es auch hier zweckmäßig, zunächst die Höhe der ohne Einzelnachweis anzusetzenden Beträge zu ermitteln. Abschn. 27 Abs. 4 Satz 3 LStR schreibt nämlich vor, daß Abschn. 25 Abs. 9 Nr. 1g Satz 2 LStR entsprechend angewendet werden soll. Der – auch bei der doppelten Haushaltsführung – vorzunehmende Abzug der Haushaltsersparnis nach § 6 letzter Satz LStDV i. V. m. § 5 Abs. 7 LStDV darf demzufolge nicht dazu führen, daß die genannten Beträge unterschritten werden.

Nach Ermittlung des anzusetzenden Betrages ist zunächst zu prüfen, ob die geltend gemachten tatsächlichen Kosten **unter** diesem Betrag liegen. Sollte dies zutreffen, werden nach herrschender Meinung die tatsächlichen Kosten als Mehraufwand für Verpflegung angesetzt, ohne eine Haushaltsersparnis zu berechnen.

Liegen die tatsächlichen Kosten **gleich** oder **höher** als der ermittelte anzusetzende Betrag, wird der Mehraufwand zunächst nach der bekannten Formel aus § 6 i. V. m. § 5 (7) LStDV errechnet.

Sind durch diese Berechnung die Pauschbeträge von 42,—/44,— und 46,— DM bzw. 16,— DM unterschritten worden, werden diese angesetzt (Abschn. 27 Abs. 4 S. 3 i. V. m. Abschn. 25 Abs. 9 Nr. 1 S. 2 LStR).

Wird jedoch der anzusetzende Betrag nicht unterschritten – liegt der errechnete Mehraufwand vielmehr darüber – muß nur noch geprüft werden, ob die Höchstbeträge für Verpflegungsmehraufwendungen des § 6 Nr. 1 LStDV eingreifen.

Wenn dies zutrifft, ist in den ersten beiden Wochen nur der Höchstbetrag von 64,— DM täglich anzusetzen; für die Folgezeit sind höchstens 22,— DM zu gewähren (§ 6 Nr. 1 LStDV).

Wegen der Berechnung der Mehraufwendungen für Verpflegung bei doppelter Haushaltsführung wird auf die Übersicht auf Seite 136 verwiesen.

Für den gesamten Zeitraum der doppelten Haushaltsführung kann der Arbeitnehmer die Mehraufwendungen für Verpflegung entweder **nur** nach dem Verfahren

ohne Nachweis der Kosten

oder **nur** nach dem Verfahren

mit Nachweis der Kosten

abrechnen (Abschn. 27 Abs. 4 Satz 4 LStR).

Ein Verfahrenswechsel innerhalb dieser Aufwendungsart „Mehraufwand für Verpflegung" ist nicht möglich (Abschn. 27 Abs. 4 Satz 6 LStR).

Der Arbeitnehmer kann aber z. B. die Kosten für Verpflegung nach der Methode „ohne Nachweis" und die Kosten für die Unterkunft (Ausführungen hierzu folgen) nach der Methode „mit Nachweis" abrechnen, weil jede Aufwendungsart (hier: „Mehraufwendungen für Verpflegung" und „Unterkunftskosten") getrennt zu sehen ist (Abschn. 27 Abs. 4 S. 5).

Ergänzender Hinweis:

Bei der Berechnungsmethode „ohne Nachweis der Kosten" ist zu beachten, daß die erhöhten Sätze der ersten beiden Wochen „vom Beginn der Tätigkeit an" zu berechnen sind.

Ein Arbeitnehmer, der also

eine länger als 3monatige Dienstreise ausführt und bei dem deshalb der vorübergehende Beschäftigungsort zur regelmäßigen Arbeitsstätte wird

oder

der zunächst täglich zu seiner Wohnung zurückfährt und erst später in der Nähe der regelmäßigen Arbeitsstätte eine Unterkunft bezieht,

bekommt die erhöhten Sätze der ersten beiden Wochen nicht!

Weiterhin sei darauf hingewiesen, daß neben diesen „Mehraufwendungen für Verpflegung aus Anlaß einer doppelten Haushaltsführung" noch „Mehraufwendungen für Verpflegung wegen langer Abwesenheit von der Wohnung" gewährt werden können; dies gilt bei Einsätzen an ständig wechselnden Einsatzstellen jedoch erst ab dem 4. Monat des Einsatzes (Abschn. 22 Abs. 5 Nr. 2 LStR).

4.4.10.3.3 **Kosten der Unterkunft am Beschäftigungsort**

Tatsächlich entstandene Aufwendungen eines Arbeitnehmers für die in der Nähe der regelmäßigen Arbeitsstätte gelegene Unterkunft (**nicht** für die Wohnung, die sich außerhalb des Ortes der regelmäßigen Arbeitsstätte befindet) können nur mit Einzelnachweis (Abschn. 27 Abs. 7 Nr. 3 LStR i. V. m. Abs. 1 Nr. 4 LStR) berücksichtigt werden:

Wenn der Arbeitnehmer die ihm für die Miete der Unterkunft entstandenen Kosten nachweist, werden die entstandenen Kosten als Werbungskosten angesetzt. Es ist jedoch zu beachten, daß überhöhte Aufwendungen von diesen Kosten abgezogen werden müssen; nur die notwendigen Aufwendungen führen zum Werbungskostenabzug. Nach meinem Dafürhalten ist höchstens der für eine angemessene Wohnungsgröße (ca. 40 m^2) ortsübliche Mietpreis anzusetzen.

Bei Berechnung der Kosten für Unterkunft ist zu beachten, daß Aufwendungen für das Frühstück, die evtl. mitberechnet wurden, zu den Kosten der Verpflegung gehören. Falls die Kosten für das Frühstück sich nicht ermitteln lassen, sind sie mit 15 v. H. des Höchstbetrages des auf die Übernachtung folgenden Tages abzuziehen.

Für die in der Unterkunft anfallenden laufenden Kosten (Wasser, Strom) liegen meines Erachtens keine **Mehr**aufwendungen und damit keine Werbungskosten vor, weil der entsprechende Verbrauch in der eigentlichen Wohnung eingespart wird. Eine Ausnahme kann nur für die ggf. zu zahlenden Grundgebühren gelten.

4.4.10.4 Abrechnung als Fahrten zwischen Wohnung und Arbeitsstätte

Arbeitnehmer, die einen doppelten Haushalt führen oder die unter die Sonderregelung für Arbeitnehmer ohne eigenen Hausstand fallen, können als Werbungskosten anstatt der Regelungen in Kap. 4.4.10.2 und 4.4.10.3 auch nur ihre Fahrtkosten wegen Fahrten zwischen Wohnung und Arbeitsstätte geltend machen (Abschn. 24 Abs. 5 S. 6 LStR). Dabei ist es dann ausgeschlossen, neben diesen Fahrtkosten weitere Kosten, wie z. B. Kosten für Unterkunft und wegen Mehraufwendungen für Verpflegung wegen doppelter Haushaltsführung anzusetzen (Abschn. 24 Abs. 5 S. 7 LStR). Nicht ausgeschlossen ist dagegen der Ansatz von Mehraufwendungen für Verpflegung wegen langer Abwesenheit von der Wohnung im Sinne des Abschn. 22 Abs. 4 Nr. 1 und Nr. 2 LStR.

Die angesprochene Wahl kann der Arbeitnehmer für dieselbe doppelte Haushaltsführung jedes Jahr neu treffen (Abschn. 24 Abs. 5 S. 8 LStR).

Für diese Abrechnungsmöglichkeit ergibt sich folgende Übersicht auf Seite 144.

4.4.10.5 Ersatz der Aufwendungen durch den Arbeitgeber

Der Ersatz von Werbungskosten bei doppelter Haushaltsführung wird meistens als „Auslösung“ bezeichnet. Diese Auslösungen sind Einnahmen aus der Einkunftsart nichtselbständige Arbeit (§ 8 (1) EStG); sie sind jedoch steuerfrei nach

§ 3 Nr. 13 EStG oder
§ 3 Nr. 16 EStG oder
§ 3 Nr. 52 EStG sinngemäß i. V. m. Abschn. 8 Abs. 3 LStR,

aber nur in **der** Höhe, wie sie der Arbeitnehmer als Werbungskosten geltend machen könnte.

Dabei gibt es für den Arbeitgeber eine Erleichterung. Da er nicht wissen und auch nicht überprüfen kann, ob bei seinem Arbeitnehmer wirklich ein eigener Hausstand vorliegt, richtet er sich der Einfachheit halber nach den Eintragungen auf der Lohnsteuerkarte. Wurde dort bescheinigt, daß der Arbeitnehmer verheiratet ist, geht der Arbeitgeber davon aus, daß ein eigener Hausstand vorliegt.

Doppelte Haushaltsführung
hier: Abrechnung als Fahrten zwischen Wohnung und Arbeitsstätte

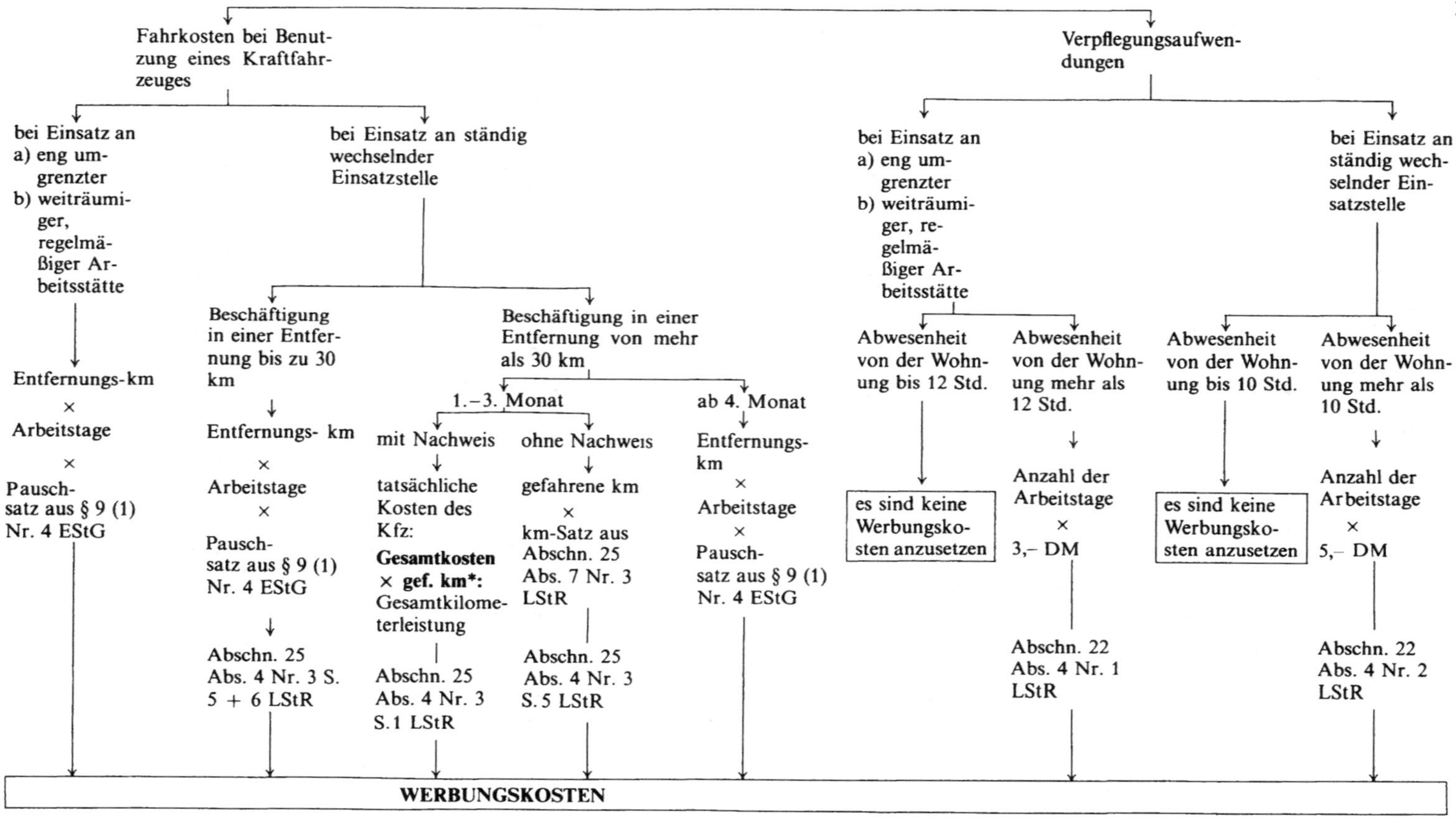

Abrechnung von Fahrkosten bei Körperbehinderten siehe Seite 57f.

* gef. km = Entfernungs-km × 2 × Zahl der Arbeitstage

Beispiel:

Der verheiratete Dieter Marx (D. M.) ist Angestellter eines Chemiewerkes und wohnt in einem eigenen Hausstand mit seiner Ehefrau in Karlsruhe. Nachdem er bis zum 31. 3. 01 in der Karlsruher Zentrale in der Fertigung beschäftigt war, wird er ab 1. 4. 01 nach Güllen als Leiter eines dortigen Zweigbetriebes versetzt. Er macht für die Zeit vom 1. 4.–31. 12. 01 folgende Angaben, die – soweit dies möglich ist – durch Vorlage entprechender Unterlagen belegt werden:

- Jahresarbeitslohn: 76.800 DM
- Abfahrt nach Güllen (120 km) am 1. 4. 01: 6.00 h
- Unterkunftskosten für ein Zimmer in Güllen von April–Juni und von August–Dezember 01: monatlich 480,— DM
- Jahresurlaub im Juli 01
- Familienheimfahrten: monatlich 2, jeweils in der 1. und letzten Monatswoche (Abfahrt in Güllen freitags, 17.00 h
  Abfahrt in Karlsruhe sonntags, 11.00 h)
- Fahrten von der Güllener Unterkunft zum Zweigbetrieb an 176 Arbeitstagen, einfache Entfernung: 8 km
- Sämtliche Fahrten werden mit dem eigenen Pkw durchgeführt, Kosten je km: 0,50 DM
- Arbeitgebererstattungen:
- Tagesnachweis für den Aufenthalt in Güllen
  1. und 3. Woche: je 7 Tage
  2. und 4. Woche: je 5 Tage
  Mai und Juni: 48 Tage
  August bis Dezember: 121 Tage
  Hinfahrt am 1. 4. 01: 120 km á 0,36 DM
  Übernachtungskosten: 8 Monate á 300,— DM
  Familienheimfahrten: 8 Monate für jeweils
  2 Fahrten: 0,36 DM
  je gefahrenen km
- Verpflegungskosten: kein Nachweis
- **Ermittlung der Werbungskosten**

Die Aufwendungen des D. M. dienen dem Erwerb, der Sicherung und Erhaltung seiner Einnahmen und sind Werbungskosten (§ 9 Abs. 1 Satz 1 EStG). D. M. hat Aufwendungen, denn bei ihm tritt durch die verschiedenen Ausgaben für Miete usw. eine objektiv meßbare Vermögensminderung durch Abgang von eigenem Vermögen ein.
Diese Aufwendungen sind beruflich veranlaßt, weil sie durch die Weisung des Arbeitgebers von D. M. (hier: die Versetzung) entstehen.

Die regelmäßige Arbeitsstätte des D. M. befindet sich bis zum 31. 3. 01 in Karlsruhe; dort ist der Mittelpunkt seiner auf Dauer abgestellten Tätigkeit. Dieser Mittelpunkt wird aber mit seiner Versetzung am 1. 4. 01 nach Güllen in den Zweigbetrieb seiner Firma verlegt.
D. M. wird nunmehr fast ausschließlich dort tätig (Abschn. 25 Abs. 5 Satz 1 LStR).

Da D. M.
a) in Güllen seine regelmäßige Arbeitsstätte hat und
b) in Güllen eine Unterkunft (Zimmer) bezogen hat und

c) in Karlsruhe eine Familienwohnung hat und
d) nicht täglich nach Hause fährt,

führt er einen doppelten Haushalt. Die ihm aus diesem Anlaß entstandenen notwendigen Mehraufwendungen sind Werbungskosten, weil

a) wegen der Versetzung das Anmieten seiner Unterkunft beruflich bedingt war und
b) seine Wohnung in Karlsruhe lt. SV ein eigener Hausstand ist (§ 9 Abs. 1 Nr. 5 EStG, Abschn. 27 Abs. 1 LStR).

Aus Anlaß der doppelten Haushaltsführung werden folgende Aufwendungen berücksichtigt:

1. Fahrkosten mit dem eigenen Pkw
   a) für die erste Fahrt zum neuen Beschäftigungsort in nachgewiesener Höhe (Abschn. 27 Abs. 1 Nr. 1 LStR)
   b) für die Fahrten zwischen Unterkunft und regelmäßiger Arbeitsstätte nach § 9 Abs. 1 Nr. 4 EStG
   c) für die tatsächlich durchgeführten (2 × pro Monat) Familienheimfahrten erfolgt die Kostenabrechnung nach den Grundsätzen des § 9 Abs. 1 Nr. 4 EStG (§ 9 Abs. 1 Nr. 5 EStG).
2. Unterbringungskosten in nachgewiesener Höhe (Abschn. 27 Abs. 1 Nr. 4 LStR).
3. Mehraufwendungen für Verpflegung in Höhe der Pauschbeträge (erste und zweite Woche 46,— DM, danach 16,— DM pro Tag), da ein Kostennachweis nicht vorliegt (Abschn. 27 Abs. 1 Nr. 3a und b LStR).

Da die unter Nrn. 1–3 aufgeführten Aufwendungen z. T. mit steuerfreien Einnahmen (hier: Ersatz von Aufwendungen durch den Arbeitgeber) in unmittelbarem wirtschaftlichen Zusammenhang stehen (der Ersatz wurde z. T. für diese Aufwendungen getätigt), dürfen sie nicht als Werbungskosten abgezogen werden (§ 3c EStG). In den Fällen, in denen der Arbeitgeber höhere Beträge erstattete, als D. M. als Werbungskosten geltend machen kann, sind die die Werbungskosten übersteigenden Beträge als Arbeitslohn zu versteuern (§ 3 Nr. 1b EStG i. V. m. Abschn. 8 Abs. 3 LStR).

Danach ergibt sich folgende Berechnung:

		WK
1. Fahrtkosten		
a) (120 km × 0,50 DM) ./. (120 km × 0,36 DM) =		16,80 DM
b) 176 Tage × 8 km × 0,36 =		506,88 DM
c) (9–1 Monat) × 2 Fahrten × 120 km × 0,36 DM	691,20	
abzüglich (9–1 Monat) × 2 Fahrten × (120 km × 2) × 0,36	1.382,40	0 DM
= zusätzlich zu versteuernder Arbeitslohn	691,20	

2. Unterbringungskosten		
8 × 480,— DM	3.840,—	
abzügl. 8 × 300	2.400,—	1.440,— DM
3. Mehraufwand für Verpflegung		
a) 1. + 2. Woche (7 + 5 Tage) × 46,— =		552,— DM
b) 3. + 4. Woche (7 + 5 Tage) × 16,— =		192,— DM
c) Mai + Juni 48 Tage × 16,— =		768,— DM
d) Aug. - Dez. 121 Tage × 16,— =		1.936,— DM
WK insgesamt		5.411,68 DM
aufgerundet:		5.412,— DM

5. Kapitel:
Erhebung

Nachdem in den vorhergegangenen Kapiteln die Ermittlung der Einkünfte aus nichtselbständiger Arbeit bei einem Arbeitnehmer im Vordergrund gestanden hat, nun zu einem gänzlich anderen Thema, der Erhebung der Lohnsteuer.

5.1 Grundzüge des Abzugsverfahrens

Wie bereits dargestellt, handelt es sich bei der Lohnsteuer um eine Erhebungsform der Einkommensteuer. Die Steuer wird dadurch erhoben, daß sie bei der Lohnzahlung einbehalten, also nicht an den Arbeitnehmer ausgezahlt wird (Steuerabzug).

Das Ziel des Steuerabzuges ist es, sicherzustellen, daß jeder Arbeitnehmer am Ende des Jahres die Lohnsteuer und damit die Einkommensteuer in der richtigen Höhe bezahlt hat. Die hierzu ergangenen Verfahrensvorschriften ergeben sich aus den §§ 38 und folgende EStG.

5.1.1 Schuldner der Lohnsteuer

Nach dem Gesetzestext des § 38 Abs. 2 Satz 1 EStG ist **der Arbeitnehmer** Schuldner der Lohnsteuer. Hieraus ergeben sich für den Arbeitnehmer zwei Auswirkungen:

1. sollte sich herausstellen, daß insgesamt zu viel Lohnsteuer einbehalten worden ist, wird der entsprechende Betrag an den Arbeitnehmer zurückgezahlt;
2. wurde zu wenig Lohnsteuer einbehalten, muß der Arbeitnehmer den fehlenden Betrag nachzahlen.

Die Lohnsteuer **entsteht** in dem Zeitpunkt, in dem der Arbeitslohn dem Arbeitnehmer zufließt, § 38 Abs. 3 EStG; Ausnahme: § 39b Abs. 5 EStG.

Ein Zufluß liegt dann vor, wenn beim Arbeitnehmer wirtschaftlich gesehen eine objektiv meßbare Vermögensmehrung durch Zugang beim eigenen Vermögen und durch Abgang bei einem fremden Vermögen (dem des Arbeitgebers) eingetreten ist.

Die am häufigsten vorkommenden Arten des Zuflusses sind:

1. Auszahlung des Arbeitslohnes bar in die Hand
2. Überweisung des Arbeitslohnes auf ein Konto des Arbeitnehmers.

Im ersten Falle entsteht die Lohnsteuer mit der Übergabe des Geldes; im zweiten Falle an dem Tag, an dem der Arbeitnehmer über das Geld verfügen kann (Tag der Gutschrift). Die Lohnsteuer entsteht grundsätzlich bei **jeder Lohnzahlung**, die im Laufe eines Kalenderjahres bezogen wird, bei Arbeitnehmern, die ihren Arbeitslohn monatlich erhalten, normalerweise also 12mal im Jahr.

5.1.2 Einbehaltung, Anmeldung und Abführung durch den Arbeitgeber

Wenn auch der Arbeitnehmer Schuldner der Lohnsteuer ist, hat er doch unmittelbar mit dem Vorgang des „Bezahlens der Lohnsteuer“ nichts zu tun. Er muß die Lohnsteuer zwar aufbringen, weil ihm die entsprechenden Beträge nicht ausgezahlt werden, aber alle in diesem Zusammenhang anfallenden Arbeiten sind dem Arbeitgeber übertragen worden. Der Arbeitgeber wird hier für den Arbeitnehmer tätig (siehe auch § 38 Abs. 3 Satz 1 EStG: „... für Rechnung des Arbeitnehmers ...")

Das Vorgehen des Arbeitgebers beim „Bezahlen der Lohnsteuer" gliedert sich in folgende Schritte:

1. Der Arbeitgeber hat die anfallende Lohnsteuer **zu berechnen** (§ 38 Abs. 3 Satz 1 EStG: „Der Arbeitgeber hat **die Lohnsteuer** ..."). Als Ausgangspunkt für die Berechnung geht der Arbeitgeber von dem zu zahlenden Bruttoarbeitslohn aus. Die sich ergebende Lohnsteuer liest er aus Lohnsteuertabellen ab.

2. Der Arbeitgeber muß die berechnete Lohnsteuer **einbehalten**, er darf sie also nicht an den Arbeitnehmer auszahlen (§ 38 Abs. 3 Satz 1 EStG).
   Er berechnet den auszuzahlenden Betrag in folgender Weise:

	Bruttolohn
./.	Lohnsteuer
=	auszuzahlender Betrag (Nettolohn)

   (Der Vollständigkeit halber sei darauf hingewiesen, daß neben der Lohnsteuer ggf. Kirchenlohnsteuer und Sozialversicherungsangaben einbehalten werden.)

3. Der Arbeitgeber muß die einbehaltene Lohnsteuer beim Finanzamt auf einem besonderen Formular **anmelden** (§ 41 a Abs. 1 Nr. 1 EStG). Diese Anmeldung ist eine Steuererklärung; sie ist spätestens am zehnten Tag nach Ablauf eines Lohnsteuer-Anmeldungszeitraumes abzugeben. Lohnsteuer-Anmeldungszeitraum ist normalerweise der Kalendermonat (§ 41 a Abs. 2 Satz 1 EStG).

4. Der Arbeitgeber muß die einbehaltene Lohnsteuer an das Finanzamt **abführen**; d. h. er muß die Beträge an das Finanzamt überweisen. Diese Überweisung hat – wie die Anmeldung – bis spätestens am zehnten Tag nach Ablauf eines Lohnsteuer-Anmeldungszeitraumes zu erfolgen.

Beispiel:

Der Arbeitgeber Max Horn hat seinem Arbeitnehmer Ernst Kusi am 15. 03. 05 1.500 DM Bruttolohn bar zu zahlen. Die hierauf entfallende Lohnsteuer beträgt 200 DM. Lohnsteuer-Anmeldungszeitraum für Max Horn ist der Kalendermonat. Nennen Sie die maßgebenden Daten für: Entstehung, Berechnung, Einbehaltung, Anmeldung und Abführung der Lohnsteuer!

– Entstehung:		15. 3. 05
– Berechnung:	vor dem	15. 3. 05
– Einbehaltung:		15. 3. 05
– Anmeldung:	bis	10. 4. 05
– Abführung:	bis	10. 4. 05

5.1.3 Höhe der Lohnsteuer

Der Arbeitgeber ermittelt die Lohnsteuer durch Ablesen in einer Lohnsteuertabelle(n) oder in mehreren Lohnsteuertabellen. Da die Anwendung dieser Tabelle(n) sicherstellen soll, daß der Arbeitnehmer zutreffend besteuert wird, muß (müssen) die Lohnsteuertabelle(n) aus den Einkommensteuertabellen für die Grundtabelle und der Splittingtabelle abgeleitet werden. Dies wird einsichtig, wenn man die Eingangswerte beider Tabellen gegenüberstellt:

Einkommensteuertabelle

Zu versteuerndes Einkommen DM	Grundtabelle Einkommensteuer DM	Splittingtabelle Einkommensteuer DM	Zu versteuerndes Einkommen DM	Grundtabelle Einkommensteuer DM	Splittingtabelle Einkommensteuer DM	Zu versteuerndes Einkommen DM	Grundtabelle Einkommensteuer DM	Splittingtabelle Einkommensteuer DM
0– 4589			8046– 8099	772		11 556–11 609	1 544	546
4590– 4643	11		8100– 8153	784		11 610–11 663	1 556	546
4644– 4697	23		8154– 8207	795		11 664–11 717	1 568	570
4698– 4751	35		8208– 8261	807		11 718–11 771	1 579	570
4752– 4805	47		8262– 8315	819		11 772–11 825	1 591	592
4806– 4859	59		8316– 8369	831		11 826–11 879	1 603	592
4860– 4913	71		8370– 8423	843		11 880–11 933	1 615	616
4914– 4967	83		8424– 8477	855		11 934–11 987	1 627	616
4968– 5021	94		8478– 8531	867		11 988–12 041	1 639	640
5022– 5075	106		8532– 8585	879		12 042–12 095	1 651	640
5076– 5129	118		8586– 8639	890		12 096–12 149	1 663	664
5130– 5183	130		8640– 8693	902		12 150–12 203	1 675	664
5184– 5237	142		8694– 8747	914		12 204–12 257	1 686	688
5238– 5291	154		8748– 8801	926		12 258–12 311	1 698	688
5292– 5345	166		8802– 8855	938		12 312–12 365	1 710	712
5346– 5399	178		8856– 8909	950		12 366–12 419	1 722	712
5400– 5453	190		8910– 8963	962		12 420–12 473	1 734	736
5454– 5507	201		8964– 9017	974		12 474–12 527	1 746	736
5508– 5561	213		9018– 9071	985		12 528–12 581	1 758	760
5562– 5615	225		9072– 9125	997		12 582–12 635	1 770	760
5616– 5669	237		9126– 9179	1 009		12 636–12 689	1 781	782
5670– 5723	249		9180– 9233	1 021	22	12 690–12 743	1 793	782
5724– 5777	261		9234– 9287	1 033	22	12 744–12 797	1 805	806
5778– 5831	273		9288– 9341	1 045	46	12 798–12 851	1 817	806
5832– 5885	285		9342– 9395	1 057	46	12 852–12 905	1 829	830
5886– 5939	296		9396– 9449	1 069	70	12 906–12 959	1 841	830
5940– 5993	308		9450– 9503	1 081	70	12 960–13 013	1 853	854
5994– 6047	320		9504– 9557	1 092	94	13 014–13 067	1 865	854
6048– 6101	332		9558– 9611	1 104	94	13 068–13 121	1 876	878
6102– 6155	344		9612– 9665	1 116	118	13 122–13 175	1 888	878
6156– 6209	356		9666– 9719	1 128	118	13 176–13 229	1 900	902
6210– 6263	368		9720– 9773	1 140	142	13 230–13 283	1 912	902
6264– 6317	380		9774– 9827	1 152	142	13 284–13 337	1 924	926
6318– 6371	391		9828– 9881	1 164	166	13 338–13 391	1 936	926
6372– 6425	403		9882– 9935	1 176	166	13 392–13 445	1 948	950
6426– 6479	415		9936– 9989	1 187	188	13 446–13 499	1 960	950
6480– 6533	427		9990–10 043	1 199	188	13 500–13 553	1 972	974
6534– 6587	439		10 044–10 097	1 211	212	13 554–13 607	1 983	974
6588– 6641	451		10 098–10 151	1 223	212	13 608–13 661	1 995	996
6642– 6695	463		10 152–10 205	1 235	236	13 662–13 715	2 007	996
6696– 6749	475		10 206–10 259	1 247	236	13 716–13 769	2 019	1 020
6750– 6803	487		10 260–10 313	1 259	260	13 770–13 823	2 031	1 020
6804– 6857	498		10 314–10 367	1 271	260	13 824–13 877	2 043	1 044
6858– 6911	510		10 368–10 421	1 282	284	13 878–13 931	2 055	1 044
6912– 6965	522		10 422–10 475	1 294	284	13 932–13 985	2 067	1 068
6966– 7019	534		10 476–10 529	1 306	308	13 986–14 039	2 078	1 068
7020– 7073	546		10 530–10 583	1 318	308	14 040–14 093	2 090	1 092
7074– 7127	558		10 584–10 637	1 330	332	14 094–14 147	2 102	1 092
7128– 7181	570		10 638–10 691	1 342	332	14 148–14 201	2 114	1 116
7182– 7235	582		10 692–10 745	1 354	356	14 202–14 255	2 126	1 116
7236– 7289	593		10 746–10 799	1 366	356	14 256–14 309	2 138	1 140
7290– 7343	605		10 800–10 853	1 378	380	14 310–14 363	2 150	1 140
7344– 7397	617		10 854–10 907	1 389	380	14 364–14 417	2 162	1 164
7398– 7451	629		10 908–10 961	1 401	402	14 418–14 471	2 173	1 164
7452– 7505	641		10 962–11 015	1 413	402	14 472–14 525	2 185	1 188
7506– 7559	653		11 016–11 069	1 425	426	14 526–14 579	2 197	1 188
7560– 7613	665		11 070–11 123	1 437	426	14 580–14 633	2 209	1 210
7614– 7667	677		11 124–11 177	1 449	450	14 634–14 687	2 221	1 210
7668– 7721	688		11 178–11 231	1 461	450	14 688–14 741	2 233	1 234
7722– 7775	700		11 232–11 285	1 473	474	14 742–14 795	2 245	1 234
7776– 7829	712		11 286–11 339	1 484	474	14 796–14 849	2 257	1 258
7830– 7883	724		11 340–11 393	1 496	498	14 850–14 903	2 269	1 258
7884– 7937	736		11 394–11 447	1 508	498	14 904–14 957	2 280	1 282
7938– 7991	748		11 448–11 501	1 520	522	14 958–15 011	2 292	1 282
7992– 8045	760		11 502–11 555	1 532	522	15 012–15 065	2 304	1 306

5.1.3.1 Jahreslohnsteuer = Einkommen

Das Ziel des (meistens monatlichen) Lohnsteuerabzuges ist es, am Ende eines Kalenderjahres mit der Summe der einbehaltenen Lohnsteuerbeträge möglichst genau die für dieses Kalenderjahr zu zahlende Einkommensteuer zu treffen § 38a Abs. 2 EStG).

Dabei ergibt sich beim Aufbau der Jahres-Lohnsteuertabellen folgende Schwierigkeit:

Die Einkommensteuer wird nach einem komplizierten Berechnungsschema ermittelt, welches sich – stark verkürzt – so darstellt:

→	Bruttojahresarbeitslohn (Einnahmen)
./.	Weihnachtsfreibetrag
* ./.	Arbeitnehmerfreibetrag
=	Zwischensumme
* ./.	Werbungskosten
=	Einkünfte aus nichtselbständiger Arbeit/ Gesamtbetrag der Einkünfte
* ./.	Sonderausgaben
./.	außergewöhnliche Belastungen
=	Einkommen
./.	Sonderfreibeträge
=	zu verstehendes Einkommen

Aus dem zu versteuernden Einkommen ergibt sich die tarifliche Einkommensteuer.

Von der gesamten Berechnung kennt der Arbeitgeber nur den mit → bezeichneten Ausgangspunkt; wenn er bei diesem Betrag in der Grund- oder Splittingtabelle die Jahreslohnsteuer ablesen würde, müßte der Arbeitnehmer zwangsläufig die falsche Einkommensteuer bezahlen.

Die Jahres-Lohnsteuertabellen müssen also von vornherein so aufgebaut werden, daß Freibeträge oder Pauschbeträge (wie z. B. die im Berechnungsbeispiel mit * bezeichneten), die dem Arbeitnehmer auf jeden Fall zustehen, beim Aufstellen der Tabellen berücksichtigt werden. Welche Jahresbeträge das im Einzelnen sind, ergibt sich aus Tabelle auf Seite 152.

5.1.3.2 Einbehaltung vom laufenden Arbeitslohn in Teilbeträgen

Es ist im Vorstehenden dargestellt worden, wie eine Jahres-Lohnsteuer-Tabelle entsteht. Diese Jahrestabelle ist aber für viele Arbeitgeber nicht nützlich, weil sie Lohn monatlich, wöchentlich oder täglich auszahlen. Für diese Arbeitgeber wurde die Jahreslohnsteuertabelle in Monats-, Wochen- und Tageslohnsteuertabellen umgerechnet (§ 38c Abs. 3 EStG). Sie können also die zu berechnende Lohnsteuer unmittelbar aus den für sie zutreffenden Tabellen ablesen und entsprechend einbehalten (§ 38a Abs. 3 Satz 1 EStG).

5.1.3.3 Grundlagen für die Ermittlung der Lohnsteuer

Beim Studium der Lohnsteuertabelle und der Tabelle über zu berücksichtigende Freibeträge beim Aufstellen der Lohnsteuertabelle (s. S. 152) fällt auf, daß die rich-

Steuerklassen	I	I/1	II/1	III/2	IV/1	V	VI
Zahl der Ki FB	0	0,5	0,5	2	1	–	–
Grundfreibetrag	4536,–	4536,–	4536,–	4536,–	4536,–	–,–	–,–
für den Ehegatten	–,–	–,–	–,–	4536,–	–,–	–,–	–,–
Lohnstufe	53,99	53,99	53,99	107,99	53,99	53,99	53,99
Arbeitn-Freibetrag	480,–	480,–	480,–	480,–	480,–	480,–	–,–
Werbungskosten-Pauschbetrag	564,–	564,–	564,–	564,–	564,–	564,–	–,–
Sonderausgaben-Pauschbetrag	270,–	270,–	270,–	540,–	270,–	–,–	–,–
Vorsorgepauschale	1242,–	1566,–	2430,–	3402,–	1566,–	–,–	–,–
Haushaltsfreibetrag	–,–	–,–	4536,–	–,–	–,–	–,–	–,–
Kinderfreibetrag	–,–	1242,–	1242,–	4968,–	1242,–	–,–	–,–
Rundungsbetrag							18,–
Jahres-AL, für den keine LSt anfällt	7145,99	8711,99	14111,99	19133,99	8711,99	1097,99	71,99

tigen Zahlen nur dann zutreffend ermittelt werden können, wenn bekannt ist, in welche Steuerklasse ein Arbeitnehmer eingereiht worden ist. Diese Steuerklassen sind abhängig vom Familienstand des Steuerpflichtigen, der Zahl der Kinder usw.

Zur richtigen Ermittlung der Lohnsteuer muß also dem Arbeitgeber die Steuerklasse des Arbeitnehmers bekannt sein. Diese Steuerklasse kann der Arbeitgeber der von jedem Arbeitnehmer beizubringenden Steuerkarte entnehmen (§ 39b Abs. 1 S. 1 EStG).

Eine weitere Möglichkeit, die richtige Einkommensteuer zu bezahlen, besteht für den Arbeitnehmer. Er kann sich nämlich einen „Freibetrag" auf der Lohnsteuerkarte eintragen lassen, wenn er Werbungskosten oder Sonderausgaben hat, die über die ihm zu gewährenden Pauschbeträge hinausgehen (§ 39a EStG).

Weiterhin kann er sich außergewöhnliche Belastungen oder Sonderfreibeträge eintragen lassen. Diese Freibeträge muß der Arbeitgeber vor der Berechnung der Lohnsteuer vom Bruttolohn abziehen.

Erst dann liest er die zu zahlende Lohnsteuer in der Lohnsteuertabelle ab.

5.2 Lohnsteuerklassen

Es war schon mehrfach davon die Rede, daß mit der Lohnbesteuerung die Erhebung der richtigen Einkommensteuer sichergestellt werden soll. Dies geschieht nach dem Wortlaut des § 38a Abs. 4 EStG unter anderem dadurch, daß die Arbeitnehmer in Steuerklassen eingereiht werden. Die richtige Steuerklasse wird auf der Lohnsteuerkarte eingetragen.

5.2.1 Allgemeines

Nach § 38b Satz 1 EStG werden nur unbeschränkt einkommensteuerpflichtige Arbeitnehmer in Steuerklassen eingereiht. Bei beschränkt einkommensteuerpflichtigen Arbeitnehmern ist § 39d EStG anzuwenden. Beim Aufbau der Steuerklassen müssen folgende Gegebenheiten ihren Niederschlag finden: Besteuerung nach der Grundtabelle oder der Splittingtabelle, Berücksichtigung des Arbeitnehmerfreibetrages, des Werbungskostenpauschbetrages, des Sonderausgabenpauschbetrages, der Vorsorgepauschale usw., soweit diese Beträge zu gewähren sind.

Ergibt sich im Laufe eines Kalenderjahres, daß durch eine Änderung der tatsächlichen Verhältnisse das Beibehalten der ursprünglich auf der Lohnsteuerkarte eingetragenen Lohnsteuerklasse die Jahreseinkommensteuer nicht richtig getroffen wird, ist auch ein Steuerklassen-Wechsel möglich.

Dies ist z.B. dann der Fall, wenn ein bisher lediger Arbeitnehmer heiratet.

5.2.2 Zugehörigkeit zu den Lohnsteuerklassen I, II, III

5.2.3 Zugehörigkeit zu den Lohnsteuerklassen IV, V, VI

Steuerklasse III

Zur Ermittlung der richtigen Steuerklasse wird zweckmäßigerweise zuerst geprüft, ob für den (unbeschränkt einkommensteuerpflichtigen) Arbeitnehmer eine Einreihung in die Steuerklasse III in Frage kommt. Nach § 38b Nr. 3a EStG müssen dazu folgende Tatbestandsmerkmale erfüllt werden:

1. der Arbeitnehmer muß verheiratet sein;
2. beide Ehegatten müssen unbeschränkt einkommensteuerpflichtig sein;
3. die Ehegatten dürfen nicht dauernd getrennt leben
4. a) der Ehegatte des Arbeitnehmers darf keinen Arbeitslohn beziehen
   oder
   b) beide Ehegatten beziehen Arbeitslohn und **beide** Ehegatten beantragen, daß einer von ihnen in die Steuerklasse III, der andere in die Steuerklasse V eingereiht wird.

Erläuterungen:

zu 1.:
Der Arbeitnehmer muß verheiratet sein. Die Frage, ob jemand verheiratet ist, richtet sich ausschließlich nach den Vorschriften des bürgerlichen Rechts. Danach kommt in der Bundesrepublik Deutschland eine Ehe nur durch Eheschließung beim Standesamt zustande. Wurde eine Ehe im Ausland geschlossen, wird die Ehe anerkannt, wenn sie nach dem bürgerlichen Recht des betreffenden Landes gültig geschlossen worden ist.

Folgende Personen sind nicht (mehr) verheiratet:

a) Eine Ehe wird durch Urteil für nichtig erklärt. Die Nichtigkeitserklärung gilt von Anfang an; die Ehe hat nie bestanden. Die Folge ist, daß beide Partner immer ledig waren; für die Besteuerung ist die Grundtabelle anzuwenden. Falls auf der Lohnsteuerkarte die Steuerklasse III bereits bescheinigt war, ist sie nachträglich – rückwirkend – in die richtige Steuerklasse zu ändern.
b) Eine Ehe wird durch Urteil geschieden oder aufgehoben. Diese Ehe wird mit der Rechtskraft des Gerichtsurteils aufgelöst. Ab diesem Zeitpunkt sind die Eheleute erst geschieden. Für die Besteuerung werden sie als Ledige behandelt mit der Folge, daß nunmehr die Grundtabelle anzuwenden ist. Die Änderung der Steuerklasse hat im Jahr nach der Rechtskraft des Scheidungsurteils zu erfolgen.
c) Eine Ehe besteht, aber der Ehegatte des Arbeitnehmers ist vermißt oder verschollen. Vermißte oder Verschollene gelten als verheiratet, bis eine Todeserklä-

rung durch ein Gericht erfolgt. Erst dann, wenn der entsprechende Gerichtsbeschluß rechtskräftig ist, ist der Arbeitnehmer verwitwet. Nach einer Übergangsregelung ist auch hier die nunmehr zutreffende Steuerklasse zu bescheinigen.

zu 2.:
Beide Ehegatten müssen unbeschränkt einkommensteuerpflichtig sein.

Wenn dieses Erfordernis auch der Normalfall einer in der Bundesrepublik Deutschland bestehenden Ehe ist (die Beurteilung erfolgt nach § 1 EStG), so gibt es doch folgende Besonderheiten:

a) Der Ehegatte des Arbeitnehmers wohnt in der DDR oder in Berlin (Ost).
   - Sofern die Ehegatten nicht getrennt leben (siehe Erläuterungen zum 3. Tatbestandsmerkmal) und der in der DDR oder Berlin (Ost) lebende Ehegatte keine eigenen Einkünfte aus nichtselbständiger Arbeit in der Bundesrepublik hat (z. B. Pension bezieht), wird dem Arbeitnehmer die Steuerklasse III bescheinigt.

b) Der Ehegatte des Arbeitnehmers wohnt in einem Ostblockstaat (außer DDR und Berlin Ost).
   - Sofern die Ehegatten nicht getrennt leben (siehe Erläuterungen zum 3. Tatbestandsmerkmal) und dem Ehegatten die Ausreise aus dem Ostblockstaat aus politischen Gründen verweigert wird, ist dem Arbeitnehmer ebenfalls die Steuerklasse III zu bescheinigen.

zu 3.:
Die Ehegatten dürfen nicht dauernd getrennt leben.

Eine Ehe beinhaltet eine Lebens- und Wirtschaftsgemeinschaft (Abschn. 74 Abs. 2 LStR). Unter „Lebensgemeinschaft" ist eine räumliche, persönliche und geistige Gemeinschaft der Eheleute zu verstehen. Die „Wirtschaftsgemeinschaft" betrifft die gemeinsame Erledigung der die Eheleute berührenden wirtschaftlichen (Geld-)Fragen des Zusammenlebens.

Nicht dauernd getrennt lebt also beispielsweise ein Ehepaar mit 2 Kindern, welches in einer Mietwohnung lebt, bei dem die Eheleute gleichartige Interessen verfolgen und welches Haushalts- und Anschaffungsfragen und sonstige Probleme gemeinsam bespricht. Dauernd getrennt lebende Eheleute erfüllen diese Voraussetzungen nicht.

Nun ist es natürlich für einen Außenstehenden schwer zu beurteilen, ob z. B. noch eine geistige Gemeinschaft der Eheleute besteht. Äußerlich erkennbar und nachprüfbar ist jedoch die räumliche Gemeinschaft der Eheleute. Danach ist ein dauerndes Getrenntleben vor allen Dingen dann anzunehmen, wenn die Ehegatten eine auf Dauer bestimmte räumliche Trennung selbst herbeiführen. Für einen Bearbeiter im Finanzamt ist die fehlende Unterschrift eines der Ehegatten unter einer Steuererklärung ein Hinweis für ein mögliches Getrenntleben von Ehegatten.

Beispiel:

Nach mehrfachen unerfreulichen Auseinandersetzungen zwischen den Eheleuten Knatter ist der Ehemann Toni Knatter aus der gemeinsamen Wohnung ausgezogen. Er findet Aufnahme bei seiner Freundin Tilly Clipper, einer Stewardeß. Zur Sicherung des Lebensunterhalts für seine Frau und für die in Ausbildung befindlichen Kinder überweist Toni Knatter ausreichende Beträge. Bei seiner Frau und seinen Kindern läßt er sich aber nicht mehr blicken.

- Wegen Aufgabe der Lebens- und Wirtschaftsgemeinschaft leben die Eheleute Knatter dauernd getrennt.
  Eine Einstufung in die Steuerklasse III kommt deshalb nicht mehr in Betracht.

Grenzfälle des „dauernd getrennt Lebens“ sind:

a) Langer beruflich bedingter Auslandsaufenthalt eines Ehegatten
   - da es sich um eine zwar lange, aber vorübergehende räumliche Trennung der Eheleute handelt, ist ein Getrenntleben nicht ohne weiteres anzunehmen.
b) Räumliche Trennung wegen zwingenden äußeren Umständen wie Krankheit, Freiheitsstrafe, leben in einem Ostblockstaat
   - hier ist zu prüfen, ob
     1. die erkennbare Absicht besteht, die eheliche Bindung im möglichen Rahmen aufrechtzuerhalten (Briefe, Telefonate, Besuche) und ob
     2. beabsichtigt ist, nach Wegfall der äußeren Hindernisse die eheliche Gemeinschaft voll wiederherzustellen. Wenn dies der Fall ist, leben die Ehegatten nicht dauernd getrennt.
c) Vermißte, verschollene Ehegatten des Arbeitnehmers
   - leben in der Regel nicht vom Arbeitnehmer getrennt, es sei denn, es liegen besondere Umstände vor, die die Annahme eines Getrenntlebens rechtfertigen (z. B. der Arbeitnehmer lebt mit einer anderen Person zusammen).

zu 4.:

a) Der Ehegatte des Arbeitnehmers darf keinen Arbeitslohn beziehen.
   Es handelt sich also bei dieser Möglichkeit um einen sogenannten alleinverdienenden Ehegatten; möglich ist jedoch auch die Variante:
b) Beide Ehegatten beziehen Arbeitslohn und **beide** Ehegatten beantragen, daß einer von ihnen in die Steuerklasse V eingereiht wird. Die Einreihung ist also antragsbedingt und führt zur Steuerklassenverteilung III/V oder V/III.

In die Steuerklasse III werden aber auch Arbeitnehmer eingereiht, **welche**

a) aa) verwitwet sind,
   bb) wenn sie zum Zeitpunkt des Todes ihres Ehegatten unbeschränkt einkommensteuerpflichtig waren und
   cc) nicht dauernd getrennt gelebt haben
   - sie erhalten die Steuerklasse III für das auf den Tod folgende Kalenderjahr (sog. Gnadensplitting) (§ 38b Nr. 3 EStG).
b) aa) deren Ehe aufgelöst worden ist,
   bb) bei denen im Kalenderjahr der Auflösung der Ehe die Voraussetzungen für eine Zusammenveranlagung mit dem bisherigen Ehegatten vorgelegen haben,
   cc) deren bisheriger Ehegatte wieder geheiratet hat,
   dd) und wo in dieser neuen Ehe die Voraussetzungen für eine Zusammenveranlagung mit einem neuen Ehegatten ebenfalls vorliegen
   - sie erhalten die Steuerklasse III für das Kalenderjahr, in dem die Ehe aufgelöst worden ist (§ 38b Nr. 3c EStG).

Steuerklasse IV

Nach dem Vorstehenden können also unbeschränkt einkommensteuerpflichtige Arbeitnehmer, die verheiratet sind, nicht getrennt leben und die beide Arbeitslohn beziehen, ein Wahlrecht ausüben. Es stellt sich nur noch die Frage, in welche Steuerklasse sie normalerweise eingereiht werden müssen. Die Lösung ergibt sich aus § 38 b Nr. 4 EStG. Danach sind diese Arbeitnehmer der Steuerklasse IV zuzurechnen.

Steuerklasse V

Wie bereits erwähnt, können Eheleute, die beide Arbeitslohn beziehen und die normalerweise beide in die Steuerklasse IV eingereiht werden, beantragen, daß die Steuerklassenverteilung von IV/IV in III/V oder V/III geändert wird.

Die Frage, welche Steuerklassenverteilung für Eheleute am günstigsten ist, muß von Fall zu Fall entschieden werden. Verallgemeinernd läßt sich jedoch sagen, daß dann, wenn ein Ehepartner wesentlich mehr als das 1,5-fache des anderen verdient, die Steuerklassenverteilung III/V günstiger ist als die Verteilung IV/IV.

Beispiele:

Unbeschränkt einkommensteuerpflichtiges Ehepaar, nicht dauernd getrennt lebend, kein Kind, beide Ehegatten beziehen Arbeitslohn.

Lohn	ER	SIE
1.	2.541,37	584,60
2.	1.801,02	1.232,79

Welches ist die günstigste Steuerklassenverteilung für die Eheleute?

Bedienen Sie sich für die Lösung des folgenden Auszuges aus der Monatslohnsteuertabelle!

Min = Mindestbeträge-Kirchensteuer beachten (siehe Erläuterungen zur Kirchensteuer)

2 588,99 MONAT

Abzüge an Lohnsteuer und Kirchensteuer (8%, 9%) in den Steuerklassen

Sozial-Vers. Gruppe K/L M N/O	Lohn/Gehalt Versorgungs-Bezug bis DM	I, III-VI ohne Kinderfreibeträge				I, II, III, IV mit Zahl der Kinderfreibeträge … 0,5				1			1,5			2			2,5			3[□]		
			LSt	8%	9%		LSt	8%	9%	LSt	8%	9%	LSt	8%	9%	LSt	8%	9%	LSt	8%	9%	LSt	8%	9%
	577,49	I,IV	–	–	–																			
		III	–	–	–																			
	962,49	V	106,90	8,55	9,62																			
		VI	125,60	10,04	11,30																			
	581,99	I,IV	–	–	–																			
		III	–	–	–																			
	969,99	V	107,80	8,62	9,70																			
		VI	126,60	10,12	11,39																			
	586,49	I,IV	–	–	–																			
		III	–	–	–																			
	977,49	V	108,80	8,70	9,79																			
		VI	127,60	10,20	11,48																			
	590,99	I,IV	–	–	–																			
		III	–	–	–																			
	984,99	V	109,80	8,78	9,88																			
		VI	128,60	10,28	11,57																			
117,43	1 225,49	I,IV	115,70	9,25	10,41	I	93,–	5,44	6,12	70,20	1,61	1,81	47,50	Min	Min	24,60	Min	Min	1,90	Min	Min	–	–	–
24,46		III	23,60	1,88	2,12	II	9,80	Min	Min	–	–	–	–	–	–	–	–	–	–	–	–	–	–	–
141,90		V	249,50	19,96	22,45	III	1,80	Min	Min	–	–	–	–	–	–	–	–	–	–	–	–	–	–	–
	1 625,49	VI	268,30	21,46	24,14	IV	103,90	7,31	8,22	93,–	5,44	6,12	81,10	3,48	3,92	70,20	1,61	1,81	58,30	Min	Min	47,50	Min	Min
117,86	1 229,99	I,IV	116,70	9,33	10,50	I	94,–	5,52	6,21	71,20	1,69	1,90	48,50	Min	Min	25,60	Min	Min	2,90	Min	Min	–	–	–
24,55		III	25,60	2,04	2,30	II	10,80	Min	Min	–	–	–	–	–	–	–	–	–	–	–	–	–	–	–
142,42		V	250,50	20,04	22,54	III	1,80	Min	Min	–	–	–	–	–	–	–	–	–	–	–	–	–	–	–
	1 629,99	VI	269,30	21,54	24,23	IV	104,90	7,39	8,31	94,–	5,52	6,21	82,–	3,56	4,–	71,20	1,69	1,90	59,30	Min	Min	48,50	Min	Min
118,30	1 234,49	I,IV	117,70	9,41	10,59	I	95,–	5,60	6,30	72,20	1,77	1,99	49,40	Min	Min	26,60	Min	Min	3,90	Min	Min	–	–	–
24,64		III	25,60	2,04	2,30	II	11,80	Min	Min	–	–	–	–	–	–	–	–	–	–	–	–	–	–	–
142,94		V	251,40	20,11	22,62	III	3,80	Min	Min	–	–	–	–	–	–	–	–	–	–	–	–	–	–	–
	1 634,49	VI	270,50	21,64	24,34	IV	105,90	7,47	8,40	95,–	5,60	6,30	83,–	3,64	4,09	72,20	1,77	1,99	60,30	Min	Min	49,40	Min	Min
118,73	1 238,99	I,IV	118,70	9,49	10,68	I	96,–	5,68	6,39	73,20	1,85	2,08	50,40	Min	Min	27,60	Min	Min	4,90	Min	Min	–	–	–
24,73		III	27,60	2,20	2,48	II	12,80	Min	Min	–	–	–	–	–	–	–	–	–	–	–	–	–	–	–
143,46		V	252,40	20,19	22,71	III	3,80	Min	Min	–	–	–	–	–	–	–	–	–	–	–	–	–	–	–
	1 638,99	VI	271,50	21,72	24,43	IV	106,80	7,54	8,48	96,–	5,68	6,39	84,–	3,72	4,18	73,20	1,85	2,08	61,30	Min	Min	50,40	Min	Min
119,16	1 243,49	I,IV	119,70	9,57	10,77	I	97,–	5,76	6,48	74,10	1,92	2,16	51,40	Min	Min	28,60	Min	Min	5,90	Min	Min	–	–	–
24,82		III	27,60	2,20	2,48	II	13,80	Min	Min	–	–	–	–	–	–	–	–	–	–	–	–	–	–	–
143,98		V	253,50	20,28	22,81	III	5,80	Min	Min	–	–	–	–	–	–	–	–	–	–	–	–	–	–	–
	1 643,49	VI	272,50	21,80	24,52	IV	107,80	7,62	8,57	97,–	5,76	6,48	85,–	3,80	4,27	74,10	1,92	2,16	62,30	Min	Min	51,40	Min	Min
172,30	1 796,99	I,IV	230,50	18,44	20,74	I	207,80	14,62	16,45	185,–	10,80	12,15	162,30	6,98	7,85	139,50	3,16	3,55	116,70	Min	Min	94,–	Min	Min
35,89		III	128,60	10,28	11,57	II	124,60	7,96	8,96	101,90	4,15	4,67	79,10	*0,32	*0,36	56,40	Min	Min	33,50	Min	Min	10,80	Min	Min
208,19		V	428,80	34,30	38,59	III	104,80	6,38	7,18	83,–	2,64	2,97	59,30	Min	Min	37,50	Min	Min	13,80	Min	Min	–	–	–
	2 196,99	VI	466,30	37,30	41,96	IV	218,70	16,49	18,55	207,80	14,62	16,45	196,–	12,68	14,26	185,–	10,80	12,15	173,10	8,84	9,95	162,30	6,98	7,85
172,73	1 801,49	I,IV	231,50	18,52	20,83	I	208,80	14,70	16,54	186,–	10,88	12,24	163,30	7,06	7,94	140,50	3,24	3,64	117,70	Min	Min	95,–	Min	Min
35,98		III	128,60	10,28	11,57	II	125,60	8,04	9,05	102,90	4,23	4,76	80,10	*0,40	*0,45	57,30	Min	Min	34,50	Min	Min	11,80	Min	Min
208,71		V	430,60	34,44	38,75	III	104,80	6,38	7,18	83,–	2,64	2,97	59,30	Min	Min	37,50	Min	Min	13,80	Min	Min	–	–	–
	2 201,49	VI	468,30	37,46	42,14	IV	219,70	16,57	18,64	208,80	14,70	16,54	197,–	12,76	14,35	186,–	10,88	12,24	174,10	8,92	10,04	163,30	7,06	7,94
173,16	1 805,99	I,IV	232,50	18,60	20,92	I	209,80	14,78	16,63	187,–	10,96	12,33	164,30	7,14	8,03	141,50	3,32	3,73	118,70	Min	Min	96,–	Min	Min
36,07		III	128,60	10,28	11,57	II	126,60	8,12	9,14	103,90	4,31	4,85	81,10	*0,48	*0,54	58,30	Min	Min	35,50	Min	Min	12,80	Min	Min
209,23		V	432,60	34,60	38,93	III	106,80	6,54	7,36	83,–	2,64	2,97	61,30	Min	Min	37,50	Min	Min	15,60	Min	Min	–	–	–
	2 205,99	VI	470,30	37,62	42,32	IV	220,70	16,65	18,73	209,80	14,78	16,63	197,90	12,83	14,43	187,–	10,96	12,33	175,10	9,–	10,13	164,30	7,14	8,03
173,59	1 810,49	I,IV	233,50	18,68	21,01	I	210,80	14,86	16,72	188,–	11,04	12,42	165,20	7,21	8,11	142,50	3,40	3,82	119,70	Min	Min	97,–	Min	Min
36,16		III	130,60	10,44	11,75	II	127,60	8,20	9,23	104,90	4,39	4,94	82,–	*0,56	0,63	59,30	Min	Min	36,50	Min	Min	13,80	Min	Min
209,76		V	434,50	34,76	39,10	III	106,80	6,54	7,36	85,–	2,80	3,15	61,30	Min	Min	39,50	Min	Min	15,60	Min	Min	–	–	–
	2 210,49	VI	472,50	37,80	42,52	IV	221,70	16,73	18,82	210,80	14,86	16,72	198,90	12,91	14,52	188,–	11,04	12,42	176,10	9,08	10,22	165,20	7,21	8,11
243,14	2 534,99	I,IV	411,50	32,92	37,03	I	381,–	28,48	32,04	351,70	24,13	27,15	323,70	19,89	22,38	297,20	15,77	17,74	272,–	11,76	13,23	248,40	7,87	8,85
50,65		III	267,10	21,36	24,03	II	280,60	20,44	23,–	256,50	16,52	18,58	233,50	12,68	14,26	210,80	8,86	9,97	188,–	5,04	5,67	165,20	1,21	1,36
293,80		V	813,60	65,08	73,22	III	245,50	17,64	19,84	221,60	13,72	15,44	199,80	9,98	11,23	176,10	6,08	6,84	154,30	2,34	2,63	130,60	Min	Min
	2 934,99	VI	863,60	69,08	77,72	IV	396,40	30,63	34,46	381,–	28,48	32,04	365,50	26,24	29,52	351,70	24,13	27,15	337,–	21,96	24,70	323,70	19,89	22,38
243,58	2 539,49	I,IV	412,90	33,03	37,16	I	382,30	28,58	32,15	353,–	24,24	27,27	325,–	20,–	22,50	298,30	15,86	17,84	273,10	11,84	13,32	249,40	7,95	8,94
50,74		III	269,10	21,52	24,21	II	281,70	20,53	23,10	257,50	16,60	18,67	234,50	12,76	14,35	211,80	8,94	10,06	189,–	5,12	5,76	166,20	1,29	1,45
294,32		V	816,90	65,32	73,48	III	245,50	17,64	19,84	223,60	13,88	15,62	199,80	9,98	11,23	178,10	6,24	7,02	154,30	2,34	2,63	132,50	Min	Min
	2 939,49	VI	866,30	69,30	77,96	IV	396,70	30,73	34,57	382,30	28,58	32,15	366,80	26,34	29,63	353,–	24,24	27,27	338,10	22,04	24,80	325,–	20,–	22,50

Lösung:		Er		Sie	LSt Gesamt
1. StKl.	IV	414,20	IV	4,—	414,20
	III	269,10	V	108,80	377,90
	V	819,—	III	—	819,—

Bei einer Steuerklassenverteilung III/V stehen sich die Eheleute am besten.

2. StKl.	IV	239,50	IV	117,70	349,20
	III	128,60	V	251,40	380,—
	V	430,60	III	25,60	456,20

Die Eheleute zahlen bei der Steuerklassenverteilung IV/IV die gerinstmögliche Lohnsteuer.

Nun zu den restlichen Steuerklassen:

Steuerklasse VI

Nach § 38 b Nr. 6 EStG werden in die Steuerklasse VI eingereiht:

1. unbeschränkt einkommensteuerpflichtige Arbeitnehmer, die
2. von mehreren Arbeitgebern
3. nebeneinander Arbeitslohn beziehen
4. für das zweite und die weiteren Dienstverhältnis(se)

Für das **erste** Dienstverhältnis werden also die Steuerklassen I bis V bescheinigt.

Beispiel:

Waltraud Will ist verheiratet mit dem Unternehmer Kasimir Will. Beide Eheleute sind unbeschränkt einkommensteuerpflichtig und leben nicht dauernd getrennt. Waltraud Will ist Arbeitnehmerin in dem Ausflugslokal „Neppoli" und erhält dort Arbeitslohn. In einem 2. Dienstverhältnis als Aushilfsbuchhalterin bei der Firma Sicher und Heitz erhält sie ebenfalls Arbeitslohn.

Wieviele Lohnsteuerkarten sind für sie auszustellen und welche Steuerklassen sind dort zu bescheinigen?

- Für Waltraud Will sind 2 Lohnsteuerkarten auszustellen. Für das erste Dienstverhältnis ist die Steuerklasse III zu bescheinigen, denn

  1. sie ist unbeschränkt einkommensteuerpflichtige Arbeitnehmerin,
  2. sie ist verheiratet,
  3. sie lebt von ihrem Mann nicht dauernd getrennt,
  4. ihr Ehemann bezieht als Unternehmer keinen Arbeitslohn.

  Für das zweite Dienstverhältnis ist die Steuerklasse VI zu bescheinigen, denn

  1. sie ist unbeschränkt einkommensteuerpflichtige Arbeitnehmerin
  2. sie hat mehrere Arbeitgeber (Ausflugslokal „Neppoli" und Firma „Sicher und Heitz")
  3. sie bezieht nebeneinander 2 Arbeitslöhne

Nun zu den noch fehlenden Steuerklassen I und II.

Steuerklasse I

Nach dem Wortlaut des § 38 b Nr. 1 EStG werden in die Steuerklasse I eingereiht:

a) Ledige
b) Verheiratete, bei denen die Steuerklassen III oder IV nicht bescheinigt werden können, weil
   aa) ein Ehegatte beschränkt einkommensteuerpflichtig ist und/oder
   bb) die Eheleute getrennt leben.
c) Verwitwete oder Geschiedene, bei denen die Steuerklasse III nicht bescheinigt werden kann.

Steuerklasse II

Allen Steuerpflichtigen, denen die Steuerklasse I bescheinigt werden müßte, bei denen aber ein Haushaltsfreibetrag zu berücksichtigen ist. Das ist nach § 32 Abs. 7 EStG dann der Fall, wenn der Steuerpflichtige einen Kinderfreibetrag erhält und bei dem die Splittingtabelle nicht angewandt wird und der nicht getrennt zur Einkommensteuer zu veranlagen ist.

> Beispiel:
>
> Dolly Doll ist eine seit Jahren verwitwete Arbeitnehmerin mit einem Kind. Welche Steuerklasse ist ihr für das Kalenderjahr 1987 zu bescheinigen?
>
> – Da für Dolly Doll ein Haushaltsfreibetrag zu berücksichtigen ist, wird ihr eine Lohnsteuerkarte mit der Steuerklasse II ausgestellt.

Bescheinigung der Kinderzahl

Neben der Steuerklasse wird den Arbeitnehmern auf der Lohnsteuerkarte auch die Zahl der Kinder eingetragen, die zu Beginn des Kalenderjahres das 16. Lebensjahr noch nicht vollendet haben.

Dies ist allerdings nur erforderlich bei den Steuerklassen

II, III und IV.

Die Schreibweise wird so vorgenommen, daß hinter der Steuerklasse ein Querstrich gesetzt wird; danach steht die Anzahl der Kinder, z. B. III/2.

Ab 1986 wird bei den Steuerklassen I–IV zusätzlich die Zahl der Kinderfreibeträge bescheinigt:

Die Zahl der Kinderfreibeträge ist unabhängig von der Zuordnung der Kinder einzutragen. Für jedes zu berücksichtigende Kind gilt grundsätzlich der Zähler 0,5. Der Zähler 1 gilt für ein Kind,

a) das bei verheirateten Arbeitnehmern in Steuerklasse III oder IV zu beiden Ehegatten in einem steuerlichen Kindschaftsverhältnis steht oder
b) dessen anderer Elternteil vor dem Beginn des Kalenderjahrs verstorben ist oder
c) das ein Arbeitnehmer allein angenommen hat.

Die Fälle der Berücksichtigung des Zählers 1 für ein Kind sind abschließend geregelt. Auf der Lohnsteuerkarte wird deshalb auch dann nur der Zähler 0,5 eingetragen, wenn dem Arbeitnehmer der Kinderfreibetrag von 2.484 DM für ein Kind zusteht, weil

- der andere Elternteil während des ganzen Kalenderjahrs nicht unbeschränkt einkommensteuerpflichtig ist oder
- der andere Elternteil seiner Unterhaltsverpflichtung gegenüber dem Kind nicht oder nur zu einem unwesentlichen Teil nachkommt oder er der Übertragung des ihm zustehenden Kinderfreibetrags zustimmt.

In diesen Fällen kann der höhere Kinderfreibetrag nur nach Ablauf des Kalenderjahrs im Lohnsteuer-Jahresausgleich oder bei der Einkommensteuerveranlagung berücksichtigt werden. (BStBl 1985 Teil I Seite 335 ff)

Eine Zusammenfassung der Steuerklasseneinteilung ergibt sich aus folgender Tabelle.

eins + Zahl d. Kinderfreibeträge	zwei + Zahl der Kinder + Zahl der Kinderfreibeträge	drei + Zahl der Kinder + Zahl der Kinderfreibeträge	vier + Zahl der Kinder + Zahl der Kinderfreibeträge	fünf	sechs
1. **Ledige Arbeitnehmer** 2. **verheiratete Arbeitnehmer** denen nicht StKl III oder IV zu bescheinigen ist 3. **verwitwete Arbeitnehmer** denen nicht StKl III zu bescheinigen ist 4. **geschiedene Arbeitnehmer** denen nicht StKl III zu bescheinigen ist		1. verheiratete Arbeitnehmer wenn: a) beide Ehegatten unbeschränkt steuerpflichtig und b) nicht dauernd getrennt lebend			Arbeitnehmer, die Arbeitslohn aus mehreren gegenwärtigen oder früheren Dienstverhältnissen gleichzeitig von verschiedenen Arbeitgebern erhalten
	und bei denen ein Haushaltsfreibetrag zu berücksichtigen ist	wenn der Ehegatte des ArbN keinen AL bezieht oder auf Antrag beider Ehegatten in die StKl V eingereiht wird	wenn der Ehegatte des ArbN ebenfalls ArbL bezieht und nicht in die StKl V eingereiht ist	wenn der Ehegatte des ArbN ebenfalls ArbL bezieht und auf Antrag beider Ehegatten in die Steuerklasse III eingereiht wird	für das zweite oder weitere Dienstverhältnisse

Maßgebend sind jeweils die Verhältnisse zu Beginn des Jahres für das die Lohnsteuerkarte gilt (§ 39 Abs. 3 Satz 2 EStG)

Beispiele:

Ermitteln Sie in den folgenden Fällen die richtige Steuerklasse:

1. Lediger, 44-jähriger Arbeitnehmer mit einem Kind und 2 Dienstverhältnissen
   - 1. Dienstverhältnis: StKl. II/1 – Z 0,5
   - 2. Dienstverhältnis: StKl. VI
2. Verheirateter, getrennt lebender Arbeitnehmer mit 2 Kindern
   - StKl. II/2 – Z 1
3. Ein Arbeitnehmer und seine Ehefrau stehen in einem Dienstverhältnis. Sie leben nicht dauernd getrennt und haben keine Kinder.
   - Normalverteilung: IV/0–IV/0
   - auf Antrag: III/0–V oder V–III/0
4. Ein Arbeitnehmer hat 2 Dienstverhältnisse, seine Ehefrau steht auch in einem Dienstverhältnis. Beide leben nicht dauernd getrennt und haben 2 Kinder.
   - Normalfall:
     Arbeitnehmer: IV/2 – Z 2 und VI, Ehefrau IV/2 – Z 2
   - auf Antrag:

Arbeitnehmer	Ehefrau
III/2 – Z 2 und VI	V
oder	
V und VI	III/2 - Z 2

5.3 Lohnsteuertabellen

Die Anwendung der Lohnsteuertabellen soll sicherstellen, daß jeder Arbeitnehmer die richtige Jahreseinkommensteuer bezahlt.

5.3.1 Jahrestabellen

Die Lohnsteuerjahrestabellen sind aus der Grundtabelle und aus der Splittingtabelle abzuleiten.

Die zutreffende Jahreslohnsteuer ist in den entsprechenden Steuerklassen-Spalten der Jahrestabelle abzulesen.

Folgende Steuerklassen sind aus der Grundtabelle abgeleitet:

I, II und IV;

die Steuerklasse III wird aus der Splittingtabelle errechnet (§ 38c Abs. 1 Satz 8 EStG). Die Steuerklassen V und VI nehmen eine Zwischenstellung ein (§ 38c Abs. 1 Satz 4 EStG).

Die Jahrestabellen sind bis zu einem Jahresbruttoarbeitslohn von 120.000 DM aufzustellen (§ 38c Abs. 1 S. 1 EStG). Dieser Tabelle ist eine Anleitung beizufügen, wie die Lohnsteuer bei darüber hinausgehenden Beträgen zu errechnen ist (§ 38c Abs. 1 Satz 6 EStG).

5.3.2 Monats-, Wochen-, Tagestabellen

Wie bereits besprochen, zahlen die allermeisten Arbeitgeber die zu zahlenden Löhne nicht jährlich, sondern in kürzeren Zeitabständen (meistens monatlich) aus. Für sie wurde zur besseren Handhabung die Jahreseinkommensteuertabelle in Monats-, Wochen- und Tagestabellen umgerechnet (§ 38c Abs. 3 EStG).

5.4 Lohnsteuerkarte

Ein Arbeitgeber kann die richtige Lohnsteuer für einen Arbeitnehmer nur dann einbehalten, wenn ihm die Steuerklasse des Betreffenden bekannt ist. Die zutreffende Steuerklasse kann er der Lohnsteuerkarte des Arbeitnehmers entnehmen (§ 39b Abs. 2 S. 5 EStG).

Damit er dazu in der Lage ist, muß jeder Arbeitnehmer seinem Arbeitgeber die Lohnsteuerkarte vorlegen (§ 39b Abs. 1 Satz 1 EStG).

Der Arbeitnehmer wiederum erhält jedes Jahr eine Lohnsteuerkarte von seiner Gemeindeverwaltung (§ 39 Abs. 1 Satz 1 EStG), wenn er unbeschränkt einkommensteuerpflichtig ist.

Eine Steuerkarte ist auf S. 163f. abgedruckt.

5.4.1 Eintragungen

Auf der **Vorderseite** der Lohnsteuerkarte hat die Gemeinde verschiedene Eintragungen vorzunehmen:

1. die Adresse des Arbeitnehmers
   (§ 39 Abs. 1 Satz 1 EStG:
   ... haben den Arbeitnehmern ... auszustellen)
2. den Familienstand:
   vh = verheiratet (einzutragen auch dann, wenn die Eheleute getrennt leben)
   nv = nicht verheiratet (ledig, verwitwet, geschieden)
   (§ 39 (3) Nr. 1 EStG, Abschn. 75 Abs. 3 LStR)
3. die Steuerklasse (ausschreiben)
   (§ 39 (3) Nr. 2 EStG, Abschn. 75 Abs. 4 LStR)
4. in arabischen Ziffern die Zahl der Kinder, die das 16. Lebensjahr noch nicht vollendet haben
   (§ 39 (3) Nr. 4 EStG, Abschn. 75 Abs. 5–8 LStR
5. in arabischen Ziffern die Zahl der Kinderfreibeträge (§ 39 (3) Nr. 3 EStG, Abschn. 75 Abs. 5–8 LStR)

Neben diesen im EStG vorgesehenen Eintragungen erfolgen noch nachstehende Bescheinigungen:

6. Gemeinde mit dem amtlichen Gemeindeschlüssel (AGS) (Abschn. 75 Abs. 10 LStR)
7. Finanzamt mit Finanzamts-Nr.
   (Abschn. 75 Abs. 10 LStR)
8. Geburtstag des Arbeitnehmers

(Im Original Format DIN A5 — 148x210 mm)

Alle Eintragungen in der Lohnsteuerkarte genau prüfen!
Lesen Sie die Informationsschrift „Lohnsteuer '87"

Ordnungsmerkmale des Arbeitgebers

Lohnsteuerkarte 1987

Gemeinde ( ) .... Finanzamt (........) ....

AGS .... Nr. ....

Geburtsdatum

I. Allgemeine Besteuerungsmerkmale		
Kirchensteuerabzug		Familienstand
Arbeitnehmer	Ehegatte	
		vh = verheiratet nv = nicht verheiratet
	Kinder unter 16 Jahren:	
Steuerklasse	Zahl der Kinderfreibeträge	Zahl der Kinder

(Gemeindebehörde)

(Datum)

II. Änderungen der Eintragungen im Abschnitt I

Steuerklasse	Zahl der Kinderfreibeträge	Zahl der Kinder	Familienstand	Kirchensteuerabzug Arbeitn.	Kirchensteuerabzug Ehegatte	Diese Eintragung gilt, wenn sie nicht widerrufen wird:	Datum, Stempel und Unterschrift der Behörde
						vom .... 1987 an bis zum 1987	I. A.
						vom .... 1987 an bis zum 1987	I. A.
						vom .... 1987 an bis zum 1987	I. A.

III. Für die Berechnung der Lohnsteuer sind vom tatsächlichen Arbeitslohn als steuerfrei **abzuziehen:**

Jahresbetrag DM	monatlich DM	wöchentlich DM	täglich DM	Diese Eintragung gilt, wenn sie nicht widerrufen wird:	Datum, Stempel und Unterschrift der Behörde
				vom .... 1987 an	
in Buchstaben:	-tausend		Zehner und Einer wie oben -hundert	bis zum 1987	I. A.
				vom .... 1987 an	
in Buchstaben:	-tausend		Zehner und Einer wie oben -hundert	bis zum 1987	I. A.
.... v. H. (i. Buchst. .... v. H.) des Arbeitslohns, höchstens aber .... DM monatlich, a. d. Tätigk. als				vom .... 1987 an bis zum 1987	I. A.

LSt 1 7.86

IV. Lohnsteuerbescheinigung für das Kalenderjahr 1987 und besondere Angaben

1. Beschäftigungsdauer		vom - bis		vom - bis		vom - bis	
2. Die Lohnsteuerkarte ist schuldhaft nicht vorgelegt worden							
		DM	Pf	DM	Pf	DM	Pf
3. Bruttoarbeitslohn einschl. Sachbezüge ohne 7.							
4. Einbehaltene Lohnsteuer von 3.							
5. Einbehaltene Kirchensteuer des Arbeitnehmers von 3.							
6. Einbehaltene Kirchensteuer des Ehegatten von 3. (nur bei konfessionsverschiedener Ehe)							
7. Arbeitslohn für mehrere Kalenderjahre, Entschädigungen, Erfindervergütungen							
8. Einbehaltene Lohnsteuer von 7.							
9. Einbehaltene Kirchensteuer des Arbeitnehmers von 7.							
10. Einbehaltene Kirchensteuer des Ehegatten von 7. (nur bei konfessionsverschiedener Ehe)							
11. Im Jahresausgleich erstattete Lohnsteuer von 4.	wenn nicht bereits in 4 bis 6. abgezogen						
12. Im Jahresausgleich erstattete Kirchensteuer von 5.							
13. Im Jahresausgleich erstattete Kirchensteuer von 6.							
14. In 3. enthaltene steuerbegünstigte Versorgungsbezüge							
15. In 7. enthaltene steuerbegünstigte Versorgungsbezüge							
16. Kurzarbeiter- und Schlechtwettergeld	ausgezahlter Betrag						
	Bruttobetrag						
17. Steuerfreier Arbeitslohn nach	Doppelbesteuerungsabkommen						
	Auslandstätigkeitserlaß						
18. Gesamtbetrag der vermögenswirksamen Leistungen mit dem Zulagensatz 16/26 v. H.							
19. Vermögenswirksame Leistungen mit dem Zulagensatz 23/33 v. H.	Gesamtbetrag für Kapitalbeteiligungen						
	Gesamtbetrag für sonstige Anlagen						
20. Ausgezahlte Arbeitnehmer-Sparzulagen							
21. Nach dem Berlinförderungsgesetz ausgezahlte Arbeitnehmerzulagen (ohne Zul. für Ausfallzeiten)							
22. Steuerfreie Arbeitgeberleistungen für Fahrten zwischen Wohnung und Arbeitsstätte	Um Rückfragen zu vermeiden, wird die Ausfüllung empfohlen.						
23. Steuerfreie Verpflegungszuschüsse bei 10/12-stündiger Abwesenheit o. bei Berufskraftfahrern							
24. Steuerfreie Arbeitgeberzuschüsse zur freiwilligen Krankenversicherung							
25. Arbeitgeberanteil zur gesetzlichen Rentenversicherung oder gleichgestellte Aufwendungen							
26. Arbeitnehmerbeiträge zur gesetzlichen Sozialversicherung (ohne von krankenversicherungspflichtigen Ersatzkassenmitgliedern selbst eingezahlte Beiträge)							
Anschrift des Arbeitgebers (lohnsteuerliche Betriebsstätte), Firmenstempel, Unterschrift; Finanzamt, an das der Arbeitgeber die Lohnsteuer abgeführt hat							

9. Religionszugehörigkeit des Arbeitnehmers, wobei verschiedene Abkürzungen verwendet werden, Abschn. 75 Abs. 9 LStR).

In der Zeile: „(Gemeindebehörde)“ ist eine Eintragung nur vorzunehmen, wenn eine Lohnsteuerkarte nachträglich erstellt wurde, bei routinemäßigem (maschinellem) Ausdruck der Karte wird nur ein Datum eingedruckt.

Auf der Vorderseite der Lohnsteuerkarte sind weitere Eintragungen möglich:

Abschnitt II: Ursprüngliche Eintragungen zur Steuerklasse, der Zahl der Kinder, des Familienstandes und zum Kirchensteuerabzug können hier von der Gemeinde, aber auch vom Finanzamt berichtigt oder geändert werden.

Abschnitt III: Hier kann durch die Eintragung eines Freibetrages, die entweder durch die Gemeinde oder durch das Finanzamt erfolgt, die monatlich usw. zu zahlende Lohnsteuer gemindert werden.

Die **Rückseite** der Lohnsteuerkarte ist für Eintragungen durch den Arbeitgeber bestimmt.

Abschnitt IV: Beinhaltet die Lohnsteuerbescheinigung des Arbeitgebers unter den Nummern 1–21; diese Eintragungen **muß** der Arbeitgeber vornehmen (§ 41 b Abs. 1 EStG).
Die Eintragungen von 22–26 müssen nicht erfolgen; sie sind aber wünschenswert, weil sie die Bearbeitung eines Lohnsteuerjahresausgleichs oder einer Einkommensteuerveranlagung beschleunigen.

5.4.2 Bedeutung und Maßgeblichkeit

Die Lohnsteuerkarte ist eine öffentliche (Vorderseite) und eine private (Rückseite) Urkunde, d. h. die einmal vorgenommenen Eintragungen dürfen nur im Wege ordnungsgemäßer Bescheinigungen geändert werden (Datum, Unterschrift, Stempel).

Bei den beschriebenen Muß-Eintragungen auf der Vorderseite der Lohnsteuerkarte handelt es sich um eine gesonderte Feststellung von Besteuerungsgrundlagen (§ 39 Abs. 3 Satz 7 EStG). Diese Eintragungen sind so lange maßgeblich, bis sie geändert werden (Grundsatz der Maßgeblichkeit der Lohnsteuerkarte).

Der Arbeitgeber hat sich nach den dort eingetragenen Daten zu richten, auch wenn er weiß, daß sie falsch sind (§ 39 b Abs. 2 EStG).

Für den Arbeitnehmer selbst ist die Lohnsteuerkarte von erheblicher Bedeutung für die Durchführung der Einkommensteuerveranlagung bzw. für den Lohnsteuerjahresausgleich, insbesondere selbstverständlich die Eintragungen in Abschnitt IV.

5.4.3 Stichtagsprinzip

Die Gemeinden müssen nach den Verhältnissen, die am 20. September eines Jahres vorliegen, Lohnsteuerkarten für das folgende Kalenderjahr ausstellen. Die Angaben auf der Lohnsteuerkarte haben also Bedeutung für die Zukunft: nach § 39 Abs. 3 Satz 2 EStG sind die Verhältnisse, die zum nächsten 1. Januar vorliegen **werden**, zugrunde zu legen. Dies ist zwar theoretisch nicht denkbar; in der Praxis zeigt sich aber, daß sich die Verhältnisse zwischen dem 20. September und dem 1. Januar des folgenden Jahres in nur ca. 10 v. H. der Fälle ändern.

In die Lohnsteuerkarten trägt man deshalb diejenigen Steuermerkmale ein, die am 20. September Gültigkeit haben. Sollte sich in der Zwischenzeit eine Änderung ergeben haben (Tod, Heirat, Scheidung, Geburt eines Kindes), ist die Änderung der Gemeinde oder dem Finanzamt anzuzeigen, welche dann die Eintragungen auf der Lohnsteuerkarte noch vor dem 1. Januar berichtigt (§ 39 Abs. 4 EStG).

Sollte sich eine Änderung nach dem 1. Januar ergeben, kann eine entsprechende Eintragung ebenfalls noch erfolgen (§ 39 Abs. 5 EStG).

5.4.4 Ausschreibung durch die Gemeinde

Wie bereits aus § 39 Abs. 1 Satz 1 EStG bekannt, werden die Lohnsteuerkarten für jedes Kalenderjahr durch die Gemeinden ausgestellt und den Arbeitnehmern übersandt.

Damit die Gemeinden hierzu in der Lage sind, führen sie computerunterstützte Arbeitnehmerkarteien, die ständig auf dem laufenden gehalten werden.

Diejenigen Bürger der Gemeinde, welche als Arbeitnehmer registriert sind und am 20. September in der Gemeinde eine Hauptwohnung oder ihren gewöhnlichen Aufenthalt haben, erhalten für das folgende Kalenderjahr eine Lohnsteuerkarte (§ 39Abs. 2 EStG).

Die Lohnsteuerkarten werden meistens von einer Datenverarbeitungsanlage mit allen erforderlichen Angaben ausgefüllt und an die Empfänger verschickt.

Der Lohnsteuerkarte werden „Hinweise zur Lohnsteuer" beigefügt; Werbematerial darf nicht mitverschickt werden.

Die Versendung erfolgt durch die Post oder durch Amtsverteilung.

Jeder Arbeitnehmer muß bis spätestens 31. Oktober im Besitz der Lohnsteuerkarte sein (Abschn. 75 Abs. 2 S. 2 LStR). Bei Bedarf sind mehrere Lohnsteuerkarten auszustellen, wenn der Arbeitnehmer mehrere Dienstverhältnisse hat (§ 39 Abs. 1 Satz 2 EStG).

Wenn alle Lohnsteuerkarten durch die Gemeinde ausgestellt worden sind, hat die Gemeinde dies öffentlich bekannt zu machen (Abschn. 75 Abs. 13 LStR).

Wird ein Bürger erst im Laufe eines Kalenderjahres zum Arbeitnehmer, wird eine Lohnsteuerkarte nachträglich ausgestellt.

6. Kapitel: Lohnsteuerermäßigung

Das Ziel der Lohnbesteuerung besteht darin, mit der Summe der im Laufe eines Kalenderjahres einbehaltenen Lohnsteuer möglichst genau die für den Arbeitnehmer entstehende Jahreseinkommensteuer zu treffen (§ 38 Abs. 2 EStG).

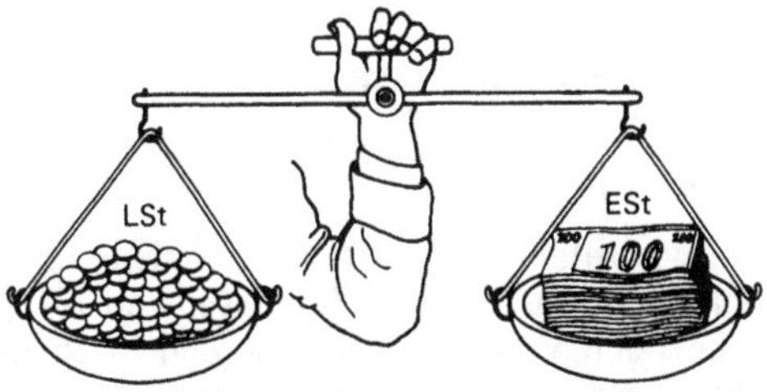

Der Gesetzgeber versucht dies dadurch zu erreichen, daß er viele Frei- und Pauschbeträge in die Lohnsteuertabellen einarbeitet und die Arbeitnehmer in Steuerklassen einteilt.

In den Fällen jedoch, in denen der Arbeitnehmer höhere Aufwendungen als die Pauschbeträge für Werbungskosten und Sonderausgaben geltend machen kann oder wenn er außergewöhnliche Belastungen nachweist, kann das Ziel des Gesetzgebers nicht ohne weiteres erreicht werden.

Der Arbeitnehmer hat in diesen Fällen die Wahl:

entweder er läßt sich einen Freibetrag auf der Lohnsteuerkarte eintragen und/oder er beantragt die Durchführung eines Lohnsteuer-Jahresausgleiches.

Zunächst zum

6.1 Freibetrag auf der Lohnsteuerkarte

Der Freibetrag wird auf der Vorderseite der Lohnsteuerkarte in der Abteilung III eingetragen.

Der dort angegebene Betrag muß vom Arbeitgeber bei der Berechnung der Lohnsteuer vom Bruttoarbeitslohn abgezogen werden; bei dem sich danach ergebenden Betrag ist die Lohnsteuer in der Lohnsteuertabelle abzulesen.

6.1.1 Eintragungsfähige Aufwendungen

Diejenigen Aufwendungen, die als Freibetrag auf der Lohnsteuerkarte eingetragen werden dürfen, sind in § 39a Abs. 1 Nrn. 1–6 EStG genannt. Beim Studium dieser Aufzählung fällt unter Nr. 4 auf, daß die Sonderausgaben im Sinne des § 10 Abs. 1 Nr. 2 und 3 EStG, die sogenannten Vorsorgeaufwendungen, nicht genannt sind.

Es wird demgemäß festgestellt:

Vorsorgeaufwendungen können nicht zu einem Freibetrag auf der Lohnsteuerkarte führen; sie können nur in einem Lohnsteuer-Jahresausgleichsverfahren geltend gemacht werden.

Die übrigen Aufwendungen sind eintragungsfähig; allerdings greift sich § 39a Abs. 2 Satz 4 EStG wiederum die Werbungskosten, Sonderausgaben und außergewöhnlichen Belastungen heraus und läßt deren Eintragung nur zu, wenn eine „Antragsgrenze" in Höhe von 1.800 DM überschritten wird (Einzelheiten siehe Tz. 6.1.2).

Danach ist hinsichtlich der eintragungsfähigen Aufwendungen eines Arbeitnehmers folgende Einteilung vorzunehmen:

6.1.1.1 Nicht eintragungsfähige Aufwendungen

Vorsorgeaufwendungen sind nicht eintragungsfähig. Das sind nach dem Wortlaut des § 10 Abs. 1 Nr. 2 und 3 EStG

a) Beiträge zu Kranken-, Unfall- und Haftpflichtversicherungen, zu den gesetzlichen Rentenversicherungen und an die Bundesanstalt für Arbeit;
b) Beiträge zu den folgenden Versicherungen auf den Erlebens- oder Todesfall;
   aa) Risikoversicherungen, die nur für den Todesfall eine Leistung vorsehen,
   bb) Rentenversicherungen ohne Kapitalwahlrecht
   cc) Rentenversicherungen mit Kapitalwahlrecht gegen laufende Beitragsleistung, wenn das Kapitalwahlrecht nicht vor Ablauf von zwölf Jahren seit Vertragsabschluß ausgeübt werden kann
   dd) Kapitalversicherungen gegen laufende Betragsleistung mit Sparanteil, wenn der Vertrag für die Dauer von mindestens zwölf Jahren abgeschlossen worden ist.
   Fondsgebundene Lebensversicherungen sind ausgeschlossen;
   sowie
c) Beiträge an Bausparkassen zur Erlangung von Baudarlehen. Baudarlehen sind auch Darlehen, die zum Erwerb von Wohnsitz im Sinne des § 12a des Zweiten Wohnungsbaugesetzes bestimmt sind.

6.1.1.2 Unbeschränkt eintragungsfähige Aufwendungen

Diese Aufwendungen werden auf jeden Fall als Freibetrag berücksichtigt. Das sind

a) der Altersfreibetrag nach § 32 Abs. 8 EStG
b) Pauschbeträge für Körperbehinderte und Hinterbliebene nach § 33b EStG
c) die Beträge, die nach § 10e, § 52 Abs. 21 Satz 4 EStG oder nach § 15b des Berlinförderungsgesetzes abgezogen werden können, sowie der Betrag der negativen Einkünfte aus Vermietung und Verpachtung, der sich bei Inanspruchnahme erhöhter Absetzungen nach § 7b EStG oder nach § 14a oder § 15 der Berlinförderungsgesetzes ergeben wird; für jedes Kind, für das der Steuerpflichtige Anspruch auf die Steuerermäßigung nach § 34f EStG hat, ist auf Antrag ein zusätzlicher Betrag von 2.400 Deutsche Mark abzuziehen. Der sich hiernach insgesamt ergebende Freibetrag darf außer in den Fällen des § 14a Abs. 6 des Berlinförderungsgesetzes erst nach Fertigstellung oder Anschaffung der Wohnung, für die die Steuerbegünstigung nach § 10e EStG oder nach § 15b des Berlinförderungsgesetzes in Anspruch genommen werden, eingetragen werden. Ein Freibetrag wird nicht eingetragen wegen negativer Einkünfte aus Vermietung und Verpachtung, soweit sie bei der Festsetzung der Vorauszahlungen nach § 37 Abs. 3 Sätze 6, 7 und 9 nicht zu berücksichtigen sind.

6.1.1.3 Beschränkt eintragungsfähige Aufwendungen

Diese Aufwendungen führen nur dann zu einem Freibetrag, wenn zuvor die „Antragsgrenze" überschritten ist (siehe Tz. 6.1.2).
Es handelt sich dabei um

a) Werbungskosten, die bei den Einkünften aus nichtselbständiger Arbeit anfallen, soweit sie den Werbungskosten-Pauschbetrag (§ 9a Nr. 11 EStG) übersteigen,
b) Sonderausgaben im Sinne des § 10 Abs. 1 Nr. 1, 1a, 4 bis 7 EStG und des § 10b EStG, soweit sie den Sonderausgaben-Pauschbetrag von 270/540 Deutsche Mark übersteigen,
c) der Betrag, der nach den §§ 33 und 33a und 33c EStG wegen außergewöhnlicher Belastungen zu gewähren ist

6.1.2 Antragsgrenze

Die Antragsgrenze für Werbungskosten, Sonderausgaben und bei außergewöhnlicher Belastung soll sicherstellen, daß im Hinblick auf die Arbeitsbelastung im Finanzamt nicht jeder Klein- und Kleinstbetrag zu einer Eintragung als Freibetrag führt.

Nach § 39a Abs. 2 Satz 4 EStG ist ein solcher Antrag nur zulässig, wenn

1. die **Aufwendungen** für
   - Werbungskosten
   - Sonderausgaben (ohne Vorsorgeaufwendungen)
   - außergewöhnliche Belastungen allgemeiner Art (§§ 33, 33c EStG)

und 2. die **abziehbaren Beträge** für außergewöhnliche Belastung in besonderen Fällen (§ 33a EStG)

zusammen mehr als 1.800 DM betragen.

Bei den **Aufwendungen** handelt es sich um die **tatsächlich abgeflossenen** Beträge; eine Einschränkung gilt nur, soweit diese Aufwendungen der Höhe nach begrenzt sind – wie bei der Berechnung der Fahrten zwischen Wohnung und Arbeitsstätte, bei den Spenden oder bei den Kinderbetreuungskosten.

Da es sich um tatsächlich abgeflossene Beträge handelt, sind bei der Ermittlung der Antragsgrenze Pauschbeträge oder zumutbare Belastungen **nicht zu berücksichtigen.**

Bei den **abziehbaren Beträgen** handelt es sich um die verschiedenen, sich aus § 33a EStG ergebenden Pauschbeträge und Höchstbeträge wegen

- Unterhalt und Berufsausbildung
- Pflege des Eltern-Kind-Verhältnisses
- Berufsausbildung eines Kindes
- Beschäftigung einer Hausgehilfin oder Haushaltshilfe

Die Antragsgrenze ist bei zusammenzuveranlagenden Ehegatten, auch bei Doppelverdienern, nicht zu verdoppeln, da § 39a Abs. 3 Satz 2 EStG besagt: Für die Anwendung der 1.800 DM-Grenze ist die **Summe** der für **beide** Ehegatten in Betracht kommenden Aufwendungen maßgebend.

Beispiele:

1. Es werden lediglich Werbungskosten in Höhe von 1.462 DM nachgewiesen.
   – Die Antragsgrenze ist nicht erreicht, ein Freibetrag wird nicht ermittelt.

2. Folgende Aufwendungen werden nachgewiesen:
   Werbungskosten 370 DM
   Sonderausgaben,
   ansetzbar 680 DM
   außergewöhnliche Belastung nach § 33 EStG 980 DM;
   davon zumutbare Belastung 470 DM
   außergewöhnliche Belastung nach § 33a EStG 600 DM;
   anzusetzen sind 200 DM.

– Aufwendungen für Werbungskosten	370 DM
für Sonderausgaben	680 DM
für außergew. Belastung des § 33 EStG	980 DM
+ abziehbare Beträge für außergew. Belastung des § 33a EStG	200 DM
	2.230 DM

Die Antragsgrenze ist erreicht, der Antrag wird weiterbearbeitet.

3. Ein Arbeitnehmer fährt täglich mit seinem Pkw zur Arbeitsstätte. Die kürzeste Straßenverbindung zwischen Wohnung und Arbeitsstätte beträgt 20 km. Der Pkw wird an 230 Arbeitstagen benutzt. Daraus ergeben sich abziehbare Aufwendungen von 1.656 DM (20 km × km-Pauschbetrag 0,36 DM × 230 Tage). Außerdem zahlt der Arbeitnehmer Kirchensteuer von jährlich 200 DM. Es ergeben sich Gesamtaufwendungen von 1.856 DM (1.656 DM + 200 DM); der Arbeitnehmer kann also einen Antrag auf Steuerermäßigung stellen.

4. Ein Arbeitnehmer fährt an 230 Arbeitstagen mit seinem Pkw zu seiner 10 km entfernten Arbeitsstätte. Als Aufwendungen können 828 DM (10 km × 0,36 DM × 230 Tage) steuerlich geltend gemacht werden. An Kirchensteuer zahlt der Arbeitnehmer 250 DM jährlich. Außerdem mußte der Arbeitnehmer aus einer Zahnarztrechnung einen Kostenanteil von 600 DM selbst bezahlen. Es ergeben sich Gesamtaufwendungen von 1.678 DM. Ein Antrag auf Steuerermäßigung kann nicht gestellt werden, da die Aufwendungen nicht höher als 1.800 DM sind. Wenn aber auch der Ehegatte des Arbeitnehmers berufstätig ist und für seine Fahrten zur Arbeitsstätte Aufwendungen von 200 DM hat, so ergeben sich zusammen Gesamtaufwendungen von 1878 DM; in diesem Fall können die Ehegatten einen Antrag auf Steuerermäßigung stellen.

5. In dem Ermäßigungsantrag eines Arbeitnehmers werden folgende Antragsgründe vorgebracht:

a)	Verlust aus Vermietung und Verpachtung wegen § 7b EStG (nicht zu beanstanden)	8.200 DM
b)	nachgewiesene Werbungskosten wegen Kauf von Arbeitsmitteln	700 DM
c)	gezahlte Kirchensteuer, Sonderausgaben i.S.d. § 10 Abs. 1 Nr. 4 EStG	500 DM

d) Altersfreibetrag, weil der Arbeitnehmer 69 Jahre alt ist 720 DM

– Unbeschränkt eintragungsfähig sind:

der Verlust aus Vermietung u. Verpachtung	8.200 DM
und	
der Altersfreibetrag nach § 32 Abs. 8 EStG	720 DM

Diese Beträge werden **auf jeden Fall** als Freibetrag auf der Lohnsteuerkarte eingetragen.

– beschränkt eintragungsfähig sind

die Aufwendungen für Werbungskosten	700 DM
und	
die Aufwendungen für Sonderausgaben	500 DM
Gesamt	1.200 DM

die beschränkt abzugsfähigen Aufwendungen erreichen die Antragsgrenze von 1.800 DM nicht; wegen dieser Beträge wird **kein** Freibetrag auf der Lohnsteuerkarte eingetragen.

6.1.3 Höhe des Eintragungsbetrages

Streng von der Antragsgrenze zu unterscheiden ist die Höhe des Eintragungsbetrages. Im Falle der Werbungskosten und der Sonderausgaben ist nämlich zu beachten, daß in den Lohnsteuertabellen die Pauschbeträge für Werbungskosten und Sonderausgaben eingearbeitet sind (§ 38 c Abs. 1 Nrn. 2 und 3 EStG).

Von den **Aufwendungen** sind bei den Werbungskosten und bei den Sonderausgaben also diese Pauschbeträge abzuziehen, um zum richtigen Eintragungsbetrag zu kommen (§ 39 a Abs. 1 Nr. 3 und 4 EStG).

Doch im Einzelnen:

6.1.3.1 Höhe des Altersfreibetrages

Einen Altersfreibetrag in Höhe von 720 DM erhalten nach § 32 Abs. 8 EStG 1986 diejenigen Steuerpflichtigen, die vor dem 1. Januar des betreffenden Jahres das 64. Lebensjahr vollendet haben, gleichgültig, ob es sich dabei um den Arbeitnehmer oder um seinen (ggf. nicht berufstätigen) Ehegatten handelt.

Für die Ermäßigungsjahre 1987 und danach heißt das
für 1987 Geburtstag vor dem 2. Jan. 1923
für 1988 Geburtstag vor dem 2. Jan. 1924
für 1989 Geburtstag vor dem 2. Jan. 1925

Der Altersfreibetrag wird in doppelter Höhe (1.440 DM jährlich) gewährt, wenn die Ehegatten nicht dauernd getrennt leben und beide die altersmäßige Voraussetzung erfüllen.

6.1.3.2 Höhe der Freibeträge für Körperbehinderte und Hinterbliebene

Die Voraussetzungen für die Gewährung dieser Freibeträge und deren Höhe ergeben sich aus § 33 b EStG (siehe dort). Hier sei nur besonders auf folgendes hingewiesen:

Stehen die Pauschbeträge dem Ehegatten oder einem Kind des Arbeitnehmers zu, für das er einen Kinderfreibetrag erhält und nehmen diese Personen den Pauschbetrag nicht in Anspruch, so kann er auf der Lohnsteuerkarte des Arbeitnehmers eingetragen werden (§§ 33 b Abs. 5 i. V. m. 39 a Abs. 3 S. 3 EStG).

6.1.3.3 Höhe des Eintragungsbetrages wegen eines Verlustes aus Vermietung und Verpachtung

Die Arbeitnehmer müssen hier den besonderen Vordruck LSt 3 D (siehe Seite 187f.) wegen Förderung des Wohneigentums ausfüllen. Die Höhe der Beträge wird der Lohnsteuerstelle vom Veranlagungsteilbezirk bestätigt; diese hat die angegebenen Zahlen zu übernehmen.

6.1.3.4 Höhe des Eintragungsbetrages bei den Werbungskosten

Die Höhe der Werbungskosten ist unter Anwendung der Vorschriften des § 9 EStG bereits bei der Berechnung der Antragsgrenze festgestellt worden – ggf. bereits getrennt bei doppelverdienenden Ehegatten. Sofern die Antragsgrenze (zusammen mit den übrigen beschränkt eintragungsfähigen Beträgen) überschritten war, schreibt nun § 39 a Abs. 1 Nr. 3 EStG vor, daß von den Aufwendungen der Werbungskostenpauschbetrag abgezogen werden muß:

„... Werbungskosten..., **soweit** sie den Werbungskostenpauschbetrag (§ 9 a Nr. 1 EStG) **übersteigen** ...“

Also:

Aufwendungen für Werbungskosten gem. § 9 EStG
./. 564 DM

= Eintragungsbetrag wegen Werbungskosten

6.1.3.5 Höhe des Eintragungsbetrages bei den Sonderausgaben

Die Höhe der Sonderausgaben (außer Vorsorgeaufwendungen) ist bei der Berechnung der Antragsgrenze bereits festgestellt worden. Sofern diese (zusammen mit den übrigen beschränkt eintragungsfähigen Beträgen) überschritten war, schreibt § 39 a Abs. 1 Nr. 4 EStG vor, daß von den Aufwendungen der zutreffende Sonderausgaben-Pauschbetrag abgezogen werden muß:

„Sonderausgaben ..., soweit sie den Sonderausgaben-Pauschbetrag von 270 DM übersteigen ...“ Wenn beide Ehegatten unbeschränkt einkommensteuerpflichtig sind, wird bei einheitlicher Ermittlung der Sonderausgaben ein Betrag von 2 × 270 DM = 540 DM abgezogen.

Berechnung:

Aufwendungen für Sonderausgaben (ohne Vorsorgeaufwendungen)
./. 270 (540 DM)

= Eintragungsbetrag wegen Sonderausgaben

6.1.3.6 Höhe des Eintragungsbetrages bei außergewöhnlichen Belastungen

a) **allgemeiner Art**

Die Höhe der außergewöhnlichen Belastung ist bei der Berechnung der Antragsgrenze bereits festgestellt worden. Sofern die Antragsgrenze überschritten war, ist nun nach den Vorschriften des § 33 EStG, abhängig vom Familienstand und Gesamtbetrag der Einkünfte, von den Aufwendungen die zumutbare Belastung abzuziehen.

Aufwendungen für außergewöhnliche Belastung allgemeiner Art
./. zumutbare Belastung

= Eintragungsbetrag wegen außergewöhnlicher Belastung allgemeiner Art

Bei Kinderbetreuungskosten sind Höchstbeträge festgesetzt worden (§ 33c Abs. 3 EStG).

b) in besonderen Fällen

auch hier sind die abziehbaren Beträge, die sich im Einzelnen aus § 33a EStG ergeben, bereits bei der Berechnung der Antragsgrenze ermittelt worden. Diese Beträge werden – sofern die Antragsgrenze überschritten war – als Freibetrag wegen außergewöhnlicher Belastung in besonderen Fällen auf der Lohnsteuerkarte eingetragen.

Beispiele:

1. Ein lediger Arbeitnehmer weist folgende Kosten nach

a) Werbungskosten nach § 9 EStG	780 DM
b) Sonderausgaben nach § 10 Abs. 1 Nr. 5 EStG	670 DM
c) außergewöhnliche Belastung nach § 33a EStG	900 DM
davon sind abziehbar:	300 DM

- Die Antragsgrenze ist nicht erreicht (780 + 670 + 300 = 1.750 DM), ein Freibetrag auf die Lohnsteuerkarte wird deshalb **nicht** eingetragen.

2. Ein lediger Arbeitnehmer weist folgende Kosten nach:

a) Werbungskosten nach § 9 EStG	970 DM
b) Sonderausgaben nach § 10 Abs. 1 Nr. 6 EStG	590 DM
c) außergewöhnliche Belastung nach § 33 EStG	1.000 DM
davon beträgt die zumutbare Belastung	850 DM

- Die Antragsgrenze ist überschritten (970 + 590 + 1.000 = 2.560 DM), der Antrag wird weiterbearbeitet.
- Ermittlung der Eintragungsbeträge

a) Werbungskosten: 970 ./. 564 =	406 DM
b) Sonderausgaben: 590 ./. 270 =	320 DM
c) außergew. Belastung: 1.000 ./. 850 =	150 DM
Zusammen werden eingetragen:	876 DM

3. Ein verheirateter Arbeitnehmer weist folgende Kosten nach:

a) Werbungskosten nach § 9 EStG	470 DM
b) Sonderausgaben nach § 10 Abs. 1 Nr. 4	

EStG	1.100 DM
c) außergew. Belastung nach § 33a EStG	1.200 DM
davon sind abziehbar	600 DM

d) Weiterhin wird ein (nicht zu beanstandender) Verlust aus Vermietung und Verpachtung in Höhe von 2.700 DM geltend gemacht.

- unbeschränkt eintragungsfähig ist der Verlust aus Vermietung und Verpachtung — 2.700 DM
- bei den beschränkt eintragungsfähigen Aufwendungen ist die Antragsgrenze überschritten:
  470 DM + 1.100 DM + 600 DM = 2.170 DM;
  auch bezüglich dieser Aufwendungen wird der Antrag weiterbearbeitet.
- Höhe der Eintragungsbeträge

a) Werbungskosten	470 ./. 564 =	0 DM	
b) Sonderausgaben	1.100 ./. 540 =	560 DM	
c) agw Belastung		600 DM	
			1.160 DM
insgesamt sind als Freibetrag einzutragen:			3.860 DM

6.1.4 Aufteilung des Freibetrages zwischen Ehegatten

Wenn bei einem Ehepaar beide Ehegatten Arbeitnehmer sind, kann der ermittelte Freibetrag oder können die ermittelten Freibeträge zwischen den Ehegatten nach bestimmten Gesichtspunkten aufgeteilt werden. Wie dies zu geschehen hat, ordnet § 39a Abs. 3 Satz 1 EStG an. Danach ist wie folgt zu rechnen:

Altersfreibetrag/Altersfreibeträge nach § 32 Abs. 8 EStG
\+ Pauschbeträge für Körperbehinderte und Hinterbliebene nach § 33b EStG
\+ gemeinsame Sonderausgaben (ohne Vorsorgeaufwendungen, Sonderausgaben-Pauschbetrag ist abgezogen)
\+ außergewöhnliche Belastungen nach § 33 EStG und § 33c EStG (zumutbare Belastung ist abgezogen)
\+ außergewöhnliche Belastung nach § 33a EStG (nur abziehbare Beträge)
\+ voraussichtlicher Verlust aus Vermietung und Verpachtung

Summe

(Es fällt auf, daß in dieser Summe die (um den Werbungskosten-Pauschbetrag gekürzten) Werbungskosten **nicht** enthalten sind – sie sollen also auf jeden Fall bei **dem** Arbeitnehmer eingetragen werden, der sie aufgewendet hat).

Wie ist nun mit der Summe weiter zu verfahren? § 39a Abs. 3 Satz 3 EStG führt dazu aus:

Wenn 1. Jeder Ehegatte eine Lohnsteuerkarte hat und
2. Keine x-beliebige Aufteilung der Summe von den Eheleuten gewünscht wird

dann erhält jeder Ehegatte die **Hälfte** der obengenannten Summe als Freibetrag auf der Lohnsteuerkarte.

Beispiel:

Ein Ehepaar, bei dem beide Eheleute als Arbeitnehmer mit Lohnsteuerkarte(n) beschäftigt sind, beantragt die Eintragung folgender Aufwendungen und Pauschbeträge (nicht zu beanstanden)

	ER	SIE
Werbungskosten	1.700 DM	200 DM
Körperbehinderten-Pauschbetrag	1.110 DM	
Altersfreibetrag		720 DM

Es liegt ein Antrag vor, den gesamten Freibetrag auf der Lohnsteuerkarte der Ehefrau einzutragen.

- unbeschränkt eintragungsfähig ist der Körperbehinderten-Pauschbetrag 1.110 DM
  und der
  Altersfreibetrag 720 DM
- bei den beschränkt eintragungsfähigen Aufwendungen ist die Antragsgrenze überschritten: 1.700 DM + 200 DM = 1.900 DM; auch bezüglich dieser Aufwendungen wird der Betrag weiterbearbeitet.
- Höhe der Eintragungsbeträge wegen Werbungskosten:

	ER	SIE
Werbungskosten	1.700 DM	200 DM
./. Werbungskosten-Pauschbetrag	564 DM	564 DM
Eintragungsbeträge	1.136	0 DM

- Verteilung auf die Eheleute:

	ER	SIE
Altersfreibetrag		720 DM
Pauschbetrag für Körperbehinderte		1.110 DM
Werbungskosten	1.136 DM	0
Summe	1.136 DM	1.830 DM

Laut Antrag wird die Summe von 1.830 DM auf der Lohnsteuerkarte der Ehefrau eingetragen. Werbungskosten werden **ihr** nicht hinzugerechnet, weil **ihr** Werbungskosten-Eintragungsbetrag auf Ø DM lautet.

Der Werbungskosten-Eintragungsbetrag des Ehemannes kann auf der Lohnsteuerkarte der Ehefrau **nicht** eingetragen werden, dieser Betrag ist dem Ehemann auf seiner Lohnsteuerkarte als Freibetrag zu bescheinigen.

6.1.5 Formelle Antragsvoraussetzungen

1. Nach § 39a Abs. 2 S. 3 EStG ist der Antrag auf Lohnsteuerermäßigung auf den amtlichen Vordruck (abgedruckt auf den Seiten 181 – 186) zu stellen.
2. Die Lohnsteuerkarte(n), auf die der Freibetrag eingetragen werden soll, ist/sind dem Antrag beizufügen.
3. Der Antrag muß bis zum 30. Nov. des laufenden Kalenderjahres bei dem zuständigen Finanzamt eingegangen sein. § 39a (2) S. 3 EStG.
4. Bezüglich der beschränkt eintragungsfähigen Aufwendungen muß die „Antragsgrenze" von 1.800 DM überschritten sein. § 39a (2) S. 4 EStG.

6.1.6 Sachliche Zuständigkeit

Die Eintragungen der Freibeträge werden nach § 39a Abs. 2 Satz 1 und 2 EStG entweder von der zuständigen Gemeinde oder vom zuständigen Finanzamt vorgenommen.

Die **Gemeinde** ist zuständig für die Eintragung

- des Altersfreibetrages
- des Pauschbetrages für Körperbehinderte und Hinterbliebene nach Anweisung des FA (§ 39a Abs. 2 S. 1 EStG);

die Personen, denen diese Beträge zustehen, sind bei der Gemeinde gesondert erfaßt.

Das **Finanzamt** (welches im Hinblick auf die Eintragung von Freibeträgen im übrigen Vorgesetzter der Gemeinde ist), kann **alle** möglichen Freibeträge eintragen (§ 39 Abs. 6 S. 3 EStG). Es muß insbesondere tätig werden für die Eintragung von Freibeträgen wegen Werbungskosten, Sonderausgaben, außergewöhnlichen Belastungen und wegen der Verluste aus Vermietung und Verpachtung.

6.1.7 Örtliche Zuständigkeit

Die örtliche Zuständigkeit für die Bearbeitung von Lohnsteuer-Ermäßigungsanträgen ergibt sich aus § 42c Abs. 1 EStG.

Danach ist für LEDIGE
VERHEIRATETE, bei denen nur ein Ehegatte Arbeitnehmer ist (Alleinverdiener)
VERHEIRATETE, bei denen beide Ehegatten Arbeitnehmer sind (Doppelverdiener) und die in einer gemeinsamen Wohnung (Familienwohnung) leben

das Finanzamt zuständig, in dessen Bezirk im Zeitpunkt der Antragstellung die Wohnung liegt, von der aus der Arbeitnehmer seiner Beschäftigung regelmäßig nachgeht.

Für VERHEIRATETE, bei denen beide Ehegatten Arbeitnehmer sind (Doppelverdiener) und die einen mehrfachen Wohnsitz haben
gilt:

Für den Fall, daß zwar ein mehrfacher Wohnsitz, aber ein Familienwohnsitz (Hauptwohnung) vorhanden ist, ist das Finanzamt des Familienwohnsitzes zuständig;

für den Fall, daß **kein** Familienwohnsitz vorhanden ist, ist das Finanzamt zuständig, in dessen Bezirk der ältere Ehegatte im Zeitpunkt der Antragstellung seine Wohnung hat, von der aus er seiner Beschäftigung regelmäßig nachgeht.

Beispiel:

Der Kfz-Meister Balduin Balduf (B) wohnt mit seiner Familie in seinem Einfamilienhaus in Rotenburg/F. Er ist beschäftigt in Melsungen, dort hat er ein Zimmer gemietet. Nur am Wochenende kommt B. nach Hause.

Von seinem Zimmer aus begibt er sich zu Fuß zu seiner Arbeitsstätte. Sowohl Rotenburg als auch Melsungen haben ein Finanzamt. B möchte einen Lohnsteuer-Ermäßigungsantrag beim zuständigen Finanzamt stellen.

Die Ehefrau von B ist a) keine Arbeitnehmerin
b) Arbeitnehmerin; sie arbeitet in Rotenburg.

Welches Finanzamt ist zuständig?

- Im Falle a) ist das Finanzamt Melsungen zuständig, denn in dessen Bezirk liegt die 2. Wohnung (Zimmer) des B, von der aus B. seiner Beschäftigung regelmäßig nachgeht.
- Im Falle b) ist das Finanzamt Rotenburg zuständig, denn dies ist das Finanzamt des Familienwohnsitzes.

6.1.8 Geltungsbereich der Eintragung

A) Antragstellung zwischen Erhalt der Lohnsteuerkarte und Beginn des Kalenderjahres, für das sie gilt

Es wird zunächst der volle Jahresfreibetrag ermittelt, als Geltungszeit wird der 1. 1. bis 31. 12. des betreffenden Kalenderjahres eingetragen. Der Jahresfreibetrag ist zu zwölfteln § 39a (2) S. 5 EStG und nach den Vorschriften des Abschnitts 78 Abs. 5 LStR aufzurunden:

monatlich auf volle DM
wöchentlich auf 0,10 DM } soweit erforderlich
täglich auf 0,05 DM }

B) Antragstellung im Januar des Jahres, für das die Lohnsteuerkarte gilt

– es wird wie unter A) verfahren, die Eintragung erfolgt also rückwirkend. § 39a (2) S. 6 EStG.

C) Antragstellung zwischen dem 1. 2. und 30. 11. des Jahres, für das die Lohnsteuerkarte gilt

Zunächst wird der volle Jahresfreibetrag ermittelt. Als Geltungszeit wird die Zeit von dem Monat an, der der Antragstellung folgt, bis zum 31. Dezember des Jahres eingetragen. Der Jahresfreibetrag ist durch die Anzahl der eingetragenen Monate zu teilen und nach den Vorschriften des Abschn. 78 Abs. 5 LStR aufzurunden.

Beispiele:

1)
Eingang des Antrages 14.4. 01
Jahresfreibetrag: 1.278 DM
- Gültigkeitsdauer der Eintragung: 1.5. 01–31.12. 01
= 8 Monate
- 1.278 : 8 = 159,75, aufgerundet 160 DM mtl.

2)
Eingang des Antrages 3.11. 01
Jahresfreibetrag: 1.278 DM
- Gültigkeitsdauer der Eintragung: 1.12.–31.12. 01
- 1.278 : 1 = 1.278 DM mtl.

D) Antragstellung im Dezember des Jahres, für das die Lohnsteuerkarte gilt

Es wird kein Freibetrag eingetragen, der Antrag ist verspätet. Dem Arbeitnehmer bleibt aber noch die Möglichkeit, einen Lohnsteuerjahresausgleich für das betreffende Jahr zu beantragen (§ 39a Abs. 2 S. 3 EStG).

6.1.9 Änderung der Eintragung

Der einmal von Finanzamt oder von der Gemeinde eingetragene Freibetrag kann oder muß sogar im Laufe des Kalenderjahres geändert werden.

6.1.9.1 Änderung nach unten

Ein Arbeitnehmer **muß** nach den Vorschriften des § 153 Abs. 1 u. 2 AO an und für sich eine Änderung nach **unten** (Herabsetzung des Freibetrages) beantragen, wenn sich die Verhältnisse zu seinen Ungunsten verändert haben. Nach § 39a Abs. 5 EStG jedoch gilt eine Ausnahme. Nur wenn

A) bei der Ermittlung des Freibetrages
   1. Aufwendungen für die Benutzung eines eigenen Kraftfahrzeugs zu Fahrten zwischen Wohnung und Arbeitsstätte (§ 9 Abs. 1 Nr. 4 EStG),
   2. Mehraufwendungen für doppelte Haushaltsführung (§ 9 Abs. 1 Nr. 5 EStG),
   3. Unterhaltsaufwendungen (§ 33a Abs. 1 und 2 EStG),

      oder
   4. Aufwendungen für eine Hausgehilfin oder für vergleichbare Dienstleistungen (§ 33a Abs. 3 EStG),

   berücksichtigt worden sind und wenn

B) die Verhältnisse sich im Laufe des Kalenderjahres derart ändern, daß die Aufwendungen um mindestens 400 Deutsche Mark geringer sein werden,

dann
sind **diese** Veränderungen dem Finanzamt mitzuteilen.

Sollten andere Gründe vorliegen, die ggf. zu einer Herabsetzung des Freibetrages führen würden (z. B. Wegfall einer außergewöhnlichen Belastung), besteht für den Arbeitnehmer **eine Verpflichtung**, einen Herabsetzungsantrag zu stellen.

6.1.9.2 Änderung nach oben

Sollten sich die Verhältnisse, die der ursprünglichen Eintragung zugrunde lagen, derart geändert haben, daß die ursprünglich angenommenen Aufwendungen sich erhöhen, kann der Arbeitnehmer einen (neuen) Antrag auf Eintragung eines (höheren) Freibetrages auf der Lohnsteuerkarte stellen (Abschn. 78 Abs. 7 LStR). Dabei muß die Antragsgrenze von 1.800 DM, soweit sie schon einmal geprüft und überschritten war, nicht noch einmal überschritten werden.

Beispiele:

1.)
Ursprünglicher Antrag einer Ledigen wegen 2.400 DM Werbungskosten. Die Antragsgrenze war überschritten; eingetragen wurden: 2.400 – 564 = 1.836 DM. In einem neuen Antrag werden geltend gemacht:

2.400 DM Werbungskosten und 500 DM Sonderausgaben. Die Antragsgrenze ist nach wie vor erfüllt, neu eingetragen werden: 2.400 DM – 564 = 1.836 DM und 500 – 270 = 230 DM.
Zusammen 2.066 DM.

2.)
Auf die Lohnsteuerkarte eines Arbeitnehmers hatte die Gemeinde einen Freibetrag wegen Körperbehinderung in Höhe von 2.070 DM eingetragen. Im Laufe des Jahres beantragt der Betreffende beim Finanzamt die Eintragung eines Freibetrages wegen Werbungskosten in Höhe von

a) 1.500 DM
b) 1.900 DM

- zu a) Die Antragsgrenze ist nicht überschritten, es verbleibt bei der ursprünglichen Eintragung
- zu b) Die Antragsgrenze ist überschritten; eingetragen werden neu:

aa) der Pauschbetrag wegen Körperbehinderung	2.070 DM
bb) die Werbungskosten: 1.900 ./. 564 =	1.336 DM
zusammen	3.406 DM

6.1.9.3 Technische Durchführung einer Änderung

Im Falle einer Änderung ist wie folgt zu verfahren:

1. Die alte Eintragung in der Lohnsteuerkarte ist zu streichen. Die Streichung ist mit Dienststempel und Unterschrift zu beglaubigen.
2. Der neu ermittelte Freibetrag wird als neuer Jahresfreibetrag im Abschnitt III der Lohnsteuerkarte eingetragen; als Gültigkeitsdauer wird die Zeit vom Beginn des auf die Antragstellung folgenden Monats bis zum Schluß des Kalenderjahres, für das die Lohnsteuerkarte gilt, bescheinigt.
3. Für die Berechnung des neuen Monatsfreibetrages ist der neue Jahresfreibetrag um die bereits berücksichtigten Monatsfreibeträge zu kürzen.
4. Der somit verbleibende Betrag wird auf die noch verbleibenden Monate der Gültigkeitsdauer gleichmäßig verteilt (Abschn. 78 Abs. 7 LStR).

Beispiel:

Auf der Lohnsteuerkarte eines Arbeitnehmers ist mit Gültigkeitsdauer vom 1. 1.–31. 12. 02 ein Altersfreibetrag in Höhe von 720 DM (mtl. 60 DM) eingetragen worden.

Am 15. 8. 02 beantragt dieser Arbeitnehmer die Eintragung eines höheren Freibetrages wegen eines Verlustes aus Vermietung und Verpachtung in Höhe von 4.237 DM (nicht zu beanstanden).

- Der alte Freibetrag in der Lohnsteuerkarte wird gestrichen.
- Der neue Freibetrag beläuft sich auf (720 + 4237) 4.957 DM; er wird in der Lohnsteuerkarte eingetragen;
- als Gültigkeitsdauer wird die Zeit vom 1. 9.–31. 12. 02 bescheinigt (4 Monate)
- Der neue Freibetrag 4.957 DM
  wird um die bereits berücksichtigten Freibeträge
  gekürzt (60 DM von Jan.–Aug. 60 × 8) 480 DM
  verbleiben 4.477 DM
- Dieser Betrag wird auf die restlichen 4 Monate gleichmäßig verteilt:
  4.477 : 4 = 1.119,25, aufger.: 1.120 DM.
  Dieser Betrag wird als monatlicher Freibetrag eingetragen.

6.2 Praktische Beispiele unter Zuhilfenahme der amtlichen Vordrucke

Antrag auf Lohnsteuer-Ermäßigung **1987**

EINGANG: 7.11.86 Sch

Zur Beachtung: Der Antrag kann nur bis zum **30. November 1987** gestellt werden. Nach diesem Zeitpunkt kann ein Antrag auf Steuerermäßigung nur noch beim Lohnsteuer-Jahresausgleich 1987 oder bei einer Veranlagung zur Einkommensteuer für 1987 berücksichtigt werden.

Bitte die Lohnsteuerkarte(n) 1987 – ggf. auch die des Ehegatten – beifügen. Das sorgfältige Ausfüllen des Vordrucks liegt in Ihrem Interesse; dadurch werden unnötige Rückfragen und Verzögerungen in der Antragsbearbeitung vermieden.

Für die Zulässigkeit einer Antragstellung auf Lohnsteuerermäßigung können u. U. die Antragsgründe maßgebend sein. Aus diesem Grund sind in Abschnitt C dieses Antrags alle Antragsgründe zusammengefaßt, für die eine Antragstellung ohne Einschränkung möglich ist. Aus dem Abschnitt D ergeben sich die Antragsgründe, für die eine Antragstellung nur dann zulässig ist, wenn die Aufwendungen und Beträge insgesamt **1800 DM** in 1987 übersteigen.

Einzelheiten finden Sie in der Informationsschrift „Lohnsteuer '87", die Ihnen mit der Lohnsteuerkarte 1987 zugestellt worden ist.

Weiße Felder bitte ausfüllen oder ☒ ankreuzen.

Nach den Vorschriften der Datenschutzgesetze wird darauf hingewiesen, daß die mit der Steuererklärung angeforderten Daten aufgrund der §§ 149 ff. der Abgabenordnung und des § 39a Abs. 2 des Einkommensteuergesetzes erhoben werden.

Ⓐ Angaben zur Person

		Die Angaben für den Ehegatten bitte immer ausfüllen!
Antragsteller	Familienname, Vorname: LUDWIG, Franz	**Ehegatte** (Familienname, Vorname)
	Straße und Hausnummer: Am Rain 15	Straße und Hausnummer
1) Auch dann angeben, wenn die Ehe in 1987 geschieden wurde.	Postleitzahl, Wohnort: 6442 Rotenburg/F	Postleitzahl, Wohnort
	Geburtsdatum: Tag 03, Monat 07, Jahr 40; Religion: ev	Geburtsdatum: Tag, Monat, Jahr; Religion
	Verheiratet seit / Verwitwet seit	Geschieden seit / Dauernd getrennt lebend seit 1)
	Ausgeübter Beruf: Metallfacharbeiter	Ausgeübter Beruf
	Telefonisch tagsüber zu erreichen unter Nr.: –	Telefonisch tagsüber zu erreichen unter Nr.
2) Lt. Lohnsteuerkarte		Ist eine Lohnsteuerkarte ausgestellt? ☐ Nein ☐ Ja
	Steuerklasse 2): EINS; Zahl der Kinderfreibeträge 2); Zahl der Kinder 2)	Steuerklasse 2); Zahl der Kinderfreibeträge 2); Zahl der Kinder 2)
Arbeitgeber	Name (Firma): ALDCO	Name (Firma)
	Straße und Hausnummer: Postweg 2	Straße und Hausnummer
	Postleitzahl, Ort: 3500 Kassel	Postleitzahl, Ort
Voraussichtlicher Bruttoarbeitslohn	(einschl. Sachbezüge, Gratifikationen, Tantiemen usw.) im Kalenderjahr 40.000 DM	(einschl. Sachbezüge, Gratifikationen, Tantiemen usw.) im Kalenderjahr DM
	darin enthalten steuerbegünstigte Versorgungsbezüge – DM	darin enthalten steuerbegünstigte Versorgungsbezüge DM
Voraussichtliche andere Einkünfte	(z. B. aus Gewerbebetrieb, Kapitalvermögen, Vermietung, Verpachtung, Renten) im Kalenderjahr DM	(z. B. aus Gewerbebetrieb, Kapitalvermögen, Vermietung, Verpachtung, Renten) im Kalenderjahr DM
Werden Sie zur Einkommensteuer veranlagt?	☒ Nein; Ja, beim Finanzamt; Steuernummer	☐ Nein; Ja, beim Finanzamt; Steuernummer
Wurde ein Antrag auf Lohnsteuerermäßigung für 1986 gestellt?	☐ Nein; Ja, beim Finanzamt Rotenburg/F	☐ Nein; Ja, beim Finanzamt
Wurde ein Antrag auf Lohnsteuer-Jahresausgleich für 1985 gestellt?	☐ Nein; Ja, beim Finanzamt	☐ Nein; Ja, beim Finanzamt

405/87 OFD Frankfurt am Main 10.86

Ⓑ Kinderfreibeträge

2

Bitte auch Kinder eintragen, die bereits auf der Lohnsteuerkarte bescheinigt sind. Leibliche Kinder sind nicht anzugeben, wenn das Verwandtschaftsverhältnis durch Adoption vor dem 1. 1. 1987 erloschen ist. **Vorname des Kindes** (ggf. auch abweichender Familienname)	geboren am	**Kindschaftsverhältnis zum Antragsteller**: leibliches Kind/ Adoptivkind	Pflegekind	**Ehegatten**: leibliches Kind/ Adoptivkind	Pflegekind	**Bei Kindern unter 16 Jahren** (nach dem 1. 1. 1971 geboren): Auf der Lohnsteuerkarte ist das Kind bereits berücksichtigt	noch zu berücksichtigen	Lebensbescheinigung ist beigefügt
1		☐	☐	☐	☐	☐	☐	☐
2		☐	☐	☐	☐	☐	☐	☐
3		☐	☐	☐	☐	☐	☐	☐
4		☐	☐	☐	☐	☐	☐	☐

Das Kind ist/war am 1. 1. 1987 (oder erstmals in 1987) im Inland mit Hauptwohnung gemeldet beim Antragsteller	und/oder bei sonstigen Personen (Name und Anschrift, ggf. Verwandtschaftsverhältnis zum Kind) oder in (Anschrift)	**Angaben entfallen bei nicht dauernd getrennt lebenden Ehegatten, soweit für jeden Ehegatten dasselbe Kindschaftsverhältnis angekreuzt ist:** Gehört das Kind lt. – beigef. – Bescheinigung der zuständigen Behörde (z. B. der Meldebehörde oder des Jugendamtes) zum Haushalt des Vaters?
Zu 1: ☐		☐ Ja ☐ Nein
Zu 2: ☐		☐ Ja ☐ Nein
Zu 3: ☐		☐ Ja ☐ Nein
Zu 4: ☐		☐ Ja ☐ Nein

Von den in Nr. 1 bis 4 genannten Kindern stehen folgende zu einer weiteren Person in einem Kindschaftsverhältnis:

zu Nr.	Name und Anschrift dieser Person, Art des Kindschaftsverhältnisses

Bei Kindern über 16 Jahre (vor dem 2. 1. 1971 geboren):
Die Eintragung auf der Lohnsteuerkarte wird beantragt, weil das Kind
a) in Berufsausbildung steht (ggf. Angabe der Schule, des Lehrherrn usw.)[3]
b) eine Berufsausbildung mangels Ausbildungsplatzes nicht beginnen oder fortsetzen kann[3]
c) Grundwehrdienst, Zivildienst, befreienden Dienst leistet (nur bei Unterbrechung der Berufsausbildung, bitte erläutern)[3]
d) ein freiwilliges soziales Jahr leistet[3]
e) sich wegen körperlicher, geistiger oder seelischer Behinderung nicht selbst unterhalten kann (ggf. ist anzugeben, warum der Ehegatte oder frühere Ehegatte des Kindes keinen ausreichenden Unterhalt leistet)

3) Die Kinder werden nur bis zum 27. Lebensjahr berücksichtigt (nach dem 1. 1. 1960 geboren)

zu Nr.	Antragsgrund	vom – bis

Ergänzende Angaben für folgende, in Nr. 1 bis 4 genannte Kinder:

Pflegekinder, für die Sie Pflegegeld oder andere Unterhaltsleistungen erhalten

zu Nr.	Höhe der Leistungen	zu Nr.	Höhe der Leistungen	zu Nr.	Höhe der Leistungen
	DM		DM		DM

leibliche Kinder oder **Adoptivkinder**, für die vor dem 1. 1. 1987 zusätzlich ein **Pflegekindschaftsverhältnis** zu einer weiteren Person begründet worden ist

zu Nr.	Unterhaltsverpflichtung	geleisteter Unterhalt	zu Nr.	Unterhaltsverpflichtung	geleisteter Unterhalt
	DM	DM		DM	DM

leibliche Kinder, bei denen durch **Adoption** vor dem 1. 1. 1987 das Verwandtschaftsverhältnis nicht erloschen ist

zu Nr.	Unterhaltsverpflichtung	geleisteter Unterhalt	zu Nr.	Unterhaltsverpflichtung	geleisteter Unterhalt
	DM	DM		DM	DM

Ⓒ Unbeschränkt antragsfähige Ermäßigungsgründe

I. Freibetrag für besondere Fälle in der Regel nur für das Jahr des Eintritts der Voraussetzungen und die beiden folgenden Kalenderjahre. Die steuerliche Berücksichtigung kommt nur in Betracht, wenn nicht unter Ⓓ Teil V Nr. 1 Buchst. b Aufwendungen für die Wiederbeschaffung von Hausrat geltend gemacht werden. Bei Kindern auch Ⓑ ausfüllen.

☐ Flüchtling ☐ Vertriebener ☐ Heimatvertriebener ☐ Spätaussiedler ☐ Politisch Verfolgter

☐ Ausweis vom ☐ Amtliche Bescheinigung vom ☐ ist beigefügt. ☐ hat dem Finanzamt bereits vorgelegen.

Bitte Belege beifügen!

3

Vermerke des Finanzamts

II. Altersfreibetrag,
weil ich oder (und) mein Ehegatte vor dem 2. 1. 1923 geboren bin (sind).

III. Körperbehinderte und Hinterbliebene
(Bei Kindern auch Abschnitt Ⓑ ausfüllen.)

Nachweis ☐ ist beigefügt. ☐ hat bereits vorgelegen.

Name	Ausweis/Rentenbescheid/Bescheinigung ausgestellt am	gültig bis	Hinterbliebener	Körperbehinderter	blind/ständig pflegebedürftig	geh- und stehbehindert	Erwerbsminderung v. H.
			☐	☐	☐	☐	
			☐	☐	☐	☐	
			☐	☐	☐	☐	

IV. Freibetrag zur Förderung des Wohneigentums
(z. B. §§ 7 b, 10 e und 34 f des Einkommensteuergesetzes, §§ 14 a, 15 oder 15 b des Berlinförderungsgesetzes)
☒ Vordruck LSt 3 D ist beigefügt.

Anfrage an V-Stelle am: 11. Nov. 1986 Sch

Ⓓ Beschränkt antragsfähige Ermäßigungsgründe

I. Werbungskosten des Antragstellers — Der Arbeitgeber ersetzt steuerfrei

1. Aufwendungen für Fahrten zwischen Wohnung und Arbeitsstätte
a) mit eigenem ☒ Pkw ☐ Motorrad/Motorroller — Letztes amtl. Kennzeichen HEF - PR 2 — ☐ Moped/Mofa ☐ Fahrrad — DM

Arbeitstage je Woche: 5 — Urlaubs- und ggf. Krankheitstage: 25 — Erhöhter Kilometersatz wegen Körperbehinderung ☐ von mindestens 70 v. H. ☐ von mindestens 50 v. H. und Gehbehinderung — Im Kalenderjahr volle DM

Arbeitsstätte in (Ort und Straße) – ggf. nach besonderer Aufstellung –	benutzt an Tagen	einfache Entf. (km)4)	Ständig wechselnde Einsatzstelle vom – bis5)	DM
Kassel, Postweg 1	210	62	–	4.688

b) mit öffentlichen Verkehrsmitteln (monatlich DM) Gesamtaufwendungen DM
Davon werden vom Arbeitgeber steuerfrei ersetzt DM

2. Beiträge zu Berufsverbänden (Bezeichnung der Verbände)6)
IG METALL — 120

3. Aufwendungen für Arbeitsmittel (Art der Aufwendungen, z. B. typische Berufskleidung)
Schutzkleidung — 150

4. Weitere Werbungskosten (z. B. Fortbildungs- und Reisekosten)6) – soweit sie nicht steuerfrei ersetzt werden –

5. Mehraufwendungen für Verpflegung
bei über 12 Stunden Abwesenheit von der Wohnung — Arbeitszeit von – bis — Abwesenheit von – bis — Tage
bei ständig wechselnden Einsatzstellen und über 10 Stunden Abwesenheit von der Wohnung — Arbeitszeit von – bis — Abwesenheit von – bis — Tage
bei Berufskraftfahrern (Art der Tätigkeit) — Fahrtätigkeit über 6 Std. Anzahl der Tage — Fahrtätigkeit über 12 Std. Anzahl der Tage
Vom Arbeitgeber werden steuerfrei ersetzt ▼ DM

6. Mehraufwendungen für doppelte Haushaltsführung
Der doppelte Haushalt ist aus beruflichem Anlaß begründet worden — Grund6) — am — und hat seitdem ununterbrochen bestanden bis — Beschäftigungsort
Mein Ehegatte hat sich an meinem Beschäftigungsort aufgehalten vom – bis
Eigener Hausstand: ☐ Nein ☐ Ja, in — seit — Falls nein, wurde Unterkunft am bisherigen Ort beibehalten? ☐ Nein ☐ Ja

Kosten der ersten Fahrt zum Beschäftigungsort und der letzten Fahrt zum eigenen Hausstand
☐ mit öffentlichen Verkehrsmitteln ☐ mit eigenem Kfz (Entfernung km × DM) = DM
Fahrkosten für Heimfahrten
☐ mit öffentlichen Verkehrsmitteln ☐ mit eig. Kfz (Entfernung km) — Einzelfahrt DM — Anzahl × = DM
Kosten der Unterkunft am Arbeitsort (lt. Nachweis) DM
Mehraufwendungen für Verpflegung täglich DM × Anzahl der Tage = DM
Vom Arbeitgeber werden steuerfrei ersetzt ▼ DM

7. Besondere Pauschsätze für bestimmte Berufsgruppen, und zwar für

Summe 4.958

Randvermerke:
4) Kürzeste Straßenverbindung zwischen Wohnung und Arbeitsstätte
5) Nur ausfüllen, wenn die Einsatzstelle mehr als 30 km von der Wohnung entfernt ist
6) Ggf. auf besonderem Blatt erläutern

Summe 4.958
– 564 DM
(Abzug unterbleibt, wenn außerdem Pauschsätze nach Nr. 7 anzusetzen sind)
Sa: 4.394
Übertragen in Vfg.; ggf. Pauschsätze abziehen und getrennt übertragen.

Bitte Belege beifügen!

4

II. Werbungskosten des Ehegatten | Der Arbeitgeber ersetzt steuerfrei | Vermerke des Finanzamts

1. Aufwendungen für Fahrten zwischen Wohnung und Arbeitsstätte

a) mit eigenem ☐ Pkw ☐ Motorrad/Motorroller ☐ Moped/Mofa ☐ Fahrrad — Letztes amtl. Kennzeichen — DM

Arbeitstage je Woche | Urlaubs- und ggf. Krankheitstage | Erhöhter Kilometersatz wegen Körperbehinderung ☐ von mindestens 70 v.H. ☐ von mindestens 50 v.H. und Gehbehinderung — Im Kalenderjahr volle DM

Arbeitsstätte in (Ort und Straße) – ggf. nach besonderer Aufstellung – | benutzt an Tagen | einfache Entf. (km)4) | Ständig wechselnde Einsatzstelle vom – bis5)

b) mit öffentlichen Verkehrsmitteln (monatlich DM) Gesamtaufwendungen DM

Davon werden vom Arbeitgeber steuerfrei ersetzt DM

2. Beiträge zu Berufsverbänden (Bezeichnung der Verbände)

3. Aufwendungen für Arbeitsmittel (Art der Aufwendungen, z.B. typische Berufskleidung)6)

4. Weitere Werbungskosten (z.B. Fortbildungs- und Reisekosten)6) – soweit sie nicht steuerfrei ersetzt werden –

5. Mehraufwendungen für Verpflegung

bei über **12 Stunden** Abwesenheit von der Wohnung | Arbeitszeit von – bis | Abwesenheit von – bis | Tage

bei ständig wechselnden Einsatzstellen und über **10 Stunden** Abwesenheit von der Wohnung | Arbeitszeit von – bis | Abwesenheit von – bis | Tage

bei Berufskraftfahrern (Art der Tätigkeit) | Fahrtätigkeit über 6 Std. Anzahl der Tage | Fahrtätigkeit über 12 Std. Anzahl der Tage

Vom Arbeitgeber werden steuerfrei ersetzt ▼ DM

6. Mehraufwendungen für doppelte Haushaltsführung | Beschäftigungsort

Der doppelte Haushalt ist aus beruflichem Anlaß begründet worden

Grund6) | am | und hat seitdem ununterbrochen bestanden bis | Mein Ehegatte hat sich an meinem Beschäftigungsort aufgehalten | vom – bis

Eigener Hausstand: ☐ Nein ☐ Ja, in | seit | Falls nein, wurde Unterkunft am bisherigen Ort beibehalten? ☐ Nein ☐ Ja

Kosten der ersten Fahrt zum Beschäftigungsort und der letzten Fahrt zum eigenen Hausstand

☐ mit öffentlichen Verkehrsmitteln ☐ mit eigenem Kfz (Entfernung km × DM) = DM

Fahrkosten für Heimfahrten

☐ mit öffentlichen Verkehrsmitteln ☐ mit eig. Kfz (Entfernung km) | Einzelfahrt DM | Anzahl × | = DM

Kosten der Unterkunft am Arbeitsort (lt. Nachweis) DM

Mehraufwendungen für Verpflegung täglich DM | Anzahl der Tage × | = DM

Vom Arbeitgeber werden steuerfrei ersetzt ▼ DM

7. Besondere Pauschsätze für bestimmte Berufsgruppen, und zwar für

Summe

4) Kürzeste Straßenverbindung zwischen Wohnung und Arbeitsstätte

5) Nur ausfüllen, wenn die Einsatzstelle mehr als 30 km von der Wohnung entfernt ist

6) Ggf. auf besonderem Blatt erläutern

Summe

– 564 DM

(Abzug unterbleibt, wenn außerdem Pauschsätze nach Nr. 7 anzusetzen sind)

Se.:

Übertragen in Vfg.; ggf. Pauschsätze abziehen und getrennt übertragen.

III. Sonderausgaben

Versicherungsbeiträge (z.B. Beiträge zu gesetzlichen Rentenversicherungen, Krankenversicherungen, Lebensversicherungen usw.) sowie Beiträge an Bausparkassen können **nicht im Ermäßigungsverfahren geltend gemacht werden. Diese sogenannten Vorsorgeaufwendungen werden beim laufenden Lohnsteuerabzug pauschal berücksichtigt.**

1. Renten, dauernde Lasten (Empfänger, Art und Grund der Schuld)

2. Unterhaltsleistungen an den geschiedenen/dauernd getrennt lebenden Ehegatten (Bitte den Vordruck Anlage U ausfüllen und beifügen)

3. Kirchensteuer

4. Steuerberatungskosten

5. Aufwendungen für die eigene Berufsausbildung oder die Weiterbildung in einem nicht ausgeübten Beruf (Bitte auf besonderem Blatt erläutern)

6. Spenden und Beiträge (Bitte Bescheinigungen nach vorgeschriebenem Muster beifügen)

a) für wissenschaftliche und kulturelle Zwecke

b) für mildtätige, kirchliche, religiöse und gemeinnützige Zwecke

c) für staatspolitische Zwecke (Mitgliedsbeiträge und Spenden an politische Parteien)

Summe

Summe

– 270 DM

– 540 DM

Se.:

Übertragen in Vfg.

Bitte Belege beifügen!

5

IV. Freibetrag für Aufwendungen zur Pflege des Eltern-Kindverhältnisses, wenn das Kind dem anderen Elternteil zuzuordnen ist. (Kinder von geschiedenen oder dauernd getrennt lebenden Eltern sowie nichteheliche Kinder, wenn beide Elternteile im Inland wohnen.)
Voraussetzung ist, daß Sie für das Kind einen Kinderfreibetrag erhalten. (Bitte auch Abschnitt Ⓑ ausfüllen!)

Vorname des Kindes	Aufwendungen entstehen vom – bis
Vorname des Kindes	Aufwendungen entstehen vom – bis

Vermerke des Finanzamts: DM / + DM / Summe DM / Übertragen in Vfg.

V. Außergewöhnliche Belastungen — Haben Sie Kinder, bitte auch Abschnitt Ⓑ ausfüllen!

1. Allgemeine außergewöhnliche Belastungen (ggf. auf besonderem Blatt erläutern und zusammenstellen)

a) Kinderbetreuungskosten für haushaltszugehörige Kinder bis 16 Jahre

Antragsgründe

Erwerbstätigkeit des Antragstellers vom – bis	Körperbehinderung des Antragstellers vom – bis	Krankheit des Antragstellers vom – bis
Bei alleinstehenden Antragstellern		Es besteht ein gemeinsamer Haushalt der Elternteile vom – bis
Erwerbstätigkeit des Ehegatten bzw. des anderen Elternteils bei gemeinsamem Haushalt vom – bis	Körperbehinderung des Ehegatten bzw. des anderen Elternteils bei gemeinsamem Haushalt vom – bis	Krankheit des Ehegatten bzw. des anderen Elternteils bei gemeinsamem Haushalt vom – bis
Vorname und Anschrift des Kindes		Das Kind gehört zu meinem Haushalt vom – bis
Art der Aufwendungen	Gesamtbetrag DM	Dienstleistungen vom – bis

Aufwendungen für Kinderbetreuung DM — Übertragen in Berechnungsschema auf Seite 6

b) Andere allgemeine außergewöhnliche Belastungen Art der Belastung (z. B. durch Krankheit, Todesfall)	Gesamtaufwendungen DM	Abzüglich erhaltene oder zu erwartende Ersatzleistungen DM	Berücksichtigungsfähige Aufwendungen DM

Gesamtbetrag der anderen allgemeinen außergewöhnlichen Belastungen DM — Übertragen in Berechnungsschema auf Seite 6

2. Aufwendungen für eine Hausgehilfin/Haushaltshilfe oder Heim-/Pflegeunterbringung

☐ Beschäftigung einer Hausgehilfin/Haushaltshilfe — vom – bis — Aufwendungen im Kalenderjahr DM

Name und Anschrift der beschäftigten Person oder des mit den Dienstleistungen beauftragten Unternehmens

Abziehbar DM

☐ Der Antragsteller oder sein Ehegatte ist in einem **Heim** oder **dauernd zur Pflege** untergebracht. Dadurch entstehen auch Kosten für Dienstleistungen, die mit denen einer Hausgehilfin oder Haushaltshilfe vergleichbar sind.

Name und Anschrift der untergebrachten Person (einschließlich Bezeichnung des Heimes usw.)

Unterbringung vom – bis	Art der Dienstleistungskosten

Abziehbar + DM

Antragsgründe

☐ Vollendung des 60. Lebensjahrs des Antragstellers od. seines Ehegatten

☐ Nicht nur vorübergehende körperliche Hilflosigkeit, schwere Körperbehinderung, Krankheit (ärztliche Bescheinigung beifügen) des Antragstellers, seines Ehegatten, seines Kindes oder einer zu seinem Haushalt gehörigen unterhaltenen Person

3. Aufwendungen für die Berufsausbildung eines Kindes (Ausbildungsfreibetrag)

Eine Steuerermäßigung kommt nur in Betracht, wenn Sie für das Kind einen Kinderfreibetrag erhalten und Ihnen Aufwendungen für die Berufsausbildung entstehen.

(1. Kind) Vorname, Familienstand und Anschrift des Kindes

Art der Berufsausbildung		vom – bis
Auswärtige Unterbringung vom – bis	Ausbildungsort	Aufwendungen für die Berufsausbildung entstehen vom – bis
Das Kind hat innerhalb des Ausbildungszeitraums 1987 Bruttoarbeitslohn DM	Ausbildungshilfe aus öffentlichen Mitteln DM	andere Einkünfte/Bezüge (Art und Höhe) DM

Abziehbar + DM

(2. Kind) Vorname, Familienstand und Anschrift des Kindes

Art der Berufsausbildung		vom – bis
Auswärtige Unterbringung vom – bis	Ausbildungsort	Aufwendungen für die Berufsausbildung entstehen vom – bis
Das Kind hat innerhalb des Ausbildungszeitraums 1987 Bruttoarbeitslohn DM	Ausbildungshilfe aus öffentlichen Mitteln DM	andere Einkünfte/Bezüge (Art und Höhe) DM

Übertrag DM

Bitte Belege beifügen!

6

4. Unterstützung bedürftiger Personen (z. B. Eltern, geschiedene Ehegatten, im Ausland lebende Kinder. Hier sind auch Pakete und Päckchen an Angehörige in der DDR oder in Berlin (Ost) einzutragen. Bei mehreren Personen besonderes Blatt verwenden.)

Eine Steuerermäßigung kommt nur in Betracht, wenn weder Sie noch andere Personen für den Unterstützten Anspruch auf einen Kinderfreibetrag haben.

Name und Anschrift der unterstützten Person

7) Angaben nicht erforderlich, wenn die unterstützte Person in der DDR oder in Berlin (Ost) wohnt

Alter, Familienstand, Beruf, Verwandtschaftsverhältnis der unterstützten Person

Die unterstützte Person hat im Unterstützungszeitraum 1987	Bruttoarbeitslohn 7)	Renten 7)	andere Einkünfte/Bezüge sowie Vermögen (Art und Höhe 7))
	DM	DM	DM

Die unterstützte Person lebt
☐ in ihrem eigenen oder einem anderen Haushalt ☐ in meinem Haushalt
zusammen mit folgenden Angehörigen

Eigene Aufwendungen für die unterstützte Person (Art und Zeitraum) — Höhe im Kalenderjahr DM

Nur ausfüllen, wenn der Antragsteller im Haushalt der unterstützten Person lebt: — Höhe im Kalenderjahr
Die unterstützte Person erhält außerdem für Verpflegung und Wohnung des Antragstellers DM

Grund der Unterstützung (z. B. Alter, Krankheit)

Zum Unterhalt der unterstützten Person tragen bei (Name, Anschrift, Zeitraum und Höhe der Unterstützung)

Vermerke des Finanzamts
Übertrag DM
Abziehbar + DM
Summe DM
Übertragen in Vfg.

Verteilung der Freibeträge

Werbungskosten können nur auf der Lohnsteuerkarte des Ehegatten eingetragen werden, bei dem sie entstanden sind. Wenn der Freibetrag im übrigen anders als je zur Hälfte auf den Lohnsteuerkarten der Ehegatten aufgeteilt werden soll, dann geben Sie bitte das Aufteilungsverhältnis an (: v. H.) und fügen Sie die Lohnsteuerkarte des Ehegatten bei.

Versicherung

Bei der Ausfertigung dieses Antrags und der Anlagen hat mitgewirkt
Herr/Frau/Firma / in / Fernsprecher

Ich versichere, daß ich die Angaben in diesem Antrag und in den ihm beigefügten Anlagen wahrheitsgemäß nach bestem Wissen und Gewissen gemacht habe. Ich nehme zur Kenntnis, daß ich verpflichtet bin, unverzüglich die Änderung des Freibetrags auf meiner Lohnsteuerkarte zu beantragen, wenn sich die in Abschnitt Ⓓ Teil I und II Nrn. 1 a und 6 sowie in Teil V Nrn. 2, 3 und 4 angegebenen Verhältnisse im Laufe des Kalenderjahrs 1987 derart ändern, daß die Aufwendungen um mindestens 400 DM geringer sein werden. Mir ist bekannt, daß erforderlichenfalls Angaben über Kindschaftsverhältnisse der für die Ausstellung von Lohnsteuerkarten zuständigen Gemeinde mitgeteilt werden.

Datum 6. 11. 1986 — Ludwig (Unterschrift des Antragstellers) — (Unterschrift des Ehegatten)

Vermerk des Finanzamts
Berechnung des Freibetrags nach §§ 33, 33c EStG

	Antragsteller/Ehegatten	Kinderbetreuungskosten für ___ Kinder	andere außergewöhnliche Belastungen
Jahresarbeitslohn	DM	DM	DM
abzüglich Versorgungs-, Weihnachts-, Arbeitnehmer-Freibetrag, Altersentlastungsbetrag, Werbungskosten (mindestens 564 DM)	DM	höchstens Kinderbetreuungskosten 8)	restliche zumutbare Belastung
Zumutbare Belastung nach § 33 Abs. 3 EStG: ___ v. H. von	DM		
ergibt zumutbare Belastung	DM ▶ –	DM = –	DM
Überlastungsbetrag		= DM	= DM in Vfg. übertragen
davon höchstens abziehbar nach § 33c Abs. 3 EStG 9)		DM	höheren Betrag in Vfg. übertragen
mindestens Pauschbetrag nach § 33c Abs. 4 EStG 9)		DM	

8) nur, soweit die anerkannten Kinderbetreuungskosten den Pauschbetrag nach § 33c Abs. 4 EStG übersteigen

9) ggf. anteilmäßig nach § 33c Abs. 3 Satz 3 und 4 EStG

10) einschl. Zahl der Kinderfreibeträge und Zahl der Kinder

Verfügung

	DM	Antragsteller DM	Ehegatte DM
1. Freibeträge für besondere Fälle			
Altersfreibetrag			
Pauschbeträge f. Körperbehinderte u. Hinterbliebene			
Freibetrag zur Förd. des Wohneigentums	10.000		
Sonderausgaben			
Freibeträge für Kinder			
Kinderbetreuungskosten			
Andere allgemeine außergewöhnliche Belastungen			
Außergewöhnliche Belastungen in besonderen Fällen			
Zwischensumme	10.000	10.000	
Werbungskosten	4.394	4.394	
Jahresfreibetrag		14.394	
bisher berücksichtigt		–	
verbleibender Freibetrag		14.394	
Monatsbetrag		1.200	
Wochenbetrag			
Tagesbetrag			

Gültig vom 1. 1. bis 31. 12. 1987

2. Freibetrag bei WK-Pauschsätzen — v. H.-Satz | monatlich DM — Gültig vom – bis 1987

3. Änderung der StKl 10) in StKl 10) — Gültig vom – bis 1987

4. LStK und Belege an Antragsteller zurück am

5. Bescheid zur Post am

6. Z. d. A. Datum 15. Nov. 1986

(Sachgebietsleiter) — (Sachbearbeiter)

Name und Vorname
LUDWIG, Franz
Anschrift
Am Rain 15, 6442 Rotenburg
Steuernummer/Aktenzeichen

Anlage LSt 3 D

zum Antrag auf
Lohnsteuer-Ermäßigung für 1987

Förderung des Wohneigentums

Zeile	
1	**I. Angaben zum Gebäude / zur Eigentumswohnung** — *) Bitte Aufstellung/Erläuterung auf besonderem Blatt beifügen. Lage des Grundstücks (Ort, Straße, Hausnummer)
2	Rotenburg, Am Rain 15
3	Einfamilienhaus / [X] Eigentumswohng. — Anderes Haus mit ... Wohnungen — davon eigengenutzt: Anzahl — Ausbau/Erweiterung einer eigengenutzten Wohnung — Eigentumsanteil des Antragstellers und/oder des Ehegatten: v. H.
4	Angeschafft/Fertiggestellt am 1.11.85 — Eigengenutzt ab — Wohnfläche des Hauses m² — Fläche d. eigengen. Wohnung/Anbaus/Erweiterg. m² — davon gewerblich/beruflich genutzt m² — Ferien- oder Wochenendhaus — Freifinanzierter oder steuerbeg. Wohnungsbau in Berlin (West)
5	Objektbeschränkung: Für folgende Objekte wurde(n) bereits der Abzugsbetrag/die erhöhten Absetzungen beansprucht: — Der Abzugsbetrag wird für ein Folgeobjekt beansprucht *) — Anschaffung/Herstellung erfolgte anläßlich Verlegung des Wohnsitzes und der Berufstätigkeit nach Berlin (West)
6	**II. Abzugsbetrag bei Anschaffung/Fertigstellung der eigengenutzten Wohnung nach dem 31. 12. 1986**
7	Grund und Boden: insgesamt DM — davon 50 v.H. DM — Gebäude DM
8	Anschaffungs-/Herstellungskosten (einschl. nachträglicher Aufwendungen der Vorjahre) — Eine Zusammenstellung der Aufwendungen ist beigefügt. / hat vorgelegen.
9	Nachträgliche Anschaffungs-/Herstellungskosten im Antragsjahr *) + + DM — Nur vom Finanzamt auszufüllen
10	Summe + ▸
11	Auf die eigengenutzte Wohnung entfallen
12	davon gewerblich oder beruflich genutzt −
13	Bemessungsgrundlage (höchstens 300 000 DM)
14	Abzugsbetrag nach § 10 e EStG: bis zu 5 v.H. — § 15 b Abs. 1 BerlinFG: 1. u. 2. Jahr bis zu je 10 v.H., danach bis zu 3 v.H. — § 15 b Abs. 2 BerlinFG: in den ersten 3 Jahren bis zu insges. 50 v.H.
15	Nachholung von Abzugsbeträgen nach § 10 e Abs. 3 Satz 1 EStG, soweit sie auf Nichtausnutzung des Höchstsatzes (vgl. Zeile 14) in den Vorjahren entfallen (nur bis zum 4. Jahr) *) +
16	Nachholung von Abzugsbeträgen nach § 10 e Abs. 3 Satz 2 EStG für im Antragsjahr entstandene nachträgliche Anschaffungs-/Herstellungskosten (Höchstbetrag beachten) *) +
17	Im Antragsjahr geleistete Schuldzinsen und andere Aufwendungen, die bis zum Beginn der Eigennutzung entstanden sind und weder Anschaffungs-/Herstellungskosten noch Betriebsausgaben/Werbungskosten sind *) +
18	Abzugsbetrag (Summe Zeilen 14 bis 17, nach Zeile 43 übertragen)
19	**III. Berechnung der erhöhten Absetzungen für Gebäude, die vor dem 1.1.1987 angeschafft oder fertiggestellt worden sind**
20	Anschaffungs-/Herstellungskosten (ohne Aufwendungen für Grund u. Boden) bis zum Ende d. Anschaffungs-/Herstellungsjahrs, in den Fällen des § 14 a Abs. 6 BerlinFG Teilherstellungskosten oder Anzahlungen auf Anschaffungskosten — 200.000
21	Nachträgliche Herstellungskosten in 19 ... DM in 19 ... DM +
22	Bemessungsgrundlage für erhöhte Absetzungen — Bauantrag oder Baubeginn oder Kaufvertrag: vor dem 30. 7. 1981: bei Einfamilienhaus höchstens 150 000 DM, bei Zweifamilienhaus 200 000 DM; nach dem 29. 7. 1981: höchstens 200 000 DM, 250 000 DM =
23	Erhöhte Absetzungen nach [X] § 7 b EStG — § 14 a Abs. 1 u. 2, § 15 Abs. 1 BerlinFG — § 15 Abs. 2 bis 4 BerlinFG — § 14 a Abs. 4 bis 6 BerlinFG
24	für das Antragsjahr 5 v.H. des Betrags lt. Zeile 22 = 10.000 DM
25	oder bei Nachholung nicht ausgenutzter erhöhter Absetzungen aus den Vorjahren (Bis zum Ende des Antragsjahrs höchstmögliche erhöhte Absetzungen nach § 7 b EStG: Zweitjahr = 10 v.H., Drittjahr = 15 v.H., Viertjahr = 20 v.H.; § 14 a Abs. 1 u. 2, § 15 Abs. 1 BerlinFG: Zweitjahr = 20 v.H., Drittjahr = 23 v.H., Viertjahr = 26 v.H.)
26	v.H. des Betrags lt. Zeile 22 = DM
27	In den Vorjahren berücksichtigte erhöhte Absetzungen (zuzüglich Beträge, die auf unentgeltliche Nutzungsüberlassung mit gesicherter Rechtsposition entfallen) − DM ▸ DM
28	Erhöhte Absetzungen für das Antragsjahr (fett umrandeter Betrag lt. Zeile 24 oder 27, übertragen nach Zeile 30 bzw. 35) — 10.000

Anlage LSt 3 D (87) zur Förderung des Wohneigentums

– 2. Ausfertigung für das Finanzamt –
(Lohnsteuerstelle)

Zeile				Nur vom Finanzamt auszufüllen
29	**IV. Abzug wie Sonderausgaben nach Wegfall der Nutzungswertbesteuerung für Gebäude, die vor dem 1.1.1987 angeschafft oder hergestellt worden sind**			
30	Betrag lt. Zeile 28 für Wohnungen, deren Nutzungswert 1986 pauschal zu ermitteln war oder deren Nutzungswert nicht mehr besteuert wird	DM		
31	Absetzungen nach §§ 82 a, 82 g, 82 i EStDV und Schutzbaugesetz, deren Voraussetzungen 1986 vorlagen, soweit sie auf Wohnungen lt. Zeile 30 entfallen	+	DM	
32	Schuldzinsen nach § 21 a Abs. 4 EStG und Aufwendungen vor Beginn der Eigennutzung (vgl. Zeile 17)	+ ▶		
33	**V. Einkünfte aus Vermietung und Verpachtung**			
34	Mieteinnahmen u. Mietwert der eigengenutzten u. unentgeltlich ohne gesicherte Rechtsposition überlassenen Wohnungen — Mieteinnahmen DM + Mietwert DM =			
35	Erhöhte Absetzungen lt. Zeile 28, soweit nicht in Zeile 30 berücksichtigt			
36	Voraussichtliche andere Werbungskosten einschl. Absetzung für Abnutzung im Antragsjahr	+ ▶	–	
37	Überschuß – der Einnahmen – der Werbungskosten – (Zeile 34 abzüglich Zeile 36)			
38	Einkünfte aus weiteren Objekten (Verluste nur abziehbar, wenn das einzelne Objekt spätestens im vorangegangenen Kj. angeschafft/fertiggestellt/genutzt wurde oder wenn erhöhte Absetzungen nach § 14 a BerlinFG geltend gemacht werden)			
39	Einkünfte aus Vermietung und Verpachtung (nach Zeile 45 nur übertragen, wenn Betrag negativ)			
40	**VI. Antrag auf Steuerermäßigung für Kinder nach § 34 f EStG** bei erhöhten Absetzungen nach § 7 b EStG, § 15 BerlinFG, sowie bei Abzugsbetrag nach § 10 e EStG, § 15 b BerlinFG			
41	Bei Anschaffung/Fertigstellung der Wohnung nach dem 31.12.1986: — Im bisherigen Abzugszeitraum gehörten auf Dauer zum Haushalt die Kinder lt. Antragsvordruck Abschn. B Nr.	Für jedes Kind 2400 DM ▶		
42	Bei Anschaffung/Fertigstellung der Wohnung vor dem 1.1.1987 und Bauantrag/Kaufvertrag nach dem 29.7.1981: — Im bisherigen Begünstigungszeitraum gehörten auf Dauer zum Haushalt die Kinder lt. Antragsvordruck Abschn. B Nr.	Für das 2. und jedes weitere Kind je 2400 DM ▶		
43	**VII. Berechnung des zu berücksichtigenden Betrags** Abzugsbetrag aus Zeile 18	DM		
44	Betrag aus Zeile 32	+		
45	Negativer Betrag der Einkünfte aus Zeile 39	+		
46	Steuerermäßigung für Kinder, Betrag aus Zeile 41 oder 42	+ ▶		

Hinweis: Geben Sie bitte innerhalb der allgemeinen Erklärungsfrist eine Einkommensteuererklärung ab, weil aufgrund der Eintragung des Freibetrags auf der Lohnsteuerkarte eine Einkommensteuerveranlagung durchzuführen ist.

Finanzamt – Lohnsteuerstelle – **Wird vom Finanzamt ausgefüllt** Datum

Rotenburg/F 11.11.86

UR an die **Veranlagungsstelle**

III/2 mit div Anlagen. Für die in den Zeilen 41/42 aufgezählten Kinder werden Kinderfreibeträge gewährt. Ich bitte um Mitteilung des Freibetrags nach § 39 a Abs. 1 Nr. 6 EStG.

Im Auftrag

Finanzamt – Veranlagungsstelle – Datum

13. Nov. 1986

ROTENBURG/F

Steuernummer

036 052 00017

U zurück an die **Lohnsteuerstelle**

II/3

Freibetrag nach § 39 a Abs. 1 Nr. 6 EStG 1987 DM 10.000

Ich bitte, dem Steuerpflichtigen bei Übersendung der Lohnsteuerkarte folgendes mitzuteilen:

/

Im Auftrag

– 2. Ausfertigung für das Finanzamt –
(Lohnsteuerstelle)

(Im Original Format DIN A5 — 148x210 mm)

Alle Eintragungen in der Lohnsteuerkarte genau prüfen!
Lesen Sie die Informationsschrift „Lohnsteuer '87"

Ordnungsmerkmale des Arbeitgebers

Lohnsteuerkarte 1987

Gemeinde (6442 Rotenburg/F. Finanzamt (6442) Rotenburg/F.
AGS 066232018 Nr. 2636

Franz Ludwig
Am Rain 15
6442 Rotenburg/Fulda

Geburtsdatum 03.07.40

I. Allgemeine Besteuerungsmerkmale		
Kirchensteuerabzug Arbeitnehmer	Ehegatte	Familienstand
ev	–	nv

vh = verheiratet, nv = nicht verheiratet

Steuerklasse	Kinder unter 16 Jahren: Zahl der Kinderfreibeträge	Zahl der Kinder
Eins		

(Gemeindebehörde)
Rotenburg/F., 20. Sept. 1986
(Datum)

II. Änderungen der Eintragungen im Abschnitt I

Steuerklasse	Zahl der Kinderfreibeträge	Zahl der Kinder	Familienstand	Kirchensteuerabzug Arbeitn.	Kirchensteuerabzug Ehegatte	Diese Eintragung gilt, wenn sie nicht widerrufen wird:	Datum, Stempel und Unterschrift der Behörde
						vom .... 1987 an bis zum 1987	I. A.
						vom .... 1987 an bis zum 1987	I. A.
						vom .... 1987 an bis zum 1987	I. A.

III. Für die Berechnung der Lohnsteuer sind vom tatsächlichen Arbeitslohn als steuerfrei **abzuziehen:**

Jahresbetrag DM	monatlich DM	wöchentlich DM	täglich DM	Diese Eintragung gilt, wenn sie nicht widerrufen wird:	Datum, Stempel und Unterschrift der Behörde
14.394	1.200	–	–	vom 1.Jan. 1987 an	FA Rotenburg
in Buchstaben: Vierzehn -tausend		drei	Zehner und Einer wie oben -hundert	bis zum 31.Dez. 1987	I. A. Schultz
				vom .... 1987 an	
in Buchstaben: -tausend			Zehner und Einer wie oben -hundert	bis zum 1987	I. A.
.... v. H. (i. Buchst. .... v. H.) des Arbeitslohns, höchstens aber .... DM monatlich, a. d. Tätigk. als				vom .... 1987 an bis zum 1987	I. A.

LSt 1 7.86

Antrag auf Lohnsteuer-Ermäßigung 1987

Eing.: 17. Nov. 1986

Zur Beachtung: Der Antrag kann nur bis zum **30. November 1987** gestellt werden. Nach diesem Zeitpunkt kann ein Antrag auf Steuerermäßigung nur noch beim Lohnsteuer-Jahresausgleich 1987 oder bei einer Veranlagung zur Einkommensteuer für 1987 berücksichtigt werden.

Bitte die Lohnsteuerkarte(n) 1987 – ggf. auch die des Ehegatten – beifügen. Das sorgfältige Ausfüllen des Vordrucks liegt in Ihrem Interesse; dadurch werden unnötige Rückfragen und Verzögerungen in der Antragsbearbeitung vermieden.

Für die Zulässigkeit einer Antragstellung auf Lohnsteuerermäßigung können u. U. die Antragsgründe maßgebend sein. Aus diesem Grund sind in Abschnitt C dieses Antrags alle Antragsgründe zusammengefaßt, für die eine Antragstellung ohne Einschränkung möglich ist. Aus dem Abschnitt D ergeben sich die Antragsgründe, für die eine Antragstellung nur dann zulässig ist, wenn die Aufwendungen und Beträge insgesamt **1800 DM** in 1987 übersteigen.

Einzelheiten finden Sie in der Informationsschrift „Lohnsteuer '87", die Ihnen mit der Lohnsteuerkarte 1987 zugestellt worden ist.

Weiße Felder bitte ausfüllen oder ☒ ankreuzen.

Nach den Vorschriften der Datenschutzgesetze wird darauf hingewiesen, daß die mit der Steuererklärung angeforderten Daten aufgrund der §§ 149 ff. der Abgabenordnung und des § 39a Abs. 2 des Einkommensteuergesetzes erhoben werden.

Ⓐ Angaben zur Person

Die Angaben für den Ehegatten bitte immer ausfüllen!

	Antragsteller	Ehegatte
Antragsteller	Familienname, Vorname: Etzbach Ulrich	**Ehegatte** (Familienname, Vorname): Etzbach Rosa
	Straße und Hausnummer: Höhenweg 3	Straße und Hausnummer: ←
	Postleitzahl, Wohnort: 6440 Bebra	Postleitzahl, Wohnort: ←
	Geburtsdatum (Tag, Monat, Jahr): 17 03 42; Religion: rk	Geburtsdatum (Tag, Monat, Jahr): 03 09 47; Religion: rk
1) Auch dann angeben, wenn die Ehe in 1987 geschieden wurde.	Verheiratet seit: 1972; Verwitwet seit:	Geschieden seit[1]:; Dauernd getrennt lebend seit[1]:
	Ausgeübter Beruf: Schreiner	Ausgeübter Beruf: Sekretärin
	Telefonisch tagsüber zu erreichen unter Nr.: –	Telefonisch tagsüber zu erreichen unter Nr.: 06623 – 2914
2) Lt. Lohnsteuerkarte		Ist eine Lohnsteuerkarte ausgestellt? ☐ Nein ☒ Ja
	Steuerklasse[2]: Vier; Zahl der Kinderfreibeträge[2]: –; Zahl der Kinder[2]: –	Steuerklasse[2]: Vier; Zahl der Kinderfreibeträge[2]: –; Zahl der Kinder[2]: –
Arbeitgeber	Name (Firma): Holzbau Schäfer u. Co	Name (Firma): Gemeindeverwaltung Alheim
	Straße und Hausnummer: Braacher Str. 170	Straße und Hausnummer: Marktplatz
	Postleitzahl, Ort: 6442 Rotenburg/F	Postleitzahl, Ort: 6445 Alheim
Voraussichtlicher Bruttoarbeitslohn	(einschl. Sachbezüge, Gratifikationen, Tantiemen usw.) im Kalenderjahr 45.000 DM	(einschl. Sachbezüge, Gratifikationen, Tantiemen usw.) im Kalenderjahr 40.000 DM
	darin enthalten steuerbegünstigte Versorgungsbezüge – DM	darin enthalten steuerbegünstigte Versorgungsbezüge – DM
Voraussichtliche andere Einkünfte	(z. B. aus Gewerbebetrieb, Kapitalvermögen, Vermietung, Verpachtung, Renten) im Kalenderjahr DM	(z. B. aus Gewerbebetrieb, Kapitalvermögen, Vermietung, Verpachtung, Renten) im Kalenderjahr – DM
Werden Sie zur Einkommensteuer veranlagt?	☒ Nein ☐ Ja, beim Finanzamt ___ Steuernummer ___	☒ Nein ☐ Ja, beim Finanzamt ___ Steuernummer ___
Wurde ein Antrag auf Lohnsteuerermäßigung für 1986 gestellt?	☒ Nein ☐ Ja, beim Finanzamt	☒ Nein ☐ Ja, beim Finanzamt
Wurde ein Antrag auf Lohnsteuer-Jahresausgleich für 1985 gestellt?	☒ Nein ☐ Ja, beim Finanzamt	☒ Nein ☐ Ja, beim Finanzamt

405/87 OFD Frankfurt am Main 10.86 CHHT [233]

Ⓑ Kinderfreibeträge

2

Bitte auch Kinder eintragen, die bereits auf der Lohnsteuerkarte bescheinigt sind. Leibliche Kinder sind nicht anzugeben, wenn das Verwandtschaftsverhältnis durch Adoption vor dem 1. 1. 1987 erloschen ist. **Vorname des Kindes** (ggf. auch abweichender Familienname)	geboren am	**Kindschaftsverhältnis zum Antragsteller** leibliches Kind/ Adoptivkind	Pflegekind	**Kindschaftsverhältnis zum Ehegatten** leibliches Kind/ Adoptivkind	Pflegekind	**Bei Kindern unter 16 Jahren** (nach dem 1. 1. 1971 geboren): Auf der Lohnsteuerkarte ist das Kind bereits berücksichtigt	noch zu berücksichtigen	Lebensbescheinigung ist beigefügt
1		☐	☐	☐	☐	☐	☐	☐
2		☐	☐	☐	☐	☐	☐	☐
3		☐	☐	☐	☐	☐	☐	☐
4		☐	☐	☐	☐	☐	☐	☐

Das Kind ist/war am 1. 1. 1987 (oder erstmals in 1987) im Inland mit Hauptwohnung gemeldet

	beim Antragsteller	und/oder bei sonstigen Personen (Name und Anschrift, ggf. Verwandtschaftsverhältnis zum Kind) oder in (Anschrift)	**Angaben entfallen bei nicht dauernd getrennt lebenden Ehegatten, soweit für jeden Ehegatten dasselbe Kindschaftsverhältnis angekreuzt ist:** Gehört das Kind lt. – beigef. – Bescheinigung der zuständigen Behörde (z. B. der Meldebehörde oder des Jugendamtes) zum Haushalt des Vaters?	
Zu 1:	☐		☐ Ja	☐ Nein
Zu 2:	☐		☐ Ja	☐ Nein
Zu 3:	☐		☐ Ja	☐ Nein
Zu 4:	☐		☐ Ja	☐ Nein

Von den in Nr. 1 bis 4 genannten Kindern stehen folgende zu einer weiteren Person in einem Kindschaftsverhältnis:

zu Nr.	Name und Anschrift dieser Person, Art des Kindschaftsverhältnisses

Bei Kindern über 16 Jahre (vor dem 2. 1. 1971 geboren):
Die Eintragung auf der Lohnsteuerkarte wird beantragt, weil das Kind
a) in Berufsausbildung steht (ggf. Angabe der Schule, des Lehrherrn usw.)[3]
b) eine Berufsausbildung mangels Ausbildungsplatzes nicht beginnen oder fortsetzen kann[3]
c) Grundwehrdienst, Zivildienst, befreienden Dienst leistet (nur bei Unterbrechung der Berufsausbildung, bitte erläutern)[3]
d) ein freiwilliges soziales Jahr leistet[3]
e) sich wegen körperlicher, geistiger oder seelischer Behinderung nicht selbst unterhalten kann (ggf. ist anzugeben, warum der Ehegatte oder frühere Ehegatte des Kindes keinen ausreichenden Unterhalt leistet)

3) Die Kinder werden nur bis zum 27. Lebensjahr berücksichtigt (nach dem 1. 1. 1960 geboren)

zu Nr.	Antragsgrund	vom – bis

Ergänzende Angaben für folgende, in Nr. 1 bis 4 genannte Kinder:

Pflegekinder, für die Sie Pflegegeld oder andere Unterhaltsleistungen erhalten

zu Nr.	Höhe der Leistungen	zu Nr.	Höhe der Leistungen	zu Nr.	Höhe der Leistungen
	DM		DM		DM

leibliche Kinder oder **Adoptivkinder**, für die vor dem 1. 1. 1987 zusätzlich ein **Pflegekindschaftsverhältnis** zu einer weiteren Person begründet worden ist

zu Nr.	Unterhaltsverpflichtung	geleisteter Unterhalt	zu Nr.	Unterhaltsverpflichtung	geleisteter Unterhalt
	DM	DM		DM	DM

leibliche Kinder, bei denen durch **Adoption** vor dem 1. 1. 1987 das Verwandtschaftsverhältnis nicht erloschen ist

zu Nr.	Unterhaltsverpflichtung	geleisteter Unterhalt	zu Nr.	Unterhaltsverpflichtung	geleisteter Unterhalt
	DM	DM		DM	DM

Ⓒ Unbeschränkt antragsfähige Ermäßigungsgründe

I. Freibetrag für besondere Fälle in der Regel nur für das Jahr des Eintritts der Voraussetzungen und die beiden folgenden Kalenderjahre. Die steuerliche Berücksichtigung kommt nur in Betracht, wenn nicht unter Ⓓ Teil V Nr. 1 Buchst. b Aufwendungen für die Wiederbeschaffung von Hausrat geltend gemacht werden. Bei Kindern auch Ⓑ ausfüllen.

☐ Flüchtling ☐ Vertriebener ☐ Heimatvertriebener ☐ Spätaussiedler ☐ Politisch Verfolgter

☐ Ausweis vom ☐ Amtliche Bescheinigung vom ☐ ist beigefügt. ☐ hat dem Finanzamt bereits vorgelegen.

Bitte Belege beifügen!

3

II. Altersfreibetrag,
☐ weil ich oder (und) mein Ehegatte vor dem 2. 1. 1923 geboren bin (sind).

Vermerke des Finanzamts

III. Körperbehinderte und Hinterbliebene (Bei Kindern auch Abschnitt Ⓑ ausfüllen.)

Nachweis ☒ ist beigefügt. ☐ hat bereits vorgelegen.

Name	Ausweis/Rentenbescheid/Bescheinigung ausgestellt am	gültig bis	Hinterbliebener	Körperbehinderter	blind/ständig pflegebedürftig	geh- und stehbehindert	Erwerbsminderung v. H.
Rosa Etzbach	Nachweis lag vor	17. Nov. 1986	☐	☒	☐	☐	60
			☐	☐	☐	☐	
			☐	☐	☐	☐	

IV. Freibetrag zur Förderung des Wohneigentums
(z. B. §§ 7 b, 10 e und 34 f des Einkommensteuergesetzes, §§ 14 a, 15 oder 15 b des Berlinförderungsgesetzes)
☐ Vordruck LSt 3 D ist beigefügt.

Anfrage an V-Stelle am:

Ⓓ Beschränkt antragsfähige Ermäßigungsgründe

I. Werbungskosten des Antragstellers

1. Aufwendungen für Fahrten zwischen Wohnung und Arbeitsstätte

Der Arbeitgeber ersetzt steuerfrei ... DM

a) mit eigenem ☒ Pkw ☐ Motorrad/Motorroller — Letztes amtl. Kennzeichen: HEF-ZV 13 — ☐ Moped/Mofa ☐ Fahrrad

Arbeitstage je Woche: 6 — Urlaubs- und ggf. Krankheitstage: 25 — Erhöhter Kilometersatz wegen Körperbehinderung: ☐ von mindestens 70 v.H. ☐ von mindestens 50 v.H. und Gehbehinderung

Im Kalenderjahr volle DM

Arbeitsstätte in (Ort und Straße) – ggf. nach besonderer Aufstellung –	benutzt an Tagen	einfache Entf. (km)4)	Ständig wechselnde Einsatzstelle vom – bis5)	DM
Rotenburg, Zwaacher Str	260	12		1124

b) mit öffentlichen Verkehrsmitteln (monatlich ... DM) Gesamtaufwendungen ... DM
Davon werden vom Arbeitgeber steuerfrei ersetzt ... DM

2. Beiträge zu Berufsverbänden (Bezeichnung der Verbände)6)
BSE — 144

3. Aufwendungen für Arbeitsmittel (Art der Aufwendungen, z. B. typische Berufskleidung)
Schutzkleidung — 150

4. Weitere Werbungskosten (z. B. Fortbildungs- und Reisekosten)6) – soweit sie nicht steuerfrei ersetzt werden –

5. Mehraufwendungen für Verpflegung

bei über 12 Stunden Abwesenheit von der Wohnung	Arbeitszeit von – bis	Abwesenheit von – bis	Tage	Vom Arbeitgeber werden steuerfrei ersetzt ▼
bei ständig wechselnden Einsatzstellen und über 10 Stunden Abwesenheit von der Wohnung	Arbeitszeit von – bis	Abwesenheit von – bis	Tage	
bei Berufskraftfahrern (Art der Tätigkeit)	Fahrtätigkeit über 6 Std. Anzahl der Tage	Fahrtätigkeit über 12 Std. Anzahl der Tage		DM

6. Mehraufwendungen für doppelte Haushaltsführung
Der doppelte Haushalt ist aus beruflichem Anlaß begründet worden

Beschäftigungsort

Grund6) — am — und hat seitdem ununterbrochen bestanden bis — Mein Ehegatte hat sich an meinem Beschäftigungsort aufgehalten vom – bis

Eigener Hausstand: ☐ Nein ☐ Ja, in — seit — Falls nein, wurde Unterkunft am bisherigen Ort beibehalten? ☐ Nein ☐ Ja

Kosten der ersten Fahrt zum Beschäftigungsort und der letzten Fahrt zum eigenen Hausstand: ☐ mit öffentlichen Verkehrsmitteln ☐ mit eigenem Kfz (Entfernung km × DM)		= DM	Vom Arbeitgeber werden steuerfrei ersetzt ▼
Fahrkosten für Heimfahrten: ☐ mit öffentlichen Verkehrsmitteln ☐ mit eig. Kfz (Entfernung km)	Einzelfahrt DM × Anzahl	= DM	
Kosten der Unterkunft am Arbeitsort (lt. Nachweis)		DM	
Mehraufwendungen für Verpflegung täglich DM	Anzahl der Tage ×	= DM	DM

7. Besondere Pauschsätze für bestimmte Berufsgruppen, und zwar für

Summe 1.418

Summe 1.418
– 564 DM
(Abzug unterbleibt, wenn außerdem Pauschsätze nach Nr. 7 anzusetzen sind)

Sa.: 854

Übertragen in Vfg.; ggf. Pauschsätze abziehen und getrennt übertragen.

4) Kürzeste Straßenverbindung zwischen Wohnung und Arbeitsstätte

5) Nur ausfüllen, wenn die Einsatzstelle mehr als 30 km von der Wohnung entfernt ist

6) Ggf. auf besonderem Blatt erläutern

Bitte Belege beifügen!

4

II. Werbungskosten des Ehegatten

1. Aufwendungen für Fahrten zwischen Wohnung und Arbeitsstätte

a) mit eigenem [X] Pkw [ ] Motorrad/Motorroller — Letztes amtl. Kennzeichen: HEF - AB 1 — [ ] Moped/Mofa [ ] Fahrrad

Arbeitstage je Woche: 5 — Urlaubs- und ggf. Krankheitstage: 30 — Erhöhter Kilometersatz wegen Körperbehinderung [ ] von mindestens 70 v.H. [ ] von mindestens 50 v.H. und Gehbehinderung

Arbeitsstätte in (Ort und Straße) – ggf. nach besonderer Aufstellung –	benutzt an Tagen	einfache Entf. (km)4)	Ständig wechselnde Einsatzstelle vom – bis6)	Der Arbeitgeber ersetzt steuerfrei DM / Im Kalenderjahr volle DM
Altheim, Marktplatz	210	16		1.210

b) mit öffentlichen Verkehrsmitteln (monatlich DM) Gesamtaufwendungen DM

Davon werden vom Arbeitgeber steuerfrei ersetzt DM

2. Beiträge zu Berufsverbänden (Bezeichnung der Verbände)

DAG — 120

3. Aufwendungen für Arbeitsmittel (Art der Aufwendungen, z.B. typische Berufskleidung)6)

4. Weitere Werbungskosten (z.B. Fortbildungs- und Reisekosten)6) – soweit sie nicht steuerfrei ersetzt werden –

5. Mehraufwendungen für Verpflegung

bei über 12 Stunden Abwesenheit von der Wohnung	Arbeitszeit von – bis	Abwesenheit von – bis	Tage	Vom Arbeitgeber werden steuerfrei ersetzt ▼
bei ständig wechselnden Einsatzstellen und über 10 Stunden Abwesenheit von der Wohnung	Arbeitszeit von – bis	Abwesenheit von – bis	Tage	
bei Berufskraftfahrern (Art der Tätigkeit)	Fahrtätigkeit über 6 Std. Anzahl der Tage	Fahrtätigkeit über 12 Std. Anzahl der Tage		DM

6. Mehraufwendungen für doppelte Haushaltsführung

Der doppelte Haushalt ist aus beruflichem Anlaß begründet worden — Grund6) — am — und hat seitdem ununterbrochen bestanden bis — Beschäftigungsort — Mein Ehegatte hat sich an meinem Beschäftigungsort aufgehalten vom – bis

Eigener Hausstand: [ ] Nein [ ] Ja, in — seit — Falls nein, wurde Unterkunft am bisherigen Ort beibehalten? [ ] Nein [ ] Ja

Kosten der ersten Fahrt zum Beschäftigungsort und der letzten Fahrt zum eigenen Hausstand: [ ] mit öffentlichen Verkehrsmitteln [ ] mit eigenem Kfz (Entfernung km × DM) = DM

Fahrkosten für Heimfahrten: [ ] mit öffentlichen Verkehrsmitteln [ ] mit eig. Kfz (Entfernung km) — Einzelfahrt DM × Anzahl = DM

Kosten der Unterkunft am Arbeitsort (lt. Nachweis) DM

Mehraufwendungen für Verpflegung täglich DM × Anzahl der Tage = DM

Vom Arbeitgeber werden steuerfrei ersetzt ▼ DM

7. Besondere Pauschsätze für bestimmte Berufsgruppen, und zwar für

Summe 1.330

Vermerke des Finanzamts:

4) Kürzeste Straßenverbindung zwischen Wohnung und Arbeitsstätte

5) Nur ausfüllen, wenn die Einsatzstelle mehr als 30 km von der Wohnung entfernt ist

6) Ggf. auf besonderem Blatt erläutern

Summe 1.330 – 564 DM (Abzug unterbleibt, wenn außerdem Pauschsätze nach Nr. 7 anzusetzen sind) Se.: 766 Übertragen in Vfg.; ggf. Pauschsätze abziehen und getrennt übertragen.

III. Sonderausgaben

Versicherungsbeiträge (z.B. Beiträge zu gesetzlichen Rentenversicherungen, Krankenversicherungen, Lebensversicherungen usw.) sowie Beiträge an Bausparkassen können **nicht im Ermäßigungsverfahren geltend gemacht werden. Diese sogenannten Vorsorgeaufwendungen werden beim laufenden Lohnsteuerabzug pauschal berücksichtigt.**

1. Renten, dauernde Lasten (Empfänger, Art und Grund der Schuld)

2. Unterhaltsleistungen an den geschiedenen/dauernd getrennt lebenden Ehegatten (Bitte den Vordruck Anlage U ausfüllen und beifügen)

3. Kirchensteuer 630

4. Steuerberatungskosten

5. Aufwendungen für die eigene Berufsausbildung oder die Weiterbildung in einem nicht ausgeübten Beruf (Bitte auf besonderem Blatt erläutern)

6. Spenden und Beiträge (Bitte Bescheinigungen nach vorgeschriebenem Muster beifügen)

a) für wissenschaftliche und kulturelle Zwecke

b) für mildtätige, kirchliche, religiöse und gemeinnützige Zwecke

c) für staatspolitische Zwecke (Mitgliedsbeiträge und Spenden an politische Parteien)

Summe 630

Summe 630 – ~~270 DM~~ – 540 DM Se.: 90 Übertragen in Vfg.

Bitte Belege beifügen!

5

IV. Freibetrag für Aufwendungen zur Pflege des Eltern-Kindverhältnisses, wenn das Kind dem anderen Elternteil zuzuordnen ist. (Kinder von geschiedenen oder dauernd getrennt lebenden Eltern sowie nichteheliche Kinder, wenn beide Elternteile im Inland wohnen.)

Voraussetzung ist, daß Sie für das Kind einen Kinderfreibetrag erhalten. (Bitte auch Abschnitt Ⓑ ausfüllen!)

Vorname des Kindes | Aufwendungen entstehen | vom – bis

Vorname des Kindes | Aufwendungen entstehen | vom – bis

V. Außergewöhnliche Belastungen — **Haben Sie Kinder, bitte auch Abschnitt Ⓑ ausfüllen!**

1. Allgemeine außergewöhnliche Belastungen (ggf. auf besonderem Blatt erläutern und zusammenstellen)

a) Kinderbetreuungskosten für haushaltszugehörige Kinder bis 16 Jahre

Antragsgründe

Erwerbstätigkeit des Antragstellers | vom – bis | Körperbehinderung des Antragstellers | vom – bis | Krankheit des Antragstellers | vom – bis

Bei alleinstehenden Antragstellern | Es besteht ein gemeinsamer Haushalt der Elternteile | vom – bis

Erwerbstätigkeit des Ehegatten bzw. des anderen Elternteils bei gemeinsamem Haushalt | vom – bis | Körperbehinderung des Ehegatten bzw. des anderen Elternteils bei gemeinsamem Haushalt | vom – bis | Krankheit des Ehegatten bzw. des anderen Elternteils bei gemeinsamem Haushalt | vom – bis

Vorname und Anschrift des Kindes | Das Kind gehört zu meinem Haushalt | vom – bis

Art der Aufwendungen | Gesamtbetrag DM | Dienstleistungen | vom – bis

b) Andere allgemeine außergewöhnliche Belastungen

Art der Belastung (z. B. durch Krankheit, Todesfall) | Gesamtaufwendungen DM | Abzüglich erhaltene oder zu erwartende Ersatzleistungen DM | Berücksichtigungsfähige Aufwendungen DM

2. Aufwendungen für eine Hausgehilfin/Haushaltshilfe oder Heim-/Pflegeunterbringung

☐ Beschäftigung einer Hausgehilfin/Haushaltshilfe | vom – bis | Aufwendungen im Kalenderjahr | DM

Name und Anschrift der beschäftigten Person oder des mit den Dienstleistungen beauftragten Unternehmens

☐ Der Antragsteller oder sein Ehegatte ist in einem **Heim** oder **dauernd zur Pflege** untergebracht. Dadurch entstehen auch Kosten für Dienstleistungen, die mit denen einer Hausgehilfin oder Haushaltshilfe vergleichbar sind.

Name und Anschrift der untergebrachten Person (einschließlich Bezeichnung des Heimes usw.)

Unterbringung vom – bis | Art der Dienstleistungskosten

Antragsgründe

☐ Vollendung des 60. Lebensjahrs des Antragstellers od. seines Ehegatten

☐ Nicht nur vorübergehende körperliche Hilflosigkeit, schwere Körperbehinderung, Krankheit (ärztliche Bescheinigung beifügen) des Antragstellers, seines Ehegatten, seines Kindes oder einer zu seinem Haushalt gehörigen unterhaltenen Person

3. Aufwendungen für die Berufsausbildung eines Kindes (Ausbildungsfreibetrag)

Eine Steuerermäßigung kommt nur in Betracht, wenn Sie für das Kind einen Kinderfreibetrag erhalten und Ihnen Aufwendungen für die Berufsausbildung entstehen.

(1. Kind) Vorname, Familienstand und Anschrift des Kindes

Art der Berufsausbildung | vom – bis

Auswärtige Unterbringung | vom – bis | Ausbildungsort | Aufwendungen für die Berufsausbildung entstehen | vom – bis

Das Kind hat innerhalb des Ausbildungszeitraums 1987 | Bruttoarbeitslohn DM | Ausbildungshilfe aus öffentlichen Mitteln DM | andere Einkünfte/Bezüge (Art und Höhe) DM

(2. Kind) Vorname, Familienstand und Anschrift des Kindes

Art der Berufsausbildung | vom – bis

Auswärtige Unterbringung | vom – bis | Ausbildungsort | Aufwendungen für die Berufsausbildung entstehen | vom – bis

Das Kind hat innerhalb des Ausbildungszeitraums 1987 | Bruttoarbeitslohn DM | Ausbildungshilfe aus öffentlichen Mitteln DM | andere Einkünfte/Bezüge (Art und Höhe) DM

Vermerke des Finanzamts

DM

\+ DM

Summe

DM

Übertragen in Vfg.

Aufwendungen für Kinderbetreuung

DM

Übertragen in Berechnungsschema auf Seite 6

Gesamtbetrag der anderen allgemeinen außergewöhnlichen Belastungen

DM

Übertragen in Berechnungsschema auf Seite 6

Abziehbar

DM

Abziehbar

\+ DM

Abziehbar

\+ DM

Übertrag

DM

Bitte Belege beifügen!

6

4. Unterstützung bedürftiger Personen (z. B. Eltern, geschiedene Ehegatten, im Ausland lebende Kinder. Hier sind auch Pakete und Päckchen an Angehörige in der DDR oder in Berlin (Ost) einzutragen. Bei mehreren Personen besonderes Blatt verwenden.)

Vermerke des Finanzamts

Eine Steuerermäßigung kommt nur in Betracht, wenn weder Sie noch andere Personen für den Unterstützten Anspruch auf einen Kinderfreibetrag haben.

Übertrag ____ DM

Name und Anschrift der unterstützten Person

7) Angaben nicht erforderlich, wenn die unterstützte Person in der DDR oder in Berlin (Ost) wohnt

Alter, Familienstand, Beruf, Verwandtschaftsverhältnis der unterstützten Person

Die unterstützte Person hat im Unterstützungszeitraum 1987	Bruttoarbeitslohn 7)	Renten 7)	andere Einkünfte/Bezüge sowie Vermögen (Art und Höhe 7))
	DM	DM	DM

Die unterstützte Person lebt

☐ in ihrem eigenen oder einem anderen Haushalt ☐ in meinem Haushalt

zusammen mit folgenden Angehörigen

Abziehbar + ____ DM

Eigene Aufwendungen für die unterstützte Person (Art und Zeitraum) — Höhe im Kalenderjahr ____ DM

Nur ausfüllen, wenn der Antragsteller im Haushalt der unterstützten Person lebt: — Höhe im Kalenderjahr

Die unterstützte Person erhält außerdem für Verpflegung und Wohnung des Antragstellers ____ DM

Grund der Unterstützung (z. B. Alter, Krankheit)

Summe ____ DM

Zum Unterhalt der unterstützten Person tragen bei (Name, Anschrift, Zeitraum und Höhe der Unterstützung)

Übertragen in Vfg.

Verteilung der Freibeträge

Werbungskosten können nur auf der Lohnsteuerkarte des Ehegatten eingetragen werden, bei dem sie entstanden sind. Wenn der Freibetrag im übrigen anders als je zur Hälfte auf den Lohnsteuerkarten der Ehegatten aufgeteilt werden soll, dann geben Sie bitte das Aufteilungsverhältnis an (40 : 60 v. H.) und fügen Sie die Lohnsteuerkarte des Ehegatten bei.

Versicherung

Bei der Ausfertigung dieses Antrags und der Anlagen hat mitgewirkt

Herr/Frau/Firma ✓ in ✓ Fernsprecher

Ich versichere, daß ich die Angaben in diesem Antrag und in den ihm beigefügten Anlagen wahrheitsgemäß nach bestem Wissen und Gewissen gemacht habe. Ich nehme zur Kenntnis, daß ich verpflichtet bin, unverzüglich die Änderung des Freibetrags auf meiner Lohnsteuerkarte zu beantragen, wenn sich die in Abschnitt Ⓓ Teil I und II Nrn. 1 a und 6 sowie in Teil V Nrn. 2, 3 und 4 angegebenen Verhältnisse im Laufe des Kalenderjahrs 1987 derart ändern, daß die Aufwendungen um mindestens 400 DM geringer sein werden. Mir ist bekannt, daß erforderlichenfalls Angaben über Kindschaftsverhältnisse der für die Ausstellung von Lohnsteuerkarten zuständigen Gemeinde mitgeteilt werden.

Datum 15. 11. 1986 — Etzbach (Unterschrift des Antragstellers) — Etzbach (Unterschrift des Ehegatten)

Vermerk des Finanzamts

Berechnung des Freibetrags nach §§ 33, 33c EStG

	Antragsteller/Ehegatten	Kinderbetreuungskosten für ___ Kinder	andere außergewöhnliche Belastungen
Jahresarbeitslohn	DM	DM	DM
abzüglich Versorgungs-, Weihnachts-, Arbeitnehmer-Freibetrag, Altersentlastungsbetrag, Werbungskosten (mindestens 564 DM)	DM	höchstens Kinderbetreuungskosten 8)	restliche zumutbare Belastung
Zumutbare Belastung nach § 33 Abs. 3 EStG: ___ v. H. von	DM		
ergibt zumutbare Belastung	DM ▶ –	DM = –	DM
Überlastungsbetrag	=	DM =	DM in Vfg. übertragen
davon höchstens abziehbar nach § 33c Abs. 3 EStG 9)		DM	höheren Betrag in Vfg. übertragen
mindestens Pauschbetrag nach § 33c Abs. 4 EStG 9)		DM	

8) nur, soweit die anerkannten Kinderbetreuungskosten den Pauschbetrag nach § 33c Abs. 4 EStG übersteigen

9) ggf. anteilmäßig nach § 33c Abs. 3 Satz 3 und 4 EStG

10) einschl. Zahl der Kinderfreibeträge und Zahl der Kinder

Verfügung

1.	DM		
Freibeträge für besondere Fälle			
Altersfreibetrag			
Pauschbeträge f. Körperbehinderte u. Hinterbliebene	1.410		
Freibetrag zur Förd. des Wohneigentums			
Sonderausgaben	90		
Freibeträge für Kinder			
Kinderbetreuungskosten			
Andere allgemeine außergewöhnliche Belastungen		Antragsteller DM	Ehegatte DM
Außergewöhnliche Belastungen in besonderen Fällen			
Zwischensumme	1.500	600	900
Werbungskosten		854	766
Jahresfreibetrag		1.454	1.666
bisher berücksichtigt		–	–
verbleibender Freibetrag		1.454	1.666
Monatsbetrag		122	139
Wochenbetrag			
Tagesbetrag			

Gültig vom 1. 1. bis 31. 12. 1987

2. Freibetrag bei WK-Pauschsätzen — v. H.-Satz | monatlich ____ DM — Gültig vom – bis ____ 1987

3. Änderung der StKl 10) in StKl 10) — Gültig vom – bis ____ 1987

4. LStK und Belege an Antragsteller zurück am

5. Bescheid zur Post am

6. Z. d. A. Datum 28. Nov. 1986

(Sachgebietsleiter) — (Sachbearbeiter)

(Im Original Format DIN A5 — 148 x 210 mm)

Alle Eintragungen in der Lohnsteuerkarte genau prüfen!
Lesen Sie die Informationsschrift „Lohnsteuer '87"

Ordnungsmerkmale des Arbeitgebers

Lohnsteuerkarte 1987

Gemeinde (6440) Bebra Finanzamt (6442) Rotenburg/F.
AGS 0663 2003 Nr. 26 36

Ulrich Etzbach
Höhenweg 3
6440 Bebra

Geburtsdatum 17.03.42

I. Allgemeine Besteuerungsmerkmale

Kirchensteuerabzug Arbeitnehmer	Kirchensteuerabzug Ehegatte	Familienstand
rk	rk	vh

vh = verheiratet
nv = nicht verheiratet

Steuerklasse	Kinder unter 16 Jahren: Zahl der Kinderfreibeträge	Zahl der Kinder
vier	–	–

(Gemeindebehörde) (Datum)
Rotenburg/F., 20. Sept. 1986

II. Änderungen der Eintragungen im Abschnitt I

Steuerklasse	Zahl der Kinderfreibeträge	Zahl der Kinder	Familienstand	Kirchensteuerabzug Arbeitn.	Kirchensteuerabzug Ehegatte	Diese Eintragung gilt, wenn sie nicht widerrufen wird:	Datum, Stempel und Unterschrift der Behörde
						vom .... 1987 an bis zum 1987	I. A.
						vom .... 1987 an bis zum 1987	I. A.
						vom .... 1987 an bis zum 1987	I. A.

III. Für die Berechnung der Lohnsteuer sind vom tatsächlichen Arbeitslohn als steuerfrei **abzuziehen**:

Jahresbetrag DM	monatlich DM	wöchentlich DM	täglich DM	Diese Eintragung gilt, wenn sie nicht widerrufen wird:	Datum, Stempel und Unterschrift der Behörde
1.454	122	–	–	vom 1.Jan. 1987 an	FA Rotenburg
in Buchstaben: Ein -tausend		vier -hundert	Zehner und Einer wie oben	bis zum 31. Dez. 1987	I. A. Schultz
				vom .... 1987 an	
in Buchstaben: -tausend		-hundert	Zehner und Einer wie oben	bis zum 1987	I. A.
.... v. H. (i. Buchst. .... v. H.) des Arbeitslohns, höchstens aber .... DM monatlich, a. d. Tätigk. als				vom .... 1987 an bis zum 1987	I. A.

LSt 1 7.86

(Im Original Format DIN A5 — 148 x 210 mm)

Alle Eintragungen in der Lohnsteuerkarte genau prüfen!
Lesen Sie die Informationsschrift „Lohnsteuer '87"

Ordnungsmerkmale des Arbeitgebers

Lohnsteuerkarte 1987

Gemeinde (644) Bebra Finanzamt (6442) Rotenburg/F.

AGS 06632003 Nr. 26 36

Rosa Etzbach
Höhenweg 3
6440 Bebra

Geburtsdatum 03.09.47

I. Allgemeine Besteuerungsmerkmale

Kirchensteuerabzug Arbeitnehmer	Kirchensteuerabzug Ehegatte	Familienstand
rk	rk	vh

vh = verheiratet, nv = nicht verheiratet

Steuerklasse	Kinder unter 16 Jahren: Zahl der Kinderfreibeträge	Zahl der Kinder
vier	–	–

(Gemeindebehörde) Rotenburg/F., 20. Sept. 1986 (Datum)

II. Änderungen der Eintragungen im Abschnitt I

Steuerklasse	Zahl der Kinderfreibeträge	Zahl der Kinder	Familienstand	Kirchensteuerabzug Arbeitn.	Kirchensteuerabzug Ehegatte	Diese Eintragung gilt, wenn sie nicht widerrufen wird:	Datum, Stempel und Unterschrift der Behörde
						vom ... 1987 an bis zum ... 1987	I. A.
						vom ... 1987 an bis zum ... 1987	I. A.
						vom ... 1987 an bis zum ... 1987	I. A.

III. Für die Berechnung der Lohnsteuer sind vom tatsächlichen Arbeitslohn als steuerfrei **abzuziehen:**

Jahresbetrag DM	monatlich DM	wöchentlich DM	täglich DM	Diese Eintragung gilt, wenn sie nicht widerrufen wird:	Datum, Stempel und Unterschrift der Behörde
1.666	139	–	–	vom 1. Jan. 1987 an	FA Rotenburg
in Buchstaben: Ein -tausend	Sechs -hundert	Zehner und Einer wie oben		bis zum 31. Dez. 1987	I. A. Schultz
				vom ... 1987 an	
in Buchstaben: -tausend	-hundert	Zehner und Einer wie oben		bis zum ... 1987	I. A.
... v. H. (i. Buchst. ... v. H.) des Arbeitslohns, höchstens aber ... DM monatlich, a. d. Tätigk. als ...				vom ... 1987 an bis zum ... 1987	I. A

LSt 1 7. 86

Antrag auf Lohnsteuer-Ermäßigung **1987**

Eingang: 24.3.87

Zur Beachtung: Der Antrag kann nur bis zum **30. November 1987** gestellt werden. Nach diesem Zeitpunkt kann ein Antrag auf Steuerermäßigung nur noch beim Lohnsteuer-Jahresausgleich 1987 oder bei einer Veranlagung zur Einkommensteuer für 1987 berücksichtigt werden.

Bitte die **Lohnsteuerkarte(n) 1987 – ggf. auch die des Ehegatten – beifügen.** Das sorgfältige Ausfüllen des Vordrucks liegt in Ihrem Interesse; dadurch werden unnötige Rückfragen und Verzögerungen in der Antragsbearbeitung vermieden.

Für die Zulässigkeit einer Antragstellung auf Lohnsteuerermäßigung können u.U. die Antragsgründe maßgebend sein. Aus diesem Grund sind in Abschnitt C dieses Antrags alle Antragsgründe zusammengefaßt, für die eine Antragstellung ohne Einschränkung möglich ist. Aus dem Abschnitt D ergeben sich die Antragsgründe, für die eine Antragstellung nur dann zulässig ist, wenn die Aufwendungen und Beträge insgesamt **1800 DM** in 1987 übersteigen.

Einzelheiten finden Sie in der Informationsschrift „Lohnsteuer '87", die Ihnen mit der Lohnsteuerkarte 1987 zugestellt worden ist.

Weiße Felder bitte ausfüllen oder ☒ ankreuzen.

Nach den Vorschriften der Datenschutzgesetze wird darauf hingewiesen, daß die mit der Steuererklärung angeforderten Daten aufgrund der §§ 149 ff. der Abgabenordnung und des § 39a Abs. 2 des Einkommensteuergesetzes erhoben werden.

Ⓐ Angaben zur Person

	Antragsteller	Die Angaben für den Ehegatten bitte immer ausfüllen!
Antragsteller	Familienname, Vorname: Bergmann, Johann	**Ehegatte** (Familienname, Vorname): Bergmann, Marie
	Straße und Hausnummer: Steiler Weg 2	Straße und Hausnummer: Steiler Weg 2
	Postleitzahl, Wohnort: 6430 Bad Hersfeld	Postleitzahl, Wohnort: 6430 Bad Hersfeld
1) Auch dann angeben, wenn die Ehe in 1987 geschieden wurde.	Geburtsdatum Tag Monat Jahr: 13 01 34; Religion: ev	Geburtsdatum Tag Monat Jahr: 27 12 39; Religion: rk
	Verheiratet seit: 1965; Verwitwet seit:	Geschieden seit: ; Dauernd getrennt lebend seit 1):
	Ausgeübter Beruf: Angestellter	Ausgeübter Beruf: Beamtin
	Telefonisch tagsüber zu erreichen unter Nr.	Telefonisch tagsüber zu erreichen unter Nr.
2) Lt. Lohnsteuerkarte		Ist eine Lohnsteuerkarte ausgestellt? ☐ Nein ☒ Ja
	Steuerklasse 2): Drei; Zahl der Kinderfreibeträge 2): –; Zahl der Kinder 2): –	Steuerklasse 2): Fünf; Zahl der Kinderfreibeträge 2): –; Zahl der Kinder 2): –
Arbeitgeber	Name (Firma): Foto - Becker	Name (Firma): Gemeindeverwaltung Machtlos
	Straße und Hausnummer: Bahnhofstraße 2	Straße und Hausnummer: Rathaus
	Postleitzahl, Ort: Friedlos	Postleitzahl, Ort: Machtlos
Voraussichtlicher Bruttoarbeitslohn	(einschl. Sachbezüge, Gratifikationen, Tantiemen usw.) im Kalenderjahr 52 000,– DM	(einschl. Sachbezüge, Gratifikationen, Tantiemen usw.) im Kalenderjahr 20 000,– DM
	darin enthalten steuerbegünstigte Versorgungsbezüge – DM	darin enthalten steuerbegünstigte Versorgungsbezüge – DM
Voraussichtliche andere Einkünfte	(z. B. aus Gewerbebetrieb, Kapitalvermögen, Vermietung, Verpachtung, Renten) im Kalenderjahr DM	(z. B. aus Gewerbebetrieb, Kapitalvermögen, Vermietung, Verpachtung, Renten) im Kalenderjahr – DM
Werden Sie zur **Einkommensteuer veranlagt?**	☐ Nein; Ja, beim Finanzamt Bad Hersfeld; Steuernummer	☐ Nein; Ja, beim Finanzamt Bad Hersfeld; Steuernummer
Wurde ein Antrag auf Lohnsteuerermäßigung für 1986 gestellt?	☒ Nein; Ja, beim Finanzamt	☒ Nein; Ja, beim Finanzamt
Wurde ein Antrag auf Lohnsteuer-Jahresausgleich für 1985 gestellt?	☒ Nein; Ja, beim Finanzamt	☒ Nein; Ja, beim Finanzamt

405/87 OFD Frankfurt am Main 10.86 CHHT [233]

Ⓑ Kinderfreibeträge

2

Bitte auch Kinder eintragen, die bereits auf der Lohnsteuerkarte bescheinigt sind. Leibliche Kinder sind nicht anzugeben, wenn das Verwandtschaftsverhältnis durch Adoption vor dem 1. 1. 1987 erloschen ist. **Vorname des Kindes** (ggf. auch abweichender Familienname)	geboren am	**Kindschaftsverhältnis zum Antragsteller** leibliches Kind/ Adoptivkind	**Antragsteller** Pflegekind	**Ehegatten** leibliches Kind/ Adoptivkind	**Ehegatten** Pflegekind	**Bei Kindern unter 16 Jahren** (nach dem 1. 1. 1971 geboren): Auf der Lohnsteuerkarte ist das Kind bereits berücksichtigt	noch zu berücksichtigen	Lebensbescheinigung ist beigefügt
1		☐	☐	☐	☐	☐	☐	☐
2		☐	☐	☐	☐	☐	☐	☐
3		☐	☐	☐	☐	☐	☐	☐
4		☐	☐	☐	☐	☐	☐	☐

Das Kind ist/war am 1. 1. 1987 (oder erstmals in 1987) im Inland mit Hauptwohnung gemeldet

beim Antragsteller	und/oder bei sonstigen Personen (Name und Anschrift, ggf. Verwandtschaftsverhältnis zum Kind) oder in (Anschrift)	**Angaben entfallen bei nicht dauernd getrennt lebenden Ehegatten, soweit für jeden Ehegatten dasselbe Kindschaftsverhältnis angekreuzt ist:** Gehört das Kind lt. – **beigef.** – **Bescheinigung** der zuständigen Behörde (z. B. der Meldebehörde oder des Jugendamtes) zum Haushalt des Vaters?	
Zu 1: ☐		☐ Ja	☐ Nein
Zu 2: ☐		☐ Ja	☐ Nein
Zu 3: ☐		☐ Ja	☐ Nein
Zu 4: ☐		☐ Ja	☐ Nein

Von den in Nr. 1 bis 4 genannten Kindern stehen folgende zu einer weiteren Person in einem Kindschaftsverhältnis:

zu Nr.	Name und Anschrift dieser Person, Art des Kindschaftsverhältnisses

Bei Kindern über 16 Jahre (vor dem 2. 1. 1971 geboren):
Die Eintragung auf der Lohnsteuerkarte wird beantragt, weil das Kind
a) in Berufsausbildung steht (ggf. Angabe der Schule, des Lehrherrn usw.)3)
b) eine Berufsausbildung mangels Ausbildungsplatzes nicht beginnen oder fortsetzen kann3)
c) Grundwehrdienst, Zivildienst, befreienden Dienst leistet (nur bei Unterbrechung der Berufsausbildung, bitte erläutern)3)
d) ein freiwilliges soziales Jahr leistet3)
e) sich wegen körperlicher, geistiger oder seelischer Behinderung nicht selbst unterhalten kann (ggf. ist anzugeben, warum der Ehegatte oder frühere Ehegatte des Kindes keinen ausreichenden Unterhalt leistet)

3) Die Kinder werden nur bis zum 27. Lebensjahr berücksichtigt (nach dem 1. 1. 1960 geboren)

zu Nr.	Antragsgrund	vom – bis

Ergänzende Angaben für folgende, in Nr. 1 bis 4 genannte Kinder:

Pflegekinder, für die Sie Pflegegeld oder andere Unterhaltsleistungen erhalten

zu Nr.	Höhe der Leistungen	zu Nr.	Höhe der Leistungen	zu Nr.	Höhe der Leistungen
	DM		DM		DM

leibliche Kinder oder **Adoptivkinder,** für die vor dem 1. 1. 1987 zusätzlich ein **Pflegekindschaftsverhältnis** zu einer weiteren Person begründet worden ist

zu Nr.	Unterhaltsverpflichtung	geleisteter Unterhalt	zu Nr.	Unterhaltsverpflichtung	geleisteter Unterhalt
	DM	DM		DM	DM

leibliche Kinder, bei denen durch **Adoption** vor dem 1. 1. 1987 das Verwandtschaftsverhältnis nicht erloschen ist

zu Nr.	Unterhaltsverpflichtung	geleisteter Unterhalt	zu Nr.	Unterhaltsverpflichtung	geleisteter Unterhalt
	DM	DM		DM	DM

Ⓒ Unbeschränkt antragsfähige Ermäßigungsgründe

I. Freibetrag für besondere Fälle in der Regel nur für das Jahr des Eintritts der Voraussetzungen und die beiden folgenden Kalenderjahre. Die steuerliche Berücksichtigung kommt nur in Betracht, wenn nicht unter Ⓓ Teil V Nr. 1 Buchst. b Aufwendungen für die Wiederbeschaffung von Hausrat geltend gemacht werden. Bei Kindern auch Ⓑ ausfüllen.

☐ Flüchtling ☐ Vertriebener ☐ Heimatvertriebener ☐ Spätaussiedler ☐ Politisch Verfolgter

☐ Ausweis vom ☐ Amtliche Bescheinigung vom ☐ ist beigefügt. ☐ hat dem Finanzamt bereits vorgelegen.

Bitte Belege beifügen!

3

Vermerke des Finanzamts

☐ **II. Altersfreibetrag,**
weil ich oder (und) mein Ehegatte vor dem 2. 1. 1923 geboren bin (sind).

III. Körperbehinderte und Hinterbliebene
(Bei Kindern auch Abschnitt Ⓑ ausfüllen.)

Nachweis ☒ ist beigefügt ☐ hat bereits vorgelegen.

Name	Ausweis/Rentenbescheid/Bescheinigung ausgestellt am	gültig bis	Hinterbliebener	Körperbehinderter	blind/ständig pflegebedürftig	geh- und stehbehindert	Erwerbsminderung v. H.
Johann Bergmann	Nachweis	leg. vor 24.3.87 Ne	☐	☒	☐	☒	90 ✓
			☐	☐	☐	☐	
			☐	☐	☐	☐	

IV. Freibetrag zur Förderung des Wohneigentums
(z. B. §§ 7 b, 10 e und 34 f des Einkommensteuergesetzes, §§ 14 a, 15 oder 15 b des Berlinförderungsgesetzes)
☐ **Vordruck LSt 3 D** ist beigefügt.

Anfrage an V-Stelle am:

Ⓓ Beschränkt antragsfähige Ermäßigungsgründe

I. Werbungskosten des Antragstellers — Der Arbeitgeber ersetzt steuerfrei ... DM — Im Kalenderjahr volle DM

1. Aufwendungen für Fahrten zwischen Wohnung und Arbeitsstätte
a) mit eigenem ☒ Pkw ☐ Motorrad/Motorroller — Letztes amtl. Kennzeichen: HEF-KV 317 — ☐ Moped/Mofa ☐ Fahrrad

Arbeitstage je Woche: 5 — Urlaubs- und ggf. Krankheitstage: 30 — Erhöhter Kilometersatz wegen Körperbehinderung ☒ von mindestens 70 v.H. ☐ von mindestens 50 v.H. und Gehbehinderung

Arbeitsstätte in (Ort und Straße) – ggf. nach besonderer Aufstellung –	benutzt an Tagen	einfache Entf. (km)[4]	Ständig wechselnde Einsatzstelle vom – bis[5]	Im Kalenderjahr volle DM
Fritzlar, Bahnhofstr.	210 ✓	7 ✓		1235 ✓
210 × 7 × 2 × 0,42				

b) mit öffentlichen Verkehrsmitteln (monatlich DM) Gesamtaufwendungen DM
Davon werden vom Arbeitgeber steuerfrei ersetzt DM

2. Beiträge zu Berufsverbänden (Bezeichnung der Verbände)[6]
DAG — 240 ✓

3. Aufwendungen für Arbeitsmittel (Art der Aufwendungen, z. B. typische Berufskleidung)
Fachliteratur — 150 ✓

4. Weitere Werbungskosten (z. B. Fortbildungs- und Reisekosten)[6] – soweit sie nicht steuerfrei ersetzt werden –

5. Mehraufwendungen für Verpflegung				
bei über 12 Stunden Abwesenheit von der Wohnung	Arbeitszeit von – bis	Abwesenheit von – bis	Tage	Vom Arbeitgeber werden steuerfrei ersetzt
bei ständig wechselnden Einsatzstellen und über 10 Stunden Abwesenheit von der Wohnung	Arbeitszeit von – bis	Abwesenheit von – bis	Tage	
bei Berufskraftfahrern (Art der Tätigkeit)	Fahrtätigkeit über 6 Std. Anzahl der Tage	Fahrtätigkeit über 12 Std. Anzahl der Tage		DM

6. Mehraufwendungen für doppelte Haushaltsführung
Der doppelte Haushalt ist aus beruflichem Anlaß begründet worden — Grund[6] — am — und hat seitdem ununterbrochen bestanden bis — Beschäftigungsort — Mein Ehegatte hat sich an meinem Beschäftigungsort aufgehalten vom – bis

Eigener Hausstand: ☐ Nein Ja, in — seit — Falls nein, wurde Unterkunft am bisherigen Ort beibehalten? ☐ Nein ☐ Ja

Kosten der ersten Fahrt zum Beschäftigungsort und der letzten Fahrt zum eigenen Hausstand ☐ mit öffentlichen Verkehrsmitteln ☐ mit eigenem Kfz (Entfernung km × DM) = DM

Fahrkosten für Heimfahrten ☐ mit öffentlichen Verkehrsmitteln ☐ mit eig. Kfz (Entfernung km) — Einzelfahrt DM — Anzahl × = DM

Kosten der Unterkunft am Arbeitsort (lt. Nachweis) DM

Mehraufwendungen für Verpflegung täglich DM — Anzahl der Tage × = DM

Vom Arbeitgeber werden steuerfrei ersetzt ... DM

7. Besondere Pauschsätze für bestimmte Berufsgruppen, und zwar für

Summe 1625

Summe 1.625
– 564 DM
(Abzug unterbleibt, wenn außerdem Pauschsätze nach Nr. 7 anzusetzen sind)
Se.: 1.061
Übertragen in Vfg.; ggf. Pauschsätze abziehen und getrennt übertragen.

4) Kürzeste Straßenverbindung zwischen Wohnung und Arbeitsstätte
5) Nur ausfüllen, wenn die Einsatzstelle mehr als 30 km von der Wohnung entfernt ist
6) Ggf. auf besonderem Blatt erläutern

Bitte Belege beifügen!

4

II. Werbungskosten des Ehegatten | Der Arbeitgeber ersetzt steuerfrei | Vermerke des Finanzamts

1. Aufwendungen für Fahrten zwischen Wohnung und Arbeitsstätte

a) mit eigenem [X] Pkw [ ] Motorrad/Motorroller — Letztes amtl. Kennzeichen: HEF - TS 39 — [ ] Moped/Mofa [ ] Fahrrad — DM

Arbeitstage je Woche: 5 — Urlaubs- und ggf. Krankheitstage: 30 — Erhöhter Kilometersatz wegen Körperbehinderung: [ ] von mindestens 70 v.H. [ ] von mindestens 50 v.H. und Gehbehinderung — Im Kalenderjahr volle DM

Arbeitsstätte in (Ort und Straße) – ggf. nach besonderer Aufstellung –: Macktlos, Rothaus — benutzt an Tagen: 210 — einfache Entf. (km)4): 9 — Ständig wechselnde Einsatzstelle vom – bis5) — 681 ✓

b) mit öffentlichen Verkehrsmitteln (monatlich DM) Gesamtaufwendungen DM

Davon werden vom Arbeitgeber steuerfrei ersetzt DM

2. Beiträge zu Berufsverbänden (Bezeichnung der Verbände): ÖTV — 288 ✓

3. Aufwendungen für Arbeitsmittel (Art der Aufwendungen, z. B. typische Berufskleidung)6): Fachliteratur — 150 ✓

4. Weitere Werbungskosten (z. B. Fortbildungs- und Reisekosten)6) – soweit sie nicht steuerfrei ersetzt werden –

5. Mehraufwendungen für Verpflegung

			Tage	
bei über 12 Stunden Abwesenheit von der Wohnung	Arbeitszeit von – bis	Abwesenheit von – bis	Tage	Vom Arbeitgeber werden steuerfrei ersetzt ▼
bei ständig wechselnden Einsatzstellen und über 10 Stunden Abwesenheit von der Wohnung	Arbeitszeit von – bis	Abwesenheit von – bis	Tage	
bei Berufskraftfahrern (Art der Tätigkeit)	Fahrtätigkeit über 6 Std. Anzahl der Tage	Fahrtätigkeit über 12 Std. Anzahl der Tage		DM

6. Mehraufwendungen für doppelte Haushaltsführung
Der doppelte Haushalt ist aus beruflichem Anlaß begründet worden — Grund6) — am — und hat seitdem ununterbrochen bestanden bis — Beschäftigungsort — Mein Ehegatte hat sich an meinem Beschäftigungsort aufgehalten vom – bis

Eigener Hausstand: [ ] Nein [ ] Ja, in — seit — Falls nein, wurde Unterkunft am bisherigen Ort beibehalten? [ ] Nein [ ] Ja

Kosten der ersten Fahrt zum Beschäftigungsort und der letzten Fahrt zum eigenen Hausstand: [ ] mit öffentlichen Verkehrsmitteln [ ] mit eigenem Kfz (Entfernung km × DM) = DM

Fahrkosten für Heimfahrten: [ ] mit öffentlichen Verkehrsmitteln [ ] mit eig. Kfz (Entfernung km) — Einzelfahrt DM × Anzahl = DM

Kosten der Unterkunft am Arbeitsort (lt. Nachweis) DM

Mehraufwendungen für Verpflegung täglich DM × Anzahl der Tage = DM

Vom Arbeitgeber werden steuerfrei ersetzt ▼ DM

7. Besondere Pauschsätze für bestimmte Berufsgruppen, und zwar für

Summe 1119

Summe 1.119 – 564 DM (Abzug unterbleibt, wenn außerdem Pauschsätze nach Nr. 7 anzusetzen sind) Se.: 555 Übertragen in Vfg.; ggf. Pauschsätze abziehen und getrennt übertragen.

4) Kürzeste Straßenverbindung zwischen Wohnung und Arbeitsstätte
5) Nur ausfüllen, wenn die Einsatzstelle mehr als 30 km von der Wohnung entfernt ist
6) Ggf. auf besonderem Blatt erläutern

III. Sonderausgaben

Versicherungsbeiträge (z. B. Beiträge zu gesetzlichen Rentenversicherungen, Krankenversicherungen, Lebensversicherungen usw.) sowie Beiträge an Bausparkassen können **nicht im Ermäßigungsverfahren geltend gemacht werden. Diese sogenannten Vorsorgeaufwendungen werden beim laufenden Lohnsteuerabzug pauschal berücksichtigt.**

1. Renten, dauernde Lasten (Empfänger, Art und Grund der Schuld)

2. Unterhaltsleistungen an den geschiedenen/dauernd getrennt lebenden Ehegatten (Bitte den Vordruck Anlage U ausfüllen und beifügen)

3. Kirchensteuer — 812 ✓

4. Steuerberatungskosten

5. Aufwendungen für die eigene Berufsausbildung oder die Weiterbildung in einem nicht ausgeübten Beruf (Bitte auf besonderem Blatt erläutern)

6. Spenden und Beiträge (Bitte Bescheinigungen nach vorgeschriebenem Muster beifügen)

a) für wissenschaftliche und kulturelle Zwecke

b) für mildtätige, kirchliche, religiöse und gemeinnützige Zwecke

c) für staatspolitische Zwecke (Mitgliedsbeiträge und Spenden an politische Parteien)

Summe 812

Summe 812 – ~~270~~ DM – 540 DM Se.: 272 Übertragen in Vfg.

Bitte Belege beifügen!

5

	Vermerke des Finanzamts
IV. Freibetrag für Aufwendungen zur Pflege des Eltern-Kindverhältnisses, wenn das Kind dem anderen Elternteil zuzuordnen ist. (Kinder von geschiedenen oder dauernd getrennt lebenden Eltern sowie nichteheliche Kinder, wenn beide Elternteile im Inland wohnen.) **Voraussetzung ist, daß Sie für das Kind einen Kinderfreibetrag erhalten.** (Bitte auch Abschnitt Ⓑ ausfüllen!)	DM
Vorname des Kindes — Aufwendungen entstehen vom – bis	+ DM
Vorname des Kindes — Aufwendungen entstehen vom – bis	Summe DM Übertragen in Vfg.

V. Außergewöhnliche Belastungen — **Haben Sie Kinder, bitte auch Abschnitt Ⓑ ausfüllen!**

1. Allgemeine außergewöhnliche Belastungen (ggf. auf besonderem Blatt erläutern und zusammenstellen)

a) Kinderbetreuungskosten für haushaltszugehörige Kinder bis 16 Jahre

Antragsgründe

Erwerbstätigkeit des Antragstellers	vom – bis	Körperbehinderung des Antragstellers	vom – bis	Krankheit des Antragstellers	vom – bis
Bei alleinstehenden Antragstellern				Es besteht ein gemeinsamer Haushalt der Elternteile	vom – bis
Erwerbstätigkeit des Ehegatten bzw. des anderen Elternteils bei gemeinsamem Haushalt	vom – bis	Körperbehinderung des Ehegatten bzw. des anderen Elternteils bei gemeinsamem Haushalt	vom – bis	Krankheit des Ehegatten bzw. des anderen Elternteils bei gemeinsamem Haushalt	vom – bis
Vorname und Anschrift des Kindes				Das Kind gehört zu meinem Haushalt	vom – bis
Art der Aufwendungen		Gesamtbetrag DM		Dienstleistungen	vom – bis

Aufwendungen für Kinderbetreuung: DM — Übertragen in Berechnungsschema auf Seite 6

b) Andere allgemeine außergewöhnliche Belastungen Art der Belastung (z. B. durch Krankheit, Todesfall)	Gesamtaufwendungen DM	Abzüglich erhaltene oder zu erwartende Ersatzleistungen DM	Berücksichtigungsfähige Aufwendungen DM

Gesamtbetrag der anderen allgemeinen außergewöhnlichen Belastungen: DM — Übertragen in Berechnungsschema auf Seite 6

2. Aufwendungen für eine Hausgehilfin/Haushaltshilfe oder Heim-/Pflegeunterbringung

☐ Beschäftigung einer Hausgehilfin/Haushaltshilfe — vom – bis — Aufwendungen im Kalenderjahr DM

Name und Anschrift der beschäftigten Person oder des mit den Dienstleistungen beauftragten Unternehmens

Abziehbar: DM

☐ Der Antragsteller oder sein Ehegatte ist in einem **Heim** oder **dauernd zur Pflege** untergebracht. Dadurch entstehen auch Kosten für Dienstleistungen, die mit denen einer Hausgehilfin oder Haushaltshilfe vergleichbar sind.

Name und Anschrift der untergebrachten Person (einschließlich Bezeichnung des Heimes usw.)

Unterbringung vom – bis	Art der Dienstleistungskosten

Abziehbar: + DM

Antragsgründe

☐ Vollendung des 60. Lebensjahrs des Antragstellers od. seines Ehegatten

☐ Nicht nur vorübergehende körperliche Hilflosigkeit, schwere Körperbehinderung, Krankheit (ärztliche Bescheinigung beifügen) des Antragstellers, seines Ehegatten, seines Kindes oder einer zu seinem Haushalt gehörigen unterhaltenen Person

3. Aufwendungen für die Berufsausbildung eines Kindes (Ausbildungsfreibetrag)

Eine Steuerermäßigung kommt nur in Betracht, wenn Sie für das Kind einen Kinderfreibetrag erhalten und Ihnen Aufwendungen für die Berufsausbildung entstehen.

(1. Kind) Vorname, Familienstand und Anschrift des Kindes

Art der Berufsausbildung				vom – bis
Auswärtige Unterbringung	vom – bis	Ausbildungsort	Aufwendungen für die Berufsausbildung entstehen	vom – bis
Das Kind hat innerhalb des Ausbildungszeitraums 1987	Bruttoarbeitslohn DM	Ausbildungshilfe aus öffentlichen Mitteln DM	andere Einkünfte/Bezüge (Art und Höhe) DM	

Abziehbar: + DM

(2. Kind) Vorname, Familienstand und Anschrift des Kindes

Art der Berufsausbildung				vom – bis
Auswärtige Unterbringung	vom – bis	Ausbildungsort	Aufwendungen für die Berufsausbildung entstehen	vom – bis
Das Kind hat innerhalb des Ausbildungszeitraums 1987	Bruttoarbeitslohn DM	Ausbildungshilfe aus öffentlichen Mitteln DM	andere Einkünfte/Bezüge (Art und Höhe) DM	

Übertrag: DM

Bitte Belege beifügen!

6

4. Unterstützung bedürftiger Personen (z. B. Eltern, geschiedene Ehegatten, im Ausland lebende Kinder. Hier sind auch Pakete und Päckchen an Angehörige in der DDR oder in Berlin (Ost) einzutragen. Bei mehreren Personen besonderes Blatt verwenden.)

Eine Steuerermäßigung kommt nur in Betracht, wenn weder Sie noch andere Personen für den Unterstützten Anspruch auf einen Kinderfreibetrag haben.

Name und Anschrift der unterstützten Person: Klara Bauer, Dresden (DDR)

7) Angaben nicht erforderlich, wenn die unterstützte Person in der DDR oder in Berlin (Ost) wohnt

Alter, Familienstand, Beruf, Verwandtschaftsverhältnis der unterstützten Person: 72, verw., Rentnerin, Mutter von Marie Bergmann

Die unterstützte Person hat im Unterstützungszeitraum 1987 | Bruttoarbeitslohn 7) DM | Renten 7) DM | andere Einkünfte/Bezüge sowie Vermögen (Art und Höhe 7)) DM

Die unterstützte Person lebt
[x] in ihrem eigenen oder einem anderen Haushalt
[ ] in meinem Haushalt
zusammen mit folgenden Angehörigen

Eigene Aufwendungen für die unterstützte Person (Art und Zeitraum): 12 DDR - Pakete x 40,- DM — Höhe im Kalenderjahr: 480 DM

Nur ausfüllen, wenn der Antragsteller im Haushalt der unterstützten Person lebt: — Höhe im Kalenderjahr
Die unterstützte Person erhält außerdem für Verpflegung und Wohnung des Antragstellers — DM

Grund der Unterstützung (z. B. Alter, Krankheit)

Zum Unterhalt der unterstützten Person tragen bei (Name, Anschrift, Zeitraum und Höhe der Unterstützung)

Vermerke des Finanzamts
Übertrag DM
Abziehbar + DM
Summe DM
Übertragen in Vfg.

Verteilung der Freibeträge

Werbungskosten können nur auf der Lohnsteuerkarte des Ehegatten eingetragen werden, bei dem sie entstanden sind. Wenn der Freibetrag im übrigen anders als je zur Hälfte auf den Lohnsteuerkarten der Ehegatten aufgeteilt werden soll, dann geben Sie bitte das Aufteilungsverhältnis an (100 : 0 v.H.) und fügen Sie die Lohnsteuerkarte des Ehegatten bei.

Versicherung

Bei der Ausfertigung dieses Antrags und der Anlagen hat mitgewirkt
Herr/Frau/Firma — in — Fernsprecher

Ich versichere, daß ich die Angaben in diesem Antrag und in den ihm beigefügten Anlagen wahrheitsgemäß nach bestem Wissen und Gewissen gemacht habe. Ich nehme zur Kenntnis, daß ich verpflichtet bin, unverzüglich die Änderung des Freibetrags auf meiner Lohnsteuerkarte zu beantragen, wenn sich die in Abschnitt D Teil I und II Nrn. 1 a und 6 sowie in Teil V Nrn. 2, 3 und 4 angegebenen Verhältnisse im Laufe des Kalenderjahrs 1987 derart ändern, daß die Aufwendungen um mindestens 400 DM geringer sein werden. Mir ist bekannt, daß erforderlichenfalls Angaben über Kindschaftsverhältnisse der für die Ausstellung von Lohnsteuerkarten zuständigen Gemeinde mitgeteilt werden.

Datum 23.3.1987 — Bergmann (Unterschrift des Antragstellers) — Bergmann (Unterschrift des Ehegatten)

Vermerk des Finanzamts
Berechnung des Freibetrags nach §§ 33, 33c EStG

	Antragsteller/Ehegatten	Kinderbetreuungskosten für ___ Kinder	andere außergewöhnliche Belastungen
Jahresarbeitslohn	DM	DM	DM
abzüglich Versorgungs-, Weihnachts-, Arbeitnehmer-Freibetrag, Altersentlastungsbetrag, Werbungskosten (mindestens 564 DM)	DM	höchstens Kinderbetreuungskosten 8)	restliche zumutbare Belastung
Zumutbare Belastung nach § 33 Abs. 3 EStG: ___ v.H. von	DM		
ergibt zumutbare Belastung	DM ▶ –	DM = –	DM
Überlastungsbetrag		= DM	= DM (in Vfg. übertragen)
davon höchstens abziehbar nach § 33c Abs. 3 EStG 9)		DM	höheren Betrag in Vfg. übertragen
mindestens Pauschbetrag nach § 33c Abs. 4 EStG 9)		DM	

8) nur, soweit die anerkannten Kinderbetreuungskosten den Pauschbetrag nach § 33c Abs. 4 EStG übersteigen

9) ggf. anteilmäßig nach § 33c Abs. 3 Satz 3 und 4 EStG

10) einschl. Zahl der Kinderfreibeträge und Zahl der Kinder

Verfügung

	DM	Antragsteller DM	Ehegatte DM
1. Freibeträge für besondere Fälle			
Altersfreibetrag			
Pauschbeträge f. Körperbehinderte u. Hinterbliebene	2.400		
Freibetrag zur Förd. des Wohneigentums			
Sonderausgaben	272		
Freibeträge für Kinder			
Kinderbetreuungskosten			
Andere allgemeine außergewöhnliche Belastungen			
Außergewöhnliche Belastungen in besonderen Fällen	480		
Zwischensumme	3.152	3.152	–
Werbungskosten		1.061	555
Jahresfreibetrag		4.213	555
bisher berücksichtigt 3 x 200		600	–
verbleibender Freibetrag		3.613	555
9 Monate — Monatsbetrag		402	62
Wochenbetrag			
Tagesbetrag			

Gültig vom 1.4. bis 31.12. 1987

2. Freibetrag bei WK-Pauschsätzen: v.H.-Satz | monatlich DM; Gültig vom – bis 1987

3. Änderung der StKl 10) | in StKl 10); Gültig vom – bis 1987

4. LStK und Belege an Antragsteller zurück am

5. Bescheid zur Post am

6. Z. d. A. — Datum 24.3.87

(Sachgebietsleiter) — Ho (Sachbearbeiter)

(Im Original Format DIN A5 — 148 x 210 mm)

Alle Eintragungen in der Lohnsteuerkarte genau prüfen!
Lesen Sie die Informationsschrift „Lohnsteuer '87"

Ordnungsmerkmale des Arbeitgebers

Lohnsteuerkarte 1987

Gemeinde (6430) Bad Hersfeld Finanzamt (6430) Bad Hersfeld

AGS 06632002 Nr. 2602

Johann Bergmann
Steiler Weg 2
6430 Bad Hersfeld

Geburtsdatum 13.1.1934

I. Allgemeine Besteuerungsmerkmale

Kirchensteuerabzug Arbeitnehmer	Kirchensteuerabzug Ehegatte	Familienstand
ev	rk	vh

vh = verheiratet
nv = nicht verheiratet

Steuerklasse	Kinder unter 16 Jahren: Zahl der Kinderfreibeträge	Zahl der Kinder
Drei	—	—

(Gemeindebehörde)
Bad Hersfeld, 20. Sept. 1986 (Datum)

II. Änderungen der Eintragungen im Abschnitt I

Steuerklasse	Zahl der Kinderfreibeträge	Zahl der Kinder	Familienstand	Kirchensteuerabzug Arbeitn.	Kirchensteuerabzug Ehegatte	Diese Eintragung gilt, wenn sie nicht widerrufen wird:	Datum, Stempel und Unterschrift der Behörde
						vom ... 1987 an bis zum ... 1987	I. A.
						vom ... 1987 an bis zum ... 1987	I. A.
						vom ... 1987 an bis zum ... 1987	I. A.

III. Für die Berechnung der Lohnsteuer sind vom tatsächlichen Arbeitslohn als steuerfrei **abzuziehen:**

Jahresbetrag DM	monatlich DM	wöchentlich DM	täglich DM	Diese Eintragung gilt, wenn sie nicht widerrufen wird:	Datum, Stempel und Unterschrift der Behörde
2.400	200			vom 1.Jan. 1987 an	Stadt Bad Hersfeld Ordnungsamt
in Buchstaben: Zwei -tausend	Vier	Zehner und Einer wie oben -hundert	(gestrichen)	bis zum 31.Dez. 1987	I. A.
4.213	402	—	—	vom 1.April 1987 an	FA Bad Hersfeld
in Buchstaben: Vier -tausend	zwei	Zehner und Einer wie oben -hundert		bis zum 31.Dez. 1987	I. A. Holst
... v. H. (i. Buchst. ... v. H.) des Arbeitslohns, höchstens aber ... DM monatlich, a. d. Tätigk. als ...				vom ... 1987 an bis zum ... 1987	I. A.

LSt 1 7.86

(Im Original Format DIN A5 — 148x210 mm)

Alle Eintragungen in der Lohnsteuerkarte genau prüfen!
Lesen Sie die Informationsschrift „Lohnsteuer '87"

Ordnungsmerkmale des Arbeitgebers

Lohnsteuerkarte 1987

Gemeinde (6430) Bad Hersfeld Finanzamt (6430) Bad Hersfeld
AGS 06632002 Nr. 2602

Marie Bergmann
Steiler Weg 2
6430 Bad Hersfeld

Geburtsdatum 27.12.1939

I. Allgemeine Besteuerungsmerkmale

Kirchensteuerabzug Arbeitnehmer	Kirchensteuerabzug Ehegatte	Familienstand
rk	ev	vh

vh = verheiratet, nv = nicht verheiratet

Steuerklasse	Kinder unter 18 Jahren: Zahl der Kinderfreibeträge	Zahl der Kinder
Fünf	—	—

(Gemeindebehörde) (Datum)
Bad Hersfeld, 20. Sept. 1986

II. Änderungen der Eintragungen im Abschnitt I

Steuerklasse	Zahl der Kinderfreibeträge	Zahl der Kinder	Familienstand	Kirchensteuerabzug Arbeitn.	Kirchensteuerabzug Ehegatte	Diese Eintragung gilt, wenn sie nicht widerrufen wird:	Datum, Stempel und Unterschrift der Behörde
						vom .... 1987 an bis zum 1987	I. A.
						vom .... 1987 an bis zum 1987	I. A.
						vom .... 1987 an bis zum 1987	I. A.

III. Für die Berechnung der Lohnsteuer sind vom tatsächlichen Arbeitslohn als steuerfrei abzuziehen:

Jahresbetrag DM	monatlich DM	wöchentlich DM	täglich DM	Diese Eintragung gilt, wenn sie nicht widerrufen wird:	Datum, Stempel und Unterschrift der Behörde
555	62	—	—	vom 1. April 1987 an	FA Bad Hersfeld
in Buchstaben: - tausend	fünf		Zehner und Einer wie oben -hundert	bis zum 31. Dez. 1987	I. A. Holst
				vom .... 1987 an	
in Buchstaben: tausend			Zehner und Einer wie oben -hundert	bis zum 1987	I. A.
.... v. H. (i. Buchst. .... v. H.) des Arbeitslohns, höchstens aber .... DM monatlich, a. d. Tätigk. als				vom .... 1987 an bis zum 1987	I. A.

LSt 1 7.86

7. Kapitel: Lohnsteuer-Jahresausgleich durch das Finanzamt

Jeder Arbeitnehmer hat die Möglichkeit, sich nach Ablauf des Kalenderjahres vom Finanzamt nachrechnen zu lassen, ob er die „richtige" Lohnsteuer bezahlt hat. Diese Nachprüfung bietet sich vor allem an, wenn

- der Arbeitnehmer nicht während des ganzen Jahres in einem Dienstverhältnis gestanden hat,
- für den Arbeitnehmer und seinen Ehegatten jeweils eine Steuerkarte mit der Steuerklasse IV ausgestellt worden war,
- die berücksichtigungsfähigen Vorsorgeaufwendungen die Vorsorgepauschale überstiegen haben,
- wenn der Arbeitnehmer Aufwendungen hatte, die wegen der Antragsgrenze von 1.800 DM im Ermäßigungsverfahren nicht geltend gemacht werden konnten,
- der andere Elternteil des Kindes des Arbeitnehmers das ganze Jahr über nicht im Inland gelebt hat und dem Arbeitnehmer deshalb der höhere Kinderfreibetrag von 2.484 DM für dieses Kind zusteht.

Besonders in den hier aufgeführten Fällen muß man zum „Nachrechnen" einen Antrag auf die Durchführung eines Lohnsteuer-Jahresausgleichs stellen.

7.1 Wesen und Bedeutung, Frist, Formvoraussetzungen

7.1.1 Wesen und Bedeutung

In den allermeisten Fällen ergibt die Durchführung des Lohnsteuer-Jahresausgleichs, daß der beantragende Arbeitnehmer zu viel Lohnsteuer bezahlt hat. Dieser Betrag wird an den Arbeitnehmer zurückgezahlt; dabei handelt es sich manchmal um erhebliche Beträge.

Für den Staat bedeutet dies natürlich, daß er von dem bereits erzielten Steueraufkommen einige Millionen wieder zurückzahlen muß.

Für das Ausgleichsjahr 1983, bearbeitet in 1984, teilte der Hessische Finanzminister hierzu folgende Zahlen mit:

Insgesamt 717.000 Anträge auf Lohnsteuer-Jahresausgleich hatten die hessischen Finanzämter im letzten Jahr zu bearbeiten. Über 90 Prozent der Anträge führten zu Ausgleichszahlungen. Zurück in die Taschen der Antragsteller flossen dabei 467 Millionen Mark. Statistisch gesehen wurden somit pro Antrag durchschnittlich 700 Mark an überzahlten Steuern zurückerstattet. Finanzminister Hans Krollmann, der in Wiesbaden die Abschlußbilanz der letztjährigen Lohnsteuer-Jahresausgleichs-Aktion vorlegte, unterstrich die Bedeutung der Rückerstattungsbeträge für zahlreiche Arbeitnehmerhaushalte. Gerade in Zeiten stagnierender Einkommen komme das Geld vom Finanzamt besonders gelegen. Krollmann ermunterte die hessischen Steuerzahler, auch in diesem Jahr den lohnenden Weg zum Finanzamt nicht zu scheuen.

Die von Krollmann vorgelegte Bilanz gibt auch Aufschluß über die Inanspruchnahme der verschiedenen Steuererleichterungen und Vergünstigungen nach dem

Lohn- und Einkommensteuerrecht: Danach haben 1984 fast 60 Prozent der Antragsteller erhöhte Werbungskosten steuermindernd geltend gemacht; im Durchschnitt wurden dabei 1.983 Mark an entsprechenden Aufwendungen nachgewiesen. Besonders stark fielen dabei die Fahrten der Berufspendler ins Gewicht: Rund 277.000 Antragsteller benutzten ihr eigenes Auto auf dem Weg von und zur Arbeit und konnten Kosten in Höhe von durchschnittlich 1.314 Mark belegen.

Erhöhte Sonderausgaben hatten rund 75 Prozent (573.000) der Antragsteller geltend gemacht; im Schnitt waren pro Antrag 4.889 Mark abzugsfähig. In der überwiegenden Zahl der Fälle wurden Arbeitnehmeranteile zur Gesetzlichen Sozialversicherung und sonstige Beiträge und Versicherungsprämien von der Steuer abgesetzt. Beiträge an Bausparkassen machten rund 8.100 Antragsteller geltend. Spenden für mildtätige, religiöse, wissenschaftliche oder staatspolitische Zwecke wurden in fast 49.000 Fällen berücksichtigt; pro Antrag waren dies im Durchschnitt 297 Mark; Beiträge und Spenden an politische Parteien machten 8.951 Bürger steuerlich geltend – pro Antrag im Jahresdurchschnitt 142 Mark.

Die Statistik gibt ferner Aufschluß über die Inanspruchnahme außergewöhnlicher Belastungen: Diese wurden von 176.700 Antragstellern geltend gemacht. Rund die Hälfte davon gaben Unterstützungsleistungen für hilfsbedürftige Personen und Kosten für Haushaltshilfen steuermindernd an. Pauschbeträge für Körperbehinderte wurden in 44.400 Fällen gewährt; 20.500 Steuerpflichtigen wurden Aufwendungen für Krankheits-, Scheidungskosten, Beerdigungsauslagen, Prozeßkosten u.ä. anerkannt, 20.300 Antragsteller erfuhren steuerlichen Ausgleich durch Ausbildungsfreibeträge. Der Altersfreibetrag führte bei rund 8.100 Senioren zu Steuernachlässen.

Kinderfreibeträge wurden 239.000 Steuerpflichtigen zuerkannt. Den Freibetrag für ein Kind nahmen 111.000 Antragsteller in Anspruch; zwei Kinder machten 86.000 Antragsteller, drei und mehr Kinder machten 42.000 Antragsteller geltend. Insgesamt 35.000 Fälle zählten die hessischen Steuerbehörden, in denen Alleinstehenden mit Kindern ein Haushaltsfreibetrag zugebilligt wurde.

Bei fast 168.000 Steuerpflichtigen wurden sogenannte Lohnersatzleistungen registriert; diese Arbeitnehmer hatten im Ausgleichsjahr zumindest teilweise Arbeitslosengeld bzw. -hilfe oder Schlechtwetter- und Kurzarbeitergeld bezogen.

Mitteilung für 1986

Im 1. Halbjahr 1986:

Mehr als eine halbe Million Anträge auf Lohnsteuerjahresausgleich.

Insgesamt 527.938 Arbeitnehmerinnen und Arbeitnehmer haben in der 1. Jahreshälfte 1986 einen Antrag auf Lohnsteuer-Jahresausgleich gestellt. 95,8 Prozent oder 505.843 Anträge haben die Mitarbeiterinnen und Mitarbeiter der hessischen Steuerverwaltung bereits bearbeitet und als erledigt zu den Akten legen können. Finanzstaatssekretär Dr. Hans Dethloff nahm dies zum Anlaß, der Verwaltung seine Anerkennung für die geleistete Arbeit auszusprechen. „Eine schnelle Bearbeitung der Anträge auf Lohnsteuer-Jahresausgleich gehört als ein Teil der Steuergerechtigkeit zum steten Bemühen der Finanzverwaltung“, betonte Dr. Dethloff.

Nach den Angaben des Finanzstaatssekretärs wurden im vergangenen Halbjahr zuviel gezahlte Steuern in Höhe von insgesamt rund 352 Millionen Mark den Bürgern zurückerstattet, das macht im Durchschnitt pro Antrag ca. 753 Mark.

7.1.2 Frist

Ein Antrag auf Durchführung des Lohnsteuerjahresausgleichs kann erst gestellt werden, wenn das betreffende Kalenderjahr abgelaufen ist (für 1987 also frühestens am 2. 1. 88).

Hiervon gibt es eine Ausnahme:

Bei Wegfall der unbeschränkten Einkommensteuerpflicht (z. B. Auswanderung), kann der Lohnsteuer-Jahresausgleich sofort durchgeführt werden (§42 Abs. 2 Satz 1 und 2 EStG).

Der Antrag ist bis spätestens 31. Dezember des auf das Ausgleichsjahr folgenden zweiten Kalenderjahres zu stellen (für 1987 also spätestens bis 31. 12. 1989). Diese Frist ist eine (nicht verlängerbare) Ausschlußfrist. Nach den Vorschriften der AO kommt lediglich eine Wiedereinsetzung in den vorherigen Stand in Betracht (§42 Abs. 2 Satz 3 EStG).

7.1.3 Formvoraussetzungen (§42 (2) und (3) EStG)

1. Für den Lohnsteuerjahresausgleich sind die amtlichen Vordrucke zu verwenden.
2. Der Antrag ist zu unterschreiben; bei verheirateten Arbeitnehmern, die die Voraussetzungen für eine Zusammenveranlagung nach §26 Abs. 1 EStG erfüllen, müssen beide Eheleute unterschreiben.
3. Hat eine Person (Steuerberater) oder Vereinigung (Lohnsteuerhilfeverein) bei der Anfertigung des Antrages mitgewirkt, so sind Name und Anschrift dieser Person oder dieser Vereinigung im Antrag anzugeben.
4. Dem Antrag auf Lohnsteuer-Jahresausgleich sind beizufügen:
   a) die für das Ausgleichsjahr ausgeschriebenen Lohnsteuerkarten des Arbeitnehmers mit vollständigen Lohnsteuerbescheinigungen oder in den Fällen, in denen dem Arbeitgeber eine Lohnsteuerkarte nicht vorgelegen hat, Lohnsteuerbescheinigungen nach entsprechendem amtlichen vorgeschriebenen Vordruck (§41 b Abs. 1 Satz 3 EStG),
   b) in den Fällen, in denen der Arbeitnehmer während des Ausgleichsjahres zeitweise in keinem Dienstverhältnis gestanden hat, etwaige Unterlagen über die Dauer dieser Zeiträume;
   c) Unterlagen über die Höhe des im Ausgleichsjahr empfangenen Arbeitslosengeldes und der Arbeitslosenhilfe und die diesen Leistungen entsprechenden Beträge im Sinne des §32b Abs. 2 Nr. 1 EStG.

Das Finanzamt erteilt dem Antragsteller über den Lohnsteuer-Jahresausgleich einen Steuerbescheid.

7.2 Örtliche Zuständigkeit

Die örtliche Zuständigkeit für die Durchführung eines Lohnsteuer-Jahresausgleichs ergibt sich aus §42c Abs. 2 EStG.

Danach ist bei **Ledigen** und **Verheirateten**, die **einen** Wohnsitz (oder ggf. nur einen gewöhnlichen Aufenthalt) haben, das Finanzamt zuständig, in dessen Bezirk der

Arbeitnehmer am Schluß des Ausgleichsjahres seinen Wohnsitz (oder gewöhnlichen Aufenthalt) hatte.

Bei **Ledigen**,
die einen mehrfahren Wohnsitz haben und

Verheirateten, die

1. einen mehrfachen Wohnsitz haben und
2. von ihrem Ehegatten dauernd getrennt leben,

ist das Finanzamt zuständig, in dessen Bezirk der Arbeitnehmer sich im Ausgleichsjahr vorwiegend aufgehalten hat.

Bei **Verheirateten**, die

1. einen mehrfachen Wohnsitz haben und
2. von ihrem Ehegatten nicht dauernd getrennt leben und die
3. einen Familienwohnsitz haben,

ist das Finanzamt zuständig, in dessen Bezirk sich der Wohnsitz (der Familienwohnsitz) befindet, an dem sich die Familie vorwiegend aufgehalten hat.

Bei **Verheirateten**, die

1. einen mehrfachen Wohnsitz haben,
2. von ihrem Ehegatten nicht dauernd getrennt leben und die
3. keinen Familienwohnsitz haben,

ist das Finanzamt zuständig, in dessen Bezirk der ältere Ehegatte am Schluß des Ausgleichsjahres einen Wohnsitz (ggf. gewöhnlichen Aufenthalt) hatte.

7.3 Verfahren

7.3.1 Steuerermittlung

Beim Lohnsteuerjahresausgleichsverfahren wird das zu versteuernde Einkommen des Arbeitnehmers nach den Vorschriften des EStG ermittelt und die Ausgleichsbeträge errechnet. Das Berechnungsschema ergibt sich wie folgt:

Bruttoarbeitslohn
– Freibetrag für Versorgungsbezüge, §19 Abs. 2 EStG
– Weihnachts-Freibetrag, § 19 Abs. 3 EStG
– Arbeitnehmer-Freibetrag, § 19 Abs. 4 EStG
– Werbungskosten, § 9 EStG

= Einkünfte aus nichtselbständiger Arbeit, § 19 EStG
– Altersentlastungsbetrag, § 24 a EStG

= Gesamtbetrag der Einkünfte
– Sonderausgaben-Pauschbetrag, § 10 c Abs. 1 EStG
– Vorsorgepauschale, § 10 c Abs. 3 EStG
– Außergewöhnliche Belastungen, §§ 33, 33 a, 33 b, 33 c EStG

= Einkommen
– Altersfreibetrag, § 32, Abs. 2 EStG
– Haushaltsfreibetrag, § 32 Abs. 3 EStG

= zu versteuerndes Einkommen
Einkommensteuer laut Grundtabelle/Splittingtabelle
– einbehaltene und anzurechnende Lohnsteuer

= zu erstattende Lohnsteuer

Das Jahresausgleichsverfahren wird so gut wie ausschließlich unter Einsatz von Datenverarbeitungsanlagen durchgeführt.

7.3.2 Besonderheiten bei Ehegatten

Für Arbeitnehmer, die die Voraussetzungen für die Anwendung der Steuerklasse III erfüllen (§ 38 b Nr. 3 EStG), insbesondere für Verheiratete, die

- beide unbeschränkt einkommensteuerpflichtig sind
- nicht dauernd getrennt leben
- beide Einkünfte aus nichtselbständiger Arbeit erzielt haben,

wird ein gemeinsamer Lohnsteuer-Jahresausgleich durchgeführt (§ 42 a (1) EStG).

Entsprechend stellen diese Arbeitnehmer nur **einen** Antrag – es sei denn, es wird eine getrennte Veranlagung zur Einkommensteuer beantragt (§ 46 Abs. 2 Nr. 7 EStG).

Bei einem gemeinsamen Lohnsteuerjahresausgleich werden die Einkünfte der Eheleute zunächst getrennt ermittelt; danach erfolgt die übliche Steuerermittlung. Nach Anrechnung der einbehaltenen und anzurechnenden Lohnsteuer kann sich der Erstattungsbetrag ergeben.

Sachgegister

Oldenbourg · Wirtschafts- und Sozialwissenschaften · Steuer · Recht

Oldenbourg · Wirtschafts- und Sozialwissenschaften · Steuer · Recht

www.ingramcontent.com/pod-product-compliance
Lightning Source LLC
LaVergne TN
LVHW081334011026
849161LV00013BB/2924

* 9 7 8 3 4 8 6 2 0 4 5 4 4 *